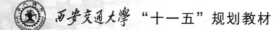西安交通大学"十一五"规划教材

太阳能原理与技术

施钰川 编著

U0303811

西安交通大学出版社

XI'AN JIAOTONG UNIVERSITY PRESS

内容简介

　　本书系统地介绍了太阳能光伏发电和光热利用的基本原理。主要包括能源绪论、辐射能的性质与本质、光伏原理、光伏产业链与太阳电池工艺、电池与组件测试、铅蓄电池、光伏发电系统、光热基础与应用等内容。

　　本书内容丰富,可作为大专院校本科生、研究生教材。还可供太阳能或可再生能源利用、能源工程、环境保护等企业、事业部门的科研、工程人员参考。

图书在版编目(CIP)数据

　　太阳能原理与技术/施钰川编著. —西安:西安交通大学出版社,2009.8(2024.1重印)
　　西安交通大学"十一五"规划教材
　　ISBN 978 - 7 - 5605 - 3131 - 1

　　Ⅰ.太… Ⅱ.施… Ⅲ.太阳能—高等学校—教材
Ⅳ. TK519

　　中国版本图书馆 CIP 数据核字(2009)第 085554 号

书　　名	太阳能原理与技术
编　　著	施钰川
责任编辑	叶　涛　李　晶
出版发行	西安交通大学出版社
	(西安市兴庆南路1号　邮政编码710048)
网　　址	http://www.xjtupress.com
电　　话	(029)82668357　82667874(市场营销中心)
	(029)82668315(总编办)
传　　真	(029)82668280
印　　刷	西安日报社印务中心
开　　本	727mm×960mm　1/16　　印张 22.25　　字数 413千字
版次印次	2009 年 8 月第 1 版　　2024 年 1 月第 9 次印刷
书　　号	ISBN 978 - 7 - 5605 - 3131 - 1
定　　价	39.00 元

如发现印装质量问题,请与本社市场营销中心联系。
订购热线:(029)82665248　(029)82667874
投稿热线:(029)82664954
读者信箱:jdlgy@yahoo.cn

前　言

人类正处于这样一个历史时期，它比以往任何时候都强烈地意识到世界正面临着严峻的能源问题。一个国家能源消费增长对经济和社会的发展起着积极推动作用。几乎可以用人均年能源消耗量衡量一个国家文明进步的尺度。对于任何国家而言，廉价、丰富、洁净的能源供应都是重要的。随着矿物能源逐渐减少、人口逐渐增多、科学技术迅速进步，不久的未来，现有能量转换系统不可避免地会发生巨大变革。无疑，将会使用新的能源代替旧的能源。太阳能是一种无污染、取之不尽、用之不竭的能源，人类可获利用太阳辐射能的能量比目前世界上所需全部能量还要大若干个数量级。所以，在未来的替代能源中，太阳能是富有吸引力的。近几年太阳能利用普及得到迅猛发展，实际应用情况也证明确实如此。

太阳能系统比其他燃料节约的费用会随着燃料价格增长而增加，太阳能利用的场合已遍及整个世界。由于太阳能光伏发电和热利用所适用的范围非常广泛，作者希望通过《太阳能原理与技术》一书，能促使更多的人对太阳能有所了解并掌握运用太阳能技术建立或采用太阳能系统。尽管太阳能应用原理对于透彻理解各种实用技术是有益的，但是本书重点在于应用。无论是光伏或光热，主要论述应用基础与技术。

全书共分 10 章，前 3 章是太阳辐射能基础篇，主要介绍太阳辐射能特点与性质以及可获利用能量大小的几种计算方法；第 4 章至第 6 章是太阳电池篇，着重阐述太阳电池的理论、材料、工艺及测试技术；第 7 章全面讲解了蓄电池知识，重点在铅酸蓄电池；第 8 章论述了太阳能光伏发电系统的构成、设计、优化和部件等技术；第 9 章和第 10 章主要涉及太阳能热利用方面的问题，包括基本理论、计算设计、储能手段与系统技术。

本书若能为这个能源日益减少的地球向充满光明与美好、灿烂与辉煌的新世界转变有所助益，本人将感到由衷的喜悦。

在编写本书过程中，得到了学校、研究部门和产业界诸多专家、教授以及本单位历代同仁的大力支持与帮助，尤其是得到了方湘怡教授审稿，借此谨向他们表示衷心的感谢。

由于时间仓促，水平有限，书中缺点和错误在所难免，敬请广大读者批评指正。

编　者

2008 年 11 月

目　录

第1章 绪 论

能源是人类赖以生存和发展的物质基础。近几十年,能源问题一直是举世瞩目的重大问题之一。无论短时期内常规能源供求关系发生什么变化,从未来较长的时期考虑,目前储量有限的常规能源毫无疑问地会逐步趋于衰竭。人类为了生存与可持续发展,必须寻求可替代常规能源的新的能源。利用太阳辐射能是其可供选择的目标之一。人类进入 21 世纪之后,探索、开发、利用太阳能的步伐、力度都在加大。

本章介绍能源的一些基本知识,太阳辐射能的利用发展历程、特点及其资源分布概况。

1.1 能源概述

1.1.1 能源定义与分类[1]

能量指物质能够做功的能力,它是考察物质运动状况的物理量,如物体运动的机械能(动能和势能)、分子运动的热能、电子运动的电能、原子振动的电磁辐射能、物质结构改变而释放的化学能、粒子相互作用而释放的核能……。而"能源"最初主要指能量的来源;现在所讲的"能源"指的是能量的资源,即直接取得有效能或通过转换而取得有效能的各种资源,或者说是产生能量的物质。笼统地说,任何物质都可以转化为能量,但是转化的数量以及转化的难易程度存在很大差异。一般而言,把比较集中、较易转化并且具有某种形式能量的自然资源以及由它们加工或转换得到的产品统称为能源。

在能源的获取、开发、利用等过程中,为了表达的需要,可以根据其形成条件、使用性能、利用状况等进行分类。能源的分类方式有许多种,本节仅介绍常用的几种。

1. 根据能源开发与制取(成因)分类

按照成因这种方式分类,可把能源分为一次能源与二次能源,亦可称天然能源与人工能源。通常把以现成的形式存在于自然界中(没有经历任何转换过程)的能源称为一次能源,如:天然气、原油、无烟煤、太阳能等。而把需要依靠其他能源来制取、转换或产生的能源称为二次能源,如:煤气、汽油、火药、沼气、氢能、激光等。

2. 根据能量来源分类

按能源来源方式可把能源分为三类。第一类能源:来自地球以外;第二类能源:来自地球内部;第三类能源:来自地球与其他天体的作用。

3. 根据可再生性分类

可再生性能源为非耗竭型能源,这种能源不会随着其本身的转化或人类的利用而日益减少,它们可以源源不断地从自然界中得到补充。非再生性能源一般是指经过漫长的地质年形成,开采之后不能在短时期内再形成的能源,它们会随着人类的利用而日趋减少,以至枯竭。

4. 根据利用技术状况分类

根据利用技术状况分类,可把能源划分为常规能源和新能源。常规能源是指目前人类已经成熟地使用了许多年并且得到了比较广泛应用的能源,如石油、煤、天然气等,它们工业化程度都相当高,在能耗总量中占了绝对优势和份额。新能源是指人类新近正在研究开发的能源、刚开始推广利用的能源,或者有一定数量利用量但工业化技术不够成熟、工业化生产与利用程度有限的能源。所谓新能源是相对而言。现在的常规能源在过去曾经是新能源,今天的新能源通过人类努力以后将成为常规能源。例如核电站技术已经成熟,在许多国家已经把它作为常规能源。

各种能源的分类及其转换、利用途径、方式分别如表1.1、表1.2和图1.1所示。

表1.1　一次能源分类表

按来源分类	按再生性分类	
	可再生性能源	非再生性能源
第一类能源 (来自地球以外)	太阳能 水　能 风　能 海水热能 海流动能 波浪动能 生物燃料 雷电能* 宇宙射线能*	无烟煤 烟　煤 褐　煤 泥　煤 石　煤 原　油 天然气 油页岩 油　砂
第二类能源 (来自地球内部)	地热能 火山能* 地震能*	核燃料

续表 1.1

按来源分类	按再生性分类	
	可再生性能源	非再生性能源
第三类能源 （来自地球和其 他天体的作用）	潮汐能	

注:带 * 号的能源现在还未被人们利用

表 1.2　能源分类表

按利用技术 状况分类	按性质 分类	按成因分类	
		一次能源	二次能源
常 规 能 源	燃 料 能 源	泥煤（化学能） 褐煤（化学能） 烟煤（化学能） 无烟煤（化学能） 石煤（化学能） 油页岩（化学能） 油砂（化学能） 原油（化学能） 天然气（化学能） 生物燃料（化学能）	煤气（化学能） 焦炭（化学能） 汽油（化学能） 煤油（化学能） 柴油（化学能） 重油（化学能） 液化石油气（化学能） 丙烷（化学能） 甲醇（化学能） 酒精（化学能） 苯胺（化学能） 火药（化学能）
	非燃料 能源	水能（机械能）	电（电能） 蒸汽（热能、机械能） 热水（热能） 余热（热能、机械能）
新 能 源	燃料 能源	核燃料（核能）	氢（化学能） 沼气（化学能）
	非燃料 能源	太阳能（光能） 风能（机械能） 地热能（热能、机械能） 潮汐能（机械能） 海水热能（热能） 海流、波浪动能（机械能）	激光（光能）

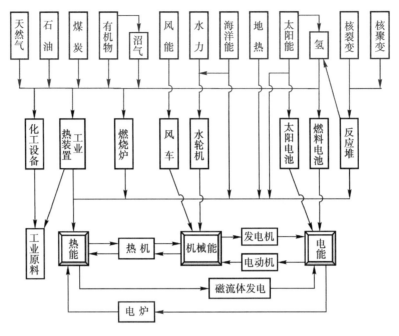

图 1.1　能源与转换

1.1.2　能源品质[2]

能源的种类很多,各自具有其特点。若从开发、利用角度考虑,可从以下几个方面对其进行考量。

1. 能流密度

能流密度是指在单位空间或单位面积内从某种能源实际所能取得的能量或功率。显然,如果能流密度很小就很难作为主力能源。按照目前的技术水平,风能和太阳能的能流密度较小,大约只有 1000 W/m² 左右的水平。各种常规能源的能流密度比较大,1 kg 标准煤发热量为 29307 kJ,而 1 kg 石油发热量为 41860 kJ。核燃料的能流密度很大,1 kg 铀 235 裂变时释放出 68660 GJ 的热量。

2. 储量

储量显然是一个必要条件,储量少就没有开发、利用价值。我国煤炭、水力资源丰富,其他常规能源和新能源资源也较丰富,有些正在勘探中的能源,其发展前景很好。与储量有关的评价还应考虑其可再生性和地理分布情况。太阳能、水力、地热、有机物等是可再生能源,矿物燃料与核燃料则不能再生。能源的地理分布与其使用有很大关系。例如我国煤炭资源偏西北,水力资源偏西南,都对它的利用有影响。

3．环境污染

污染的主要来源是耗能设备，随着耗能量的增加，产生的污染程度会愈来愈大。随着环保呼声的提高和可持续发展的提出，人类对环境的重视会进一步加强，对排污指标的限制也将增加。核能利用要十分重视其危险性，应用时一定要采取各种安全措施。但对烧煤的污染危害性目前还未引起足够重视。水力也有其独特的"污染"，如对生态平衡、土地盐碱化、灌溉与航运等的影响，也需加以考虑。太阳能、风能等则基本上是没有污染的能源。

4．能量贮存与连续供给

无论是工业、农业，还是人们的日常生活，对能量的需求都存在着高峰、低谷、间歇等规律，有时要求持续很长时间不间断地供能。这就要求所使用的能源可在不需要时能够贮存起来，需用时能立即输出。在这方面，太阳能、风能等资源目前还难以达到，而各种矿物燃料和核燃料等则较易实现。

5．成本

成本主要包括资源获取与设备价格等费用。太阳能、风能等能源在获取时不用花费任何燃料成本就能得到。各种矿物燃料与核燃料，从勘测、开采到加工、运输等都需要人力和物力的投资。太阳能、风能、海洋能等的发电设备，虽然运行费用很低，但初期投资太大，资金回收太慢。开采与利用的成本与能源的转化和利用的技术难度关系很大。随着技术的发展、政策的倾斜、污染代价的计入，对于需要能源规模不是太大的场合，太阳能、风能发电的初期投资相对成本正在不断降低。

6．运输与损耗

太阳能、风能、地热等是不能运输的，而石油、天然气则很容易从产地输送到用户。煤炭长距离运输经济性会下降，且存在运输损耗。水力发电站如果远离用户，则远距离输电损失也不小。

7．品位

能量可以相互转换，但转换的效率有所差异。如：热能转换为机械能时，只有其中一部分转变为机械能，其余部分则以热的形式传给另一较冷的物体。而机械能却可以全部转变为热能。由此可见，机械能和热能是不等价的。与机械能等价的能量形态有电能、水力等，如果没有摩擦阻力，它们之间可以完全相互转换。此外，处于不同状态的载能物质，能的"品位"也不相同。例如，在热机循环中，热源温度愈高，冷源温度愈低，则循环热效率就愈高，即热量可以转化为机械功的部分愈大。相同数量的热能，温度不同，可以转变为功的多少也不同。显然，温度高的热能,其转变为机械能的数量多,品位就高;温度低的热能,转变为机械能的数量少,品位就低;与环境温度相同的热能,品位最低,做功能力等于零。我们把能够得到较高热源温度的能源称为高品位能源,否则是低品位能源。因此,能够直接转变成机械能和电能的能源(如水力),品位要比必须先经过热转换的能源(如矿物燃料)高一些。在使用时应当合理安排好不同品位能源的应用,以便用得其所。

机械能是一切形态能量中品位最高的一种,而且又是人类生产和生活中最常使用的。所以常以机械能为标准,用转变为机械能的程度来衡量其他形态能量品位的高低。

从以上几个方面评价能源的品质,应以动态的观点来衡量。随着科学技术的进步和应用的发展,其污染、贮存与连续供能、成本费用、运输和损耗、能源品位等项指标都可能发生变化,得到改善。

严格地说,地球上除了地热及核燃料以外,几乎所有自然资源的能量都来自太阳能。大气、陆地、海洋和生物等所接受的太阳能是各种自然资源能量的源泉。矿物燃料是数千万年前动植物本身吸收太阳能而改变本来面目,以化学能的储存形式存在的能源,它源于远古的太阳能。水的蒸发和凝结,风、雨、冰、雪等自然现象的动力也是太阳能。因而水能、风能归根到底都来自太阳能。生物质能是通过光合、光化作用转化太阳能取得的。

1.1.3 能源与人类生活

能源在经济发展和社会进步中扮演着极其重要的角色。人们的日常生活和社会生产都离不开能源,他们以直接或间接的方式从某些自然资源中获取能量。人们渴望提高自己生活水平,不断为改善生活、增进社会福利而奋斗。而生活水平高低与能量消耗成正比,与人口数量成反比。所以,能量的生产和消耗与整个国民经济及人民生活水平密切相关,几乎可以用每人每年能源消耗量作为衡量一个国家文明进步的尺度。

各种能源其单位含能量的多少不同,为了便于对各种能源的含能量进行计算、对比和分析,必须统一折合成某一标准单位。标准单位一般采用的是标准煤。

1 kg 标准煤=29307.6 kJ=7000 kcal

1 kg 标准油=41868 kJ=10000 kcal

1 kg 标准煤=0.7 kg 标准油

需注意,标准煤或标准油并非指某一种具体形式的煤或油,而是一能量计量单位。

能源消耗结构如图 1.2。图 1.3 是综合能源平衡图。

对现代社会的生产和生活根据不同的发展水平,人均年能源消费量大致有三

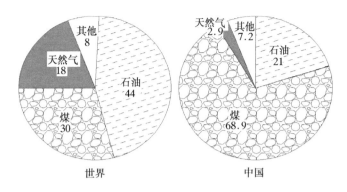

图 1.2　能源消耗结构

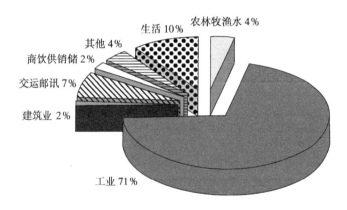

图 1.3　综合能源平衡图

种水准的划分：

（1）维持生存所必需的能源消费量

这个数量是以人体的需要与生存可能性为基础确定的，它只能维持人们最低的生活需要。每人每年约需能量为 400 kg 标准煤。

（2）现代化生产和生活最低限度的能源消费量

为了保证人们能够丰衣足食，满足最基本的现代化生活所需要的能源消费量，每人每年需要 1200～1600 kg 标准煤的能量作为达到这个标准的能源消费水平。

（3）高级现代化生活所需要的能源消费量

以工业发达国家现有水平作为参考依据，使人们能够享受较高的物质与精神文明，每人每年至少需要 2000～3000 kg 以上的标准煤能量，随着人类的发展这个数量还可能进一步提高。

满足最基本的现代化生活的能源消费量，包括衣、食、住、行等几个方面的直接能耗和间接能耗,如表1.3所示。

表1.3　现代化生活最低限度的能源消费量表　　（单位:kg 标准煤/人·a)

标准 \ 项目	衣	食	住	行	其他	合计
国外最低标准	103	323	323	215	646	1615
中国式现代化标准	70～80	300～320	320～340	100～120	440～460	1230～1320

需要指出,石油、天然气不仅是高级燃料,更是化工产品的重要原料,它们的大量开采和利用使世界经济得到迅猛发展。然而,世界人口在21世纪伊始增长至60亿以上。较新的预测到2050年世界人口将接近100亿,中国人口届时将达20亿。而能量需求的相应增长约为6%左右,在2000年达 2000×10^{12} kW·h。目前,人们所消耗能量的90%以上来自矿物燃料。矿物燃料的蕴藏量是有限的,据权威人士估计,世界现已探明的石油储量仅可开采40余年,天然气的情况略好一些,可开采70多年,煤的储量较为丰富,可开采200年。从总储量来看,中国常规能源总储量占世界第三位,水力资源居世界首位。但由于人口众多,人均可开采能源占有量很低,仅及世界平均水平的一半,相当于美国水平的1/10。地球的储量是有限的,矿物燃料在数量上也是有限的,并正以不断增长的速度消耗掉。能源短缺、矿物燃料逐渐枯竭和环境污染增加,三者彼此相互关联,威胁着人类的正常生活和持续发展。有学者建议:在今后若干年内,人们的能需量中30%由太阳这一能源供给,核能量占30%,剩余的40%才由常规能源承担。

1.2　太阳能利用背景

1.2.1　能源利用的几个时期[3]～[4]

如果从人类利用能源的变迁角度观察其发展历史,大致可划分为三个时期,即:天然能源时期、矿物能源时期(该时期又可细分为:煤炭时期和石油时期)和可再生能源时期。

1. 天然能源时期

人类主要以树枝、杂草等植物当燃料,用于煮食和取暖。靠人力、畜力和一些简单风力或水力机械作动力从事生产活动或满足一般的生活需要。这个时期的生产和生活水平相当低下,它延续了很长的时间,约在公元 18 世纪以前的漫漫岁月中大抵是如此。

2. 矿物燃料时期

18 世纪产业革命导致的工业大发展,开始了大量地使用煤炭。19 世纪电力开始进入社会的各个领域,石油和天然气的利用逐渐超过了煤。本世纪 70 年代核裂变技术蓬勃发展,引起许多缺煤少油国家的重视并纷纷建造核电站。以煤、石油、天然气等为主的矿物燃料时期预计可延续到 21 世纪中叶,届时由于它们储量的衰竭,将会出现其他能源取而代之,占据人类生产、生活的主导地位。

3. 可再生能源时期

可再生能源包括太阳能、风力能、水力能、生物质能、海洋能、地热能、氢能。其中太阳能约占可再生能源总量的 99%,因此,也可以说太阳能是可再生能源的主体。一种能源利用方式的改变,会对人类生产、生活的文明发展带来重大影响。从图 1.4 可看出这些可再生能源会随着时间的推移逐渐地成为主要能源。可再生能源的一个特点是可保持人类经济、生活的持续性发展。

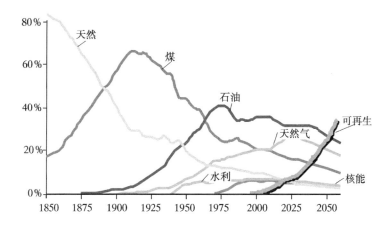

图 1.4　世界能源的发展历史和预测图

1.2.2　太阳能利用途径

人类主要通过以下途径利用太阳辐射能。

1. 光-热转换

这种利用途径是通过物体把吸收的太阳辐射能直接转换为热能,然后输送到某一场所加以利用。这种方式历史最为古老,但技术水平相当成熟、成本低廉、普及性广、工业化程度较高。光-热转换所提供的热能,载体的温度一般都较低,小于或等于 100℃,较高一些的也只有几百摄氏度。显然,它的能源品位较低,适合于直接利用。

2. 光-电转换

它是利用某些器件把收集到的太阳辐射能直接转换为电能再加以利用的。其工作原理主要基于"光伏效应",亦称"光电转换"。这种转换近几十年得到迅速发展。由于电能的品位相当高,所以它的应用范围广、发展速度快,并且前景相当乐观。

3. 光化学利用

光化学利用基于光化反应,其本质是物质中的分子、原子吸收太阳光子的能量后变成"受激原子",受激原子中的某些电子的能态发生改变,使某些原子的价键发生改变,当受激原子重新恢复到稳定态时,即产生光化学反应。光化反应包括光解反应、光合反应、光敏反应,有时也包括由太阳能提供化学反应所需要的热量。通过光化学作用转换成电能或制氢也是利用太阳能的一条途径。二三十年前曾有不少人在这方面作了许多研究工作,目前仍处于研究阶段。

4. 光生物利用

通过光合作用收集与储存太阳能。地球上的一切生物都是直接或间接地依赖光合作用获取太阳能,以维持其生存所需要的能量。所谓光合作用,就是绿色植物利用光能,将空气中的 CO_2 和 H_2O 合成有机物与 O_2 的过程。光合作用的理论值可达 5%,实际上小于 1%。近来在这方面的研究有所增加,人们期盼着出现突破性的进展。

1.2.3   太阳能利用发展历程

太阳对人类的重要影响可以追溯到人类历史的起源,这是人类发展史中一个普遍和重要阶段。美洲的阿兹特克人、大洋洲人、欧洲德洛伊人、中国人和古代埃及人都崇拜过太阳,事实上,所有伟大的早期农业文化,都经历了不同形式对太阳的崇拜。直至今天,我们不仅需要了解和重视太阳对人类的影响,更希望利用太阳能以改善我们的生存环境。

人类主动利用太阳能的历程大致可分为四个阶段。

1. 雏幼阶段(～1920)

在这一阶段中,人类对太阳能的利用表现为在某些特殊场合、特定条件下作为动力装置的应用。如:公元前 11 世纪,我们的祖先发明了"阳燧取火"技术。所谓阳燧就是一种金属的凹面镜,它能汇聚阳光点燃艾绒之类东西而取得火种。

公元前 1 世纪,埃及的亚历山大城利用太阳能将空气加热膨胀,而把水由尼罗河抽到较高处,供农地灌溉用。

公元 1700 年,意大利人利用太阳热能熔解钻石(～3000 K)。

智利的拉斯萨利纳斯地区,水的含盐量高达 14%,若用蒸气锅炉淡化水则成本很高,这样要大量供给动物和人的饮用淡水就成了问题。1872 年,智利政府在离海岩约 110 km 的内陆地区建造了世界上第一个最大的太阳能蒸馏系统,占地面积约 4738 m² 的太阳能蒸馏厂,该厂生产淡水可达 27 t/d。

1882 年 8 月 6 日,A.皮佛雷在法国巴黎的马温尼印刷所用 3.5 m 直径的一面镜子反射阳光,使一台小型垂直蒸汽机运转。虽然当天天空有些云,但仍以 500 本/h 的速度赶印为节日特地编辑的《太阳》杂志。

1902～1908 年,H.E.威尔西和约翰·博伊尔在加利福尼亚的圣路易斯和尼德尔斯建造了 4 台太阳能蒸汽机。其中一台 4.5 kW 和一台 15 kW 的蒸汽机是靠水和二氧化硫驱动的。

1913 年,在埃及开罗以南建成由 5 个抛物槽组成的太阳能水泵,每个长 62.5 m,宽 4 m,总采光面积达 1250 m²,输出功率 75 kW。第一次世界大战后,因燃料便宜而未再使用。

2. 发育阶段(1920～1973)

在这一阶段中,太阳能利用的理论、材料和技术研究都取得了长足的进展,其应用推广已渗透到了诸多领域,相应产品、商品的工业化、市场化有了一定的进展。如:

1920 年,美国加州开始大量使用太阳能热水器。

1938 年,世界第一座实验用太阳屋完成。

1940 年,太阳电池作为日照计使用。

1949 年,在法国建造完成可产生 3500℃ 高温的太阳炉。

1954 年,由美国贝尔实验室的 Chapin 和 Pearson 试制成功了效率为 6% 的实用型硅太阳电池,为太阳能光伏发电大规模应用奠定了基础。

同年,世界各国开始重视太阳能利用,成立了应用太阳能协会(AASE),每年召开一次会议。

1955 年,苏联人 V.B.Baum 完成第一部太阳能吸收式冷冻机,一天可制冰约 285 kg。

全世界第一次太阳能应用研讨会 1955 年在美国亚利桑那州召开,共 37 个国家的上万人参加。

1957 年,苏联第一颗人造卫星 Spurnik,利用太阳电池作卫星电源。

1958 年,美国发射的“先锋 1 号”人造地球卫星是以太阳电池做通信电源。为了防止因宇宙射线的影响而降低电池的发电能力,人们开始了深入的研究。可以说,宇宙开发极大地促进了太阳电池的开发。宇宙用太阳电池必须具有效率高和重量轻的特点。同年中国开始研究太阳电池。

1960 年,世界上第一套太阳能氨－水吸收式空调系统在美国建成,制冷能力为 5 冷吨。

1961 年,一台带有石英窗的斯特林发动机问世。

1971 年,中国一四一八所研制的硅太阳电池成功装备了中国卫星实践 2 号。

1972 年,美国开始生产地面用太阳能光伏发电系统,太阳电池组件的价格约 500 美元/W_p。

3. 成熟阶段(1973～1996)

在这一阶段中,太阳能光热、光伏两大主流利用技术发展成熟,太阳能产业初步形成,一些产品实现了商业化,市场开始培育。同时,政府也逐渐加大对太阳能利用的关注,为下一阶段的飞跃奠定了基础。

1973 年 10 月爆发中东战争,石油输出国组织采取石油减产、提价等手段使石油进口国在经济上遭到重创,引发了"石油危机"亦称"能源危机"。客观上使人们认识到现有的能源结构必须尽快向新的能源结构过渡,工业发达国家加大对太阳能的研究开发力度。

1973 年,美国成立了太阳能开发银行,促进太阳能产品的商业化。同时低价格化的太阳电池开发成为研究的重点之一。

1974 年,日本开始执行"阳光计划"。

1979 年,中国太阳能学会在西安成立。

1985 至 1991 年,在美国加州沙漠建成 9 座槽式太阳能热电站,总装机容量 353.8 MW。电站的投资由 1 号电站的 5967 美元/kW 降到 8 号电站的 3011 美元/kW,发电成本从 0.265 美元/kW·h 降到 0.089 美元/kW·h。

1986 年,美国建成 6.5 MW 太阳电池电站。

1987 年,单晶硅电池效率达 22%,砷化镓电池达 24%,非晶硅电池达 14.8%,带硅、多晶硅电池效率达 13%～14%,单晶硅组件效率达 16%。

1987 年,中国从加拿大引进铜铝复合太阳条带生产线。

1988 年,美国用砷化镓＋单晶硅在 100 多倍聚光条件下获得 32%高效率复合结电池。世界太阳电池年产量达 30 MW。

1990 年,美国高效砷化镓＋单晶硅复合结太阳电池在 200～300 倍聚光条件下效率达 37%,多晶硅太阳电池效率 18%,世界太阳电池年产量达 46 MW。组件价格:4～5 美元/W_p。

1992 年,联合国在巴西召开"世界环境与发展大会",会议通过了《里约热内卢环境与发展宣言》、《21 世纪议程》和《联合国气候变化框架公约》等一系列重要文件。

1995 年,世界太阳能电池产量达到 84.2 MW,美国达到 34.8 MW。美国太阳能电池商业化组件的转换效率水平,单晶硅、多晶硅、非晶硅分别达到:14.0%、13.0%和 6.0%。

1996 年在海拔 4500 米以上的世界屋脊西藏阿里地区,由中国研制的 1000 W_p 太阳能光伏水泵系统投入运行,解决了人畜用水问题。

4. 飞跃阶段(1996~2050)

在这一阶段中,太阳能的利用出现飞跃性发展。它在国家能源消费结构的地位正在按"补充能源"→"互补能源"→"能源结构基础"顺序发展。

这个时期,人类遇到了三大压力:能源消耗需求的增长、环境保护、人类的可持续发展。近几年政府、科技、行业、市场的表现证实了这个阶段的性质是属于飞跃性的。列举数例,窥一斑而知全貌。

(1) 政府推动

1996 年,联合国在津巴布韦召开"世界高峰太阳能会议",会后发表了《哈拉雷太阳能与持续发展宣言》,会上讨论了《世界太阳能 10 年行动计划》(1996~2005)、《国际太阳能公约》、《世界太阳能战略规划》等重要文件。

1997 年 6 月,美国总统克林顿宣布到 2010 年实现"百万太阳能屋顶计划"。

1997 年,日本政府宣布实施 7 万屋顶计划。

1997 年 12 月,印度政府宣布在 2002 年前推广 150 万套太阳能屋顶计划。

1998 年,意大利政府开始实行"全国太阳能屋顶计划",总容量 50 MW_p。

1998 年德国提出 10 万屋顶计划。

1995 年中国政府制定了《新能源和可再生能源发展纲要》(1996~2010)。

2000 年 2 月,德国通过了《可再生能源法》。

2005 年 2 月,中国颁布《中华人民共和国可再生能源法》。

(2) 科技发展

1998 年,美国太阳能飞机飞上高空。2000 年,美国 Vionment 航空公司宣称:未来的通讯可能将不再依赖昂贵的卫星,转而依靠更廉价的太阳能遥控飞艇。该公司在美国国家航空航天局的帮助下,已研制开发出"百夫长"太阳能遥控飞艇,并在美国国家航空航天局德赖登飞行研究中心成功地进行了试飞。"百夫长"可携带 272 公斤有效荷载,与一颗普通卫星的有效荷载相同。它可作为现在广泛应用于商业、军事、环保、科研,尤其是远程通信太空卫星的替代品。现在,发射一颗卫星的费用至少需要 1 亿美元,而配置一艘太阳能飞艇只需 500 万~1000 万美元。而且一位领航员能同时遥控好几架飞艇,其有效荷载易于升级。图 1.5 为一架太阳能飞机实照。

图 1.5　太阳能飞机

2000 年 6 月 25 日,在澳洲研制和建造的世界第一艘太阳能和风力发电的双体船在悉尼港启航。

目前,澳大利亚高效单晶硅电池效率已达 24.7%;美国、日本、德国的高效电池效率达到 20% 以上。澳大利亚新南威尔士大学多晶硅电池效率突破 19.8% (1 cm²),美国、德国等达到 18% 以上。日本 Kyocera 公司 225 cm² 多晶硅电池效率达到 17.1%。非晶硅薄膜电池通过双结、三结叠层和 Ge-St 合金层技术,在克服光衰减和提高效率上不断有新的突破,实验室稳定效率已经突破 13.1%。CdTe 电池效率达到 15.8%,CIS 电池效率 18.8%。

(3) 市场日益扩大

2004 年德国政府采取有力措施使太阳能光伏市场率先启动,随后各国积极响应,使光伏发电得到迅猛发展,如图 1.6 所示。

太阳能热水器:

1998 年世界太阳能热水器总保有量为 54×10^6 m²。塞浦路斯、以色列人均占据前两名,分别为 1 m²/人、0.7 m²/人。日本 20% 的家庭用上太阳能热水器、以色列 80% 的家庭用上太阳能热水器。

1992 年中国太阳能热水器销售量超过 50×10^4 m²,1996 年后发展较快。截至 2004 年,中国太阳能热水器生产厂约有 1200 多家,年销售额过亿元的达数十家,中国太阳能热水器产量居世界第一位。中国太阳能热水器销售量如图 1.7。

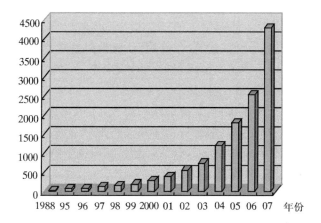

图 1.6　世界光伏电池板年销量

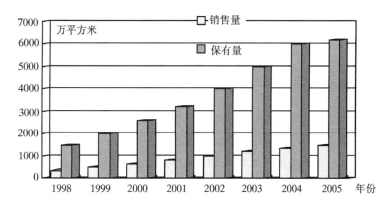

图 1.7　中国太阳能热水器销售与保有量

　　工业发达国家太阳能利用的普及率达 20％,而中国及绝大多数发展中国家的普及率仅为 1％~3％,其发展空间可想而知。

　　近来,世界上一些著名分析预测研究机构、跨国公司、太阳能专家和国家政府纷纷预测,认为 21 世纪中叶,太阳能(含风能、生物质能)在世界能源构成中接近 50％的份额,那时太阳能将成为世界可持续发展基础能源。

1.3　太阳能资源分布与特点

　　太阳辐射能实际上是地球上最主要的能量来源。太阳能是太阳内部连续不断的核聚变反应过程产生的能量,尽管太阳辐射到地球大气层外界的能量仅为其总辐射能量(约为 3.75×10^{14} TW)的 22 亿分之一,但其辐射通量已高达 1.73×10^5 TW,即太阳每秒钟投射到地球上的能量相当 5.9×10^6 吨煤。地球上绝大部分能源皆源自于太阳能。风能、水能、生物质能、海洋温差能、波浪能和潮汐能等均来源于太阳。风能是由于受到太阳辐射的强弱程度不同,在大气中形成温差和压差,从而造成空气的流动所致;水能是由水位高差所产生的,由于受到太阳辐射的结果,地球表面上(包括海洋)的水分被加热而蒸发,形成雨云在高山地区降水后,即形成水能的来源;潮汐能则是由于太阳和月亮对地球海水的万有引力作用的结果。即使是地球上的化石燃料(如煤、石油、天然气等)也是由千百万年前动植物体所吸收的太阳辐射能转换而成的。

1.3.1　太阳能资源分布[5]

到达地球的太阳辐射能数量巨大,每个国家均可接受到的其中一部分,所接受的数量多少差距悬殊。最北方的国家和南美洲南端,每年日照时间仅有数百小时;而阿拉伯半岛的绝大部分和撒哈拉大沙漠,每年日照时间则高达 4000 小时。辐射到地球表面某一地区的太阳辐照能的多少与当地的地理纬度、海拔高度及气候等一系列因素有关。通常以全年的总辐照量来表示,采用单位:MJ/(m² · a)或kW · h/(m² · a)。许多场合为了直观反映日照情况,使用全年日照小时数这一单位。

估算太阳每天辐射到地球表面的总能量,首先考虑世界上所有的天然沙漠。其中面积大约为 20×10^6 km² 的天然沙漠其每天平均日照量为 583.80 W/m²;其余的 30×10^6 km² 的面积受到的平均日照量约为 291.65 W/m²。取每天日照时间为 8 小时,则天然沙漠上每天接受到的太阳能是 163.4×10^{12} kW · h,也即,仅天然沙漠每年接受的能量大约为 60×10^{15} kW · h。系统效率取 8%,则有 4800×10^{12} kW · h 的太阳能变为可用能量。它是 1995 年世界能源消耗量(114×10^{12} kW · h/a)的 42 倍。图 1.8 显示全世界各地年均总辐照量的分布概况。图 1.8 显示,在美国西南部、非洲、澳大利亚等地总辐照量或日照时数都很大。

中国地处北半球,国土跨幅从南到北,自西至东,距离都在 5000 km 以上。绝大部分地区位于北纬 45°以南。中国拥有丰富的太阳辐射能资源,在大约 600 万km² 的国土上,太阳能的年辐照总量超过 16.3×10^2 kW · h/(m² · a),约相当于 1.2×10^4 亿吨标准煤。全国年日照小时数在 2000 h 以上。太阳能年辐照总量超过 1630 kW · h/(m² · a)的地区约占全国总面积的 2/3。各个地区全年总辐照量的分布大体上在 930~23.3×10^2 kW · h/(m² · a)之间,可阅图 1.9 中国太阳辐射资源分布,其中值为 16.3×10^2 kW · h/(m² · a)。但由于受地理纬度和气候等的限制,各地分布不均。中国太阳辐射资源分布主要特点:

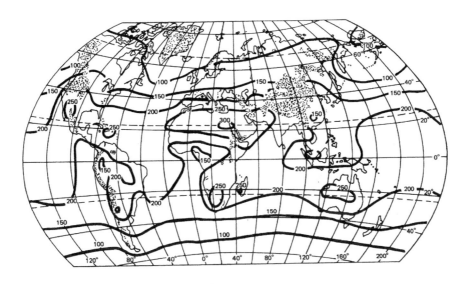

图 1.8　世界地表水平面年均辐照（W/m² · d）

① 西部高于东部。西部地区太阳能年总辐照量范围在（16.3～23.3）×10² kW · h/(m² · a)之间，东部地区为（9.3～18.6）×10² kW · h/(m² · a)。

② 北方高于南方。北方太阳能年总辐照量范围在（14～18.6）×10² kW · h/(m² · a)之间，南方在（9.3～14）×10² kW · h/(m² · a)之间。

为了更好地利用太阳能，根据各地年总辐照量、日照时数及不同的条件等，全国划分为五个等级和七个区域，如表 1.4 和表 1.5。

一类地区：主要包括宁夏北部、新疆东南部、青海西部、西藏西部等地，是中国太阳辐射资源最丰富地区，与印度和巴基斯坦北部的太阳辐射资源相当，仅次于撒哈拉大沙漠，居世界第 2 位。

表 1.4　太阳辐照能的五个等级

等级 辐照量	1	2	3	4	5
年日照时数 （h）	3200～ 3300	3000～ 3200	2200～ 3000	1400～ 2200	1000～ 1400
年总辐照量 （kW · h/(m² · a)）	1860～ 2320	1620～ 1860	1400～ 1620	1160～ 1400	930～ 1160
年总辐照量 （MJ/(m² · a)）	6700～ 8370	5860～ 6700	5020～ 5860	4190～ 5020	3350～ 4190

表 1.5　全国七个区域

区域	范围	年辐照总量（kW·h/(m²·a)）	利用太阳能的条件
东北	东北三省	1395～1512	冬季长达 4～5 个月,气温低,辐照强度低,云量少,晴天多,年日照时数大多在 2400 h/a 以上
华北区	华北平原	1512～1628	寒冷期较东北区短,约 100 天左右,气温、辐照强度较东北区高,云量少,晴天多,年日照时数达 2600～2800 h/a
黄土丘陵区	内蒙古高原	1512～1745	冬季长达 3～5 个月,但地势高,太阳辐照强度大,年日照时数 2600～3200 h/a,利用太阳能的条件比华北区好
西北干旱区	新疆,甘南西北部、宁夏北部、内蒙古西部	1628～1860	气候干旱,云量少,年日照时数达 3200 h/a 以上,冬季气温低,昼夜温差大,风速大,风沙大。大气透明度有时较差
南方区	北纬 33°以南包括台湾海南	1163～1395	气温高,但云量大,阴雨天多,年日照时数较少,一般在 2200 h/a,太阳辐照强度大,但总量不大
西南区	四川贵州云南	930～1163	云量大,阴雨天多,日照时数在 1400 h/a 以下,是我国利用太阳能条件最差的地区,但川西、滇西有些地方条件也很好
青藏高原	青藏高原	1860 以上	海拔高,大气清洁而稀薄,太阳年辐照量很高,日照时数 2800～3200 h/a,太阳能利用条件优越

二类地区:主要包括河北西北部、山西北部、内蒙古南部、宁夏南部、甘肃中部、青海东部、西藏东南部、新疆南部等地,为中国太阳辐射资源较丰富区。

三类地区:主要包括山东东南部、河南东南部、河北东南部、山西南部、新疆北部、吉林、辽宁、云南、陕西北部、甘肃东南部、广东南部、福建南部、江苏北部、安徽北部、天津、北京、台湾西南部等地。

四类地区:主要包括湖南、湖北、广西、江西、浙江、福建北部、广东北部、陕西南部、江苏南部、安徽南部、黑龙江、台湾东北部等地。

五类地区:主要包括四川、贵州、重庆等地,是中国太阳辐射资源最少的地区。

需要注意:从上两表中可看出,表 1.4 中的 5 级或 4 级、表 1.5 中的西南区,属太阳能资源贫乏区,这里年日照时数<1800 h,年日照百分率<40%,年辐照总量不足 1395 kW·h/(m²·a),还有那些污染较严重的城镇,如川西地区、川、贵、桂、赣部分地区,太阳能应用的成本可能相对要高的多,其经济性应充分考虑。中国太阳辐射资源分布如图 1.9 所示。

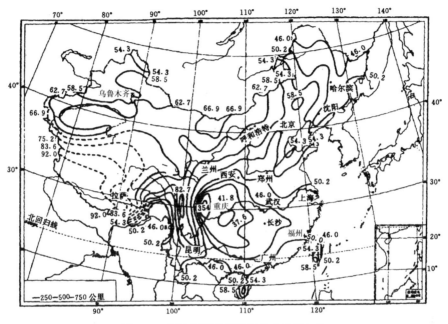

图 1.9 中国太阳辐射资源分布(MJ/m²)

近来有许多资料表明对太阳能发展的预测出现了极其乐观的估计:太阳能在近几十年中将逐步占据人类能源供给的一定份额。

1.3.2 太阳能特点

随着社会的发展和人类文明的进步,太阳能将会扮演愈来愈重要的角色。之所以如此,是因为它有许多独到之处。太阳辐射能与常规能源、核能相比有下列几个特点。

1.广泛性

太阳辐射到处皆有,就地可用,无需运输或输送。可算是取之不尽、用之不竭的巨大能源,用户只需一次投资建造好利用系统之后,平时的维持费用远比其他能源小的多。

2.清洁性

矿物燃料在燃烧时会放出大量的各种气体,核燃料工作时要排出放射性废料,它们都会对环境造成污染。太阳辐射作为能量利用,可以大大减少人类对环境的污染,因此称之为清洁能源。

3. 分散性

太阳辐射尽管遍及全球,但每单位面积上的入射能量却很小;即它是一个巨大能源,同时其辐射能密度很小,又是一个"贫矿"。因此若需要较大的能量时,就必须采用庞大的受光面积。对于单户利用太阳能作为部分补充能源,一般问题不大,但对于集体或大的工程系统利用,就要涉及到设备的材料、结构、占用土地等的费用问题,其初投资可能要比其他能源高一些。

例题:我国电力消耗大约 $11.6×10^{11}$ kW·h(1998 年),假如其中的 10% 是以太阳能发电供给,取系统效率 10%,太阳辐照能 1000 W/m²,考虑到阴雨天和夜间不能发电(4 倍)等情况,则太阳电池组件覆盖地面的面积约为 710 km²。

4. 间歇性

由于受到昼夜、季节、地理纬度、海拔高度等自然条件的限制以及晴阴云雨等随机因素的影响,太阳辐射既是间断的又是不稳定的,它的随机性很大。在利用太阳能时,为了保障能量供给的连续与稳定,常配备相当容量的贮能设备,如贮水箱、蓄电池组等,这不仅增加了设备及维持费用,而且也降低了整个太阳能系统的效率。

5. 地区性

辐射到地球表面的太阳能,随地点不同而有所变化。它与地理纬度有较大关系,但地理纬度不是唯一因素,还与当地的大气透明度(污染、混浊等)和气象变化等诸多因素有关。如中国北部许多地方的太阳辐射情况较南部一些地区好。

6. 永久性

太阳辐射至今已经持续了几十亿年,据测估太阳的寿命大约仍有 $5×10^9$ 年。因此,相对而言可以认为它是一个永久性能源,对人类的可持续发展将起一定的积极作用。

总而言之,利用太阳能有其巨大的优点,但也有诸多尚待解决的问题,因此在考虑太阳能利用时,不仅应从技术方面考虑,还应从经济、环境保护、生态、居民福利,特别是国家建设的整体方针来全面考虑研究。

思 考 题

1. 能源如何划分及太阳能的归类。
2. 太阳能的主要利用途径和特点。
3. 中国太阳能资源分布特点。

第 2 章　太阳辐射

在太阳内部持续发生着核聚变反应,释放出了巨大的能量,并以电磁波的形式向广阔的宇宙空间辐射,这种辐射携带的能量称之为太阳辐射能,简称太阳能。可以认为,太阳对地球是一个永恒的能源。太阳的构造、活性决定了太阳辐射的性质。地球与太阳的时间、空间关系形成了地球的气候特征。本章介绍太阳、日地相对运动、辐射特性等几部分。

2.1　太阳

2.1.1　热核反应与太阳演化[6,7]

根据天文学观测和天体物理学的理论计算,可知绝大多数恒星的光能来自热核反应。恒星从星际气体形成后,接着便发生引力收缩,使其中心部分温度急剧升高,于是先后陆续发生与其温度、密度和气体组成相对应的各种热核反应。由于恒星的组成成分大部分是氢,所以在恒星演化的整个过程中,氢及其最初反应生成物——氘、氦和其他元素之间的反应非常重要。

根据恒星中心部分的温度升高到不同阶段,恒星内部先后发生了各种热核反应过程。

1. 氘反应

当恒星中心部分温度上升到 10^6 K 左右时,首先发生的热核反应是氘反应(称为 D 反应)。D 反应的具体过程:

$$^2D + ^3He \longrightarrow ^4He + p + 18.30 \text{ MeV}$$
$$^2D + ^2D \longrightarrow ^3He + n + 3.25 \text{ MeV}$$
$$^2D + ^2D \longrightarrow ^3H + p + 4.00 \text{ MeV}$$
$$^2D + ^3H \longrightarrow ^4He + n + 17.60 \text{ MeV}$$
$$6\ ^2D \longrightarrow 2\ ^4He + 2p + 2n + 43.15 \text{ MeV}$$

平均每个氘核释放的能量约为 7.2 MeV。氘的含量只占氢的 10^{-4} 左右,其作为恒星的能源并不重要,但对于恒星演化的早期模型进行理论计算时,这个反应却有很重要的作用。由于反应速度非常快,而 ^2D 的含量又很少,很快就燃烧完了。如果恒星在开始形成时 ^2D 的含量比 ^3He 多,则由 D 反应所产生的 ^3He,可能就成为恒星时期组成中 ^3He 的重要来源,并且由于对流混合而出现在恒星表面的 ^3He,有的可能还保留到现在。

Li、Be、B 等轻元素和氕一样,都很容易被破坏,当恒星中心部分温度超过 $3×10^6$ K 时就开始燃烧,引起 $(p,α)$、(p,d) 反应。这些反应的寿命短,很快就成为 ^3He 和 ^4He。所有轻元素的含量仅为氢的 $2×10^{-9}$ 左右,它们作为恒星的能源也不重要。D、Li、Be 和 B 在到达主序星之前就因为与氢发生热核反应而燃烧殆尽了。

2. p—p 链

当恒星的中心温度达到 10^7 K,中心密度达到 10^5 kg/m^3 左右时,氢就进一步通过热核反应转化为氦:

$$4 \ ^1H \longrightarrow \ ^4He$$

这一反应有两个重要的过程,分别称为 p—p 链(或 p—p 连锁反应)和 CNO 循环(或 CNO 循环反应)。

质量 $M≤2M_s$,中心温度 $T_c≤2×10^7$ K 的主序星,中心部分的主要热核反应是 p—p 链。这个反应在只含有 ^1H 和同时含有 ^1H 和 ^4He 时才发生。过程由以下两个分支组成:

(1) p—p—1(只含有 ^1H):

$$^1H + \ ^1H \longrightarrow \ ^2D + e^+ + ν + 0.164 \ MeV$$
$$^2D + \ ^1H \longrightarrow \ ^3He + γ + 5.49 \ MeV$$
$$^3He + \ ^3He \longrightarrow \ ^4He + 2 \ ^1H + 12.85 \ MeV$$

$$4 \ ^1H \longrightarrow \ ^4He + 2e^+ + 2ν + 2γ + 24.16 \ MeV$$

平均每个氢核释放能量约为 6.04 MeV。

(2) p—p—2(同时含有 ^1H 和 ^4He):

$$^1H + \ ^1H \longrightarrow \ ^2D + e^+ + ν + 0.164 \ MeV$$
$$^2D + \ ^1H \longrightarrow \ ^3He + γ + 5.49 \ MeV$$
$$^3He + \ ^4He \longrightarrow \ ^7Be + γ + 1.59 \ MeV$$
$$^7Be + e^- \longrightarrow \ ^7Li + ν + γ + 1.08 \ MeV$$
$$^7Li + \ ^1H \longrightarrow 2 \ ^4He + 17.35 \ MeV$$

$$4 \ ^1H \longrightarrow \ ^4He + 2e^+ + 2ν + 3γ + 25.67 \ MeV$$

平均每个氢核释放能量约为 6.42 MeV。

上述两个分支中发出的能量(称为 Q 值)是在分别扣除各个过程中中微子 ν 所带走的平均能量后得到的。

3. CNO 循环

对于 $M \geqslant 2M_\odot$，$T_c \geqslant 2 \times 10^7$ K 的主序星，^{1}H 通常通过 CNO 循环聚变为 ^{4}He。CNO 循环由下列过程组成：

$$^{12}C + {}^1H \longrightarrow {}^{13}N + \gamma + 1.95 \text{ MeV}$$
$$^{13}N \longrightarrow {}^{13}C + e^+ + \nu + 1.50 \text{ MeV}$$
$$^{13}C + {}^1H \longrightarrow {}^{14}N + \gamma + 7.54 \text{ MeV}$$
$$^{14}C + {}^1H \longrightarrow {}^{15}O + \gamma + 7.35 \text{ MeV}$$
$$^{15}O \longrightarrow {}^{15}N + e^+ + \nu + 1.73 \text{ MeV}$$
$$^{15}N + {}^1H \longrightarrow {}^{12}C + {}^4He + 4.96 \text{ MeV}$$

$$4\,^1H \longrightarrow {}^4He + 2e^+ + 2\nu + 3\gamma + 25.03 \text{ MeV}$$

平均每个氢核释放能量 6.26 MeV。

4. 氦反应

当氢聚变反应消耗殆尽时，恒星内部的热源减少，于是 ^{4}He 积累起来。再次发生引力收缩，恒星离开主序星而沿着巨星的路径变化。当 T_c 升高到 10^8 K 时，中心密度高达 10^6 kg/m^3。氢燃烧后的渣滓——^{4}He 又能成为燃料而继续燃烧。反应过程：

$$^4He + {}^4He \Longleftrightarrow {}^8Be - 0.092 \text{ MeV}$$
$$^8Be + {}^4He \longrightarrow {}^{12}C + \gamma + 7.366 \text{ MeV}$$
$$^{12}C + {}^4He \longrightarrow {}^{16}O + \gamma + 7.161 \text{ MeV}$$
$$^{16}O + {}^4He \longrightarrow {}^{20}Ne + \gamma + 4.730 \text{ MeV}$$

发生上述反应的温度范围为 $(1\sim3) \times 10^8$ K。两个 ^{4}He 核结合形成 ^{8}Be 核，它是一种非常不稳定的核素。但在这样的高温高密度的热平衡状态下，当衰变和逆变反应达到平衡态时，有时可以有极少量的 ^{8}Be 存在，它们俘获 ^{4}He 形成 ^{12}C，然后依次形成 ^{16}O、^{20}Ne 等。

实现上述核聚变反应需要一定的条件。地球大气中充满着可进行聚变反应的轻元素，但是未能满足发生聚变反应的条件，所以并没有释放出核能来。由于每个轻核都带有正电，若发生聚变反应，则必须克服库仑斥力使其充分地接近而由很强的吸引核力起主导作用。在地球上的实验室内，通过人工方法把带电粒子或轻核加速到具有很高的能量，然后让它们轰击其他的轻核，从而在极短的时间内实现聚变反应。而在太阳内部，只能依靠氢核或氦核自身的巨大动能克服库仑斥力，这就要求太阳中心部分的温度至少要达到 10^7 K 左右。显然，中心部分的温度越高，轻核的动能越大，产生聚变反应的概率亦越大，从而产生聚变反应的轻核数目也越多。在聚变反应过程中，一方面不断地释放核能来维持核聚变条件；另一方面又通过辐射或对流等方式不断地向周围散失能量。因此,只有当聚变反应释放出的核能多于向周围散失的能量时,核聚变反应才能循环下去。否则,聚变就不能继续进行。

关于太阳系的形成有多种学说,目前星云说较流行。然而迄今为止,没有任何学说能够令人满意地说明太阳系的所有特征。

我们所处的银河系,看上去是螺旋结构。它的直径约 80×10^3 光年,并具有椭球结构的中心部分。在银河平面上的两个长半轴约 10×10^3 光年,而短半轴约 3.5×10^3 光年。太阳的位置处于距银河中心约 27×10^3 光年,接近银河系平面,距其在 100 光年之内的地方。

太阳系形成的星云说。约 45 亿年前,在沿着旋涡状银河系的一条旋臂向外延伸很远的地方,一团巨大的气体云在其自身引力作用下,开始在恒星空间不断收缩,并且在收缩过程中,气体粒子获得的引力势能通过互相碰撞而转化为粒子的动能,使气体的温度升高。这个云团在收缩时愈转愈快,变成了一个圆盘状。到了某个阶段,在圆盘的中心聚集起一个天体,该天体质量既大,密度、温度又高,以致其中的核燃料被点燃,而它自身则变成了一颗恒星——太阳。太阳的演化过程按时间顺序大致如下。

初始气体云的直径比目前的大得多,厚度也比目前的厚得多。由于引力收缩的缘故,太阳的半径减小,厚度也降低。大约 2 万年以后,太阳中心区域的温度已达 8×10^5 K,能够使氘聚变点燃。如果太阳气云中氘的含量与目前地球大气所中的含量相当(即大约为氢同位素的 0.02%),则氘聚变可持续 10^5 年左右。然后,太阳由于引力作用而进一步收缩,从少年期向青年期过渡。此时,中心区域的温度愈来愈高,而表面温度的变化则并不太大,所以中心和表面的温度差愈来愈大。大约在 1.4×10^6 年后,太阳内部产生的能量主要由辐射和对流而向周围散失,逐步形成一个辐射核。

大约经过 1.4×10^7 年后,太阳中心的温度已达 7×10^6 K,密度达 2×10^4 kg/m³,这时 p—p 循环反应开始。当中心温度超过 1.2×10^7 K 时,在 p—p 循环过程的同时还有少量 CNO 循环过程发生。此时,太阳的半径不再减少,由于辐射压力大于引力,因而其半径反而缓慢增大。热核聚变反应成为唯一的太阳能源。太阳进入了相对稳定的主序星阶段,也就是它的中年期,目前太阳正处在这个时期(根据天文学和天体物理学研究的结果,太阳形成的年龄约为 4.5×10^9 年)。

当太阳的生命延续到 9×10^9 年时,内部的氢燃料接近消耗完毕,氢聚变反应只能在一个壳层中进行。这时,壳外气云膨胀,温度升高;壳内气云由于收缩,温度也升高。但是由于体积变大,亮度的增大比表面积的增大要慢,所以太阳表面的有效温度有所降低,太阳将变成一个表面温度只有 4500 K 左右而半径增大至目前

10 倍左右的红巨星,而中心温度达到 10^8 K 左右时,内部的氦聚变过程开始,太阳的一生进入了老年期。

此后,太阳内部的氦燃料逐渐消耗到一定程度,氦聚变反应也只能在一个壳层中进行,直至氦的核聚变过程完全终止。太阳通过一个一个阶段地演化,最后变成一颗白矮星,其大小和现在的地球基本相等,亮度只有目前的 1/100。再经过大约 10^9 年,太阳这颗白矮星内部的热量逐渐地辐射殆尽,其亮度减小为目前的 1/1000。终年时,太阳耗尽了能量,变成了一颗冷的黑矮星,在茫茫的宇宙中遨游。

2.1.2　太阳构造与能量

太阳是距离地球最近的一颗恒星。据测定日地平均距离为 149598020 km,从地球观测太阳其张角为 $31'59.26''$。据此计算出太阳直径为 1.392×10^6 km,它相当于地球直径的 109 倍,相应体积比地球大 130 万倍。已知地球的质量为 5.977×10^{24} kg,根据万有引力定律可推算出太阳的质量为 1.989×10^{30} kg,进而算出太阳平均密度约为 1400 kg/m³。但是,太阳各处密度分布相差悬殊,外层很小,中心部分相当大。关于太阳的一些基本数据如表 2.1。

表 2.1　太阳的基本数据

名　　称		量　　值
太阳半径 r_s		696265 km
太阳质量 $M_\odot$		1.989×10^{30} kg
成分	氢	78.4%
	氦	19.8%
	其他元素	1.8%
有效温度 $T_\odot$		5770 K
日地距离	近日点	147.1×10^6 km
	远日点	152.1×10^6 km
	平均	AU＝149 598 020 km
中心参数	温度 T_c	1.5×10^7 K
	密度 ρ_c	1.6×10^5 kg/m³
	压力 P_c	3.4×10^{14} Pa
自转周期	赤道	26.9 d
	极区	31.3 d
日轮张角		$31'59.26''$

名　　称	量　　值
太阳活动周期(平均)	11.04 a
极区附近普遍磁场	$(1\sim2)\times10^{-4}$ T
太阳平均密度	1409 kg/m³
太阳体积	1.412×10^{18} km³
太阳表面积	6.087×10^{12} km²
表面逸出速度	617.7 km/s

太阳的结构如图 2.1 所示,大致由以下几部分构成。

1. 太阳核

在 $0\sim0.25\ r_s$ 区域内。太阳核的质量占太阳总质量的 $30\%\sim50\%$。其成分由两个部分构成。一部分是宇宙的原始成分(氢占 96%,氦占 4%);另一部分具有较高的重元素含量(氢占 50%,重元素占 50%)。这两部分混合在一起后,因核中的重元素含量较高而使其不太透明,使中心区域的温度有较大变化。外部区域的质量占太阳总质量的 50% 以上,其成分为氢占 70%,氦占 28.5%,重元素占 1.5%,这与目前观测到的太阳大气的成分基

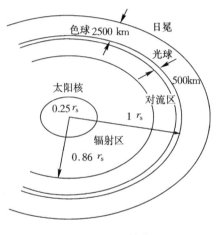

图 2.1　太阳结构

本相符。太阳核的温度约为 1.5×10^7 K,压力约为 250×10^9 atm,密度约 158 g/cm³。轻核聚变反应提供了全部的能源。太阳内部目前的轻核聚变反应主要是 p—p 循环,它提供太阳核能的 98.5%,而 CNO 循环仅提供 1.5% 左右。氢聚合时放出伽玛射线,这种射线通过较冷区域时,消耗能量,增加波长,变成 X 射线或紫外线及可见光。

2. 辐射区

辐射区为 $0.25\sim0.86\ r_s$ 的区域。该区域由于温度很高,气体完全电离,形成等离子体。能量的传递主要通过辐射过程。其温度由内向外逐渐下降,即从 1.5×10^7 K 降低至 5×10^5 K。密度下降为 0.079 g/cm³。

3. 对流区

对流区为 $0.86 \sim 1\, r_s$ 的区域。在该区域中温度进一步降低,使得等离子体中的复合过程开始,在太阳表面处,等离子体的电离度已不到 0.1%,表示绝大部分气体均处于中性原子状态。随着中性原子数目的不断增多,气体的不透明程度增加。辐射受阻,造成温度梯度变大,从而通过对流的方式继续向外传递能量,故称之对流区。对流区起着承内启外的作用。一方面,太阳核心区域的轻核聚变能量通过辐射传到了对流区,使它维持一定的热力学状态和运动状态;另一方面,对流区的能量通过湍流和对流传到太阳大气中使色球和日冕加热。太阳磁场也在对流区内受到畸变和放大以后浮出太阳表面,导致太阳的活动。对流区温度下降到 5000 K,密度为 $10^{-8}\, \text{g/cm}^3$。

4. 光球

光球在对流区外 500 km 范围内,仅约占太阳半径的万分之七,压力只有大气压力的百分之一,密度仅为水的几亿分之一。该区域有大量低电离的氢原子,是肉眼所见太阳表面。温度大约 6000 K。光球对地球相当重要,它以辐射的方式向周围星际空间散失能量。光球表面常有黑子和光斑活动,这对太阳辐射及电磁场有强烈的影响,活动周期约 11 年。

5. 色球

色球在光球以外 2500 km 范围内,主要由氢、氦、钙等离子构成。

6. 日冕

日冕是色球以外带银光色的辉光层。它是由各种微粒构成的,包括一部分太阳尘埃质点、电离粒子和电子。日冕辐射的能量与其他部分相比是无足轻重的,仅占全部辐射能的 10^{-8},而且它不能穿透大气层到达地面。

太阳内部的各项物理参数如表 2.2 所示。

氢核的质量是 1.6726×10^{-24} g,氦核的质量是 6.6443×10^{-24} g。从 p—p 循环和 CNO 循环可知,它们都是由四个氢原子核合成一个氦原子核,这些过程中的质量损耗是 $\Delta m = (4 \times 1.6726 - 6.6443) \times 10^{-24}$ g $= 0.0461 \times 10^{-24}$ g。质量损失约 0.7%。根据爱因斯坦的质能互换定律:

$$E = mc^2$$

那么,1 g 质量可转化的能量为 $1 \times (3 \times 10^{10})^2$ erg $= 9 \times 10^{13}$ J $= 9 \times 10^7$ MJ。

太阳每时每刻不停地向周围空间释放出巨大的能量,其总量平均每秒钟可达 3.8×10^{20} MJ,那么相应的质量损失约:4.22×10^9 kg。实际每秒钟消耗的氢核燃料约 6.03×10^{11} kg,则每年消耗的氢核燃料达 1.9×10^{20} kg。

表 2.2　太阳内部物理参数

相对半径 r/r_s	半径 r /km	温度 $T(r)$ /K	密度 $\rho(r)$ /kg·m^{-3}	相对质量 $M(r)/M_s$	相对亮度 $L(r)/L_s$	Log$p(r)$ *p
0.00	0	1.55×10^7	160000	0	0	14.53
0.04	28000	1.50×10^7	141000	0.008	0.08	14.46
0.1	70000	1.30×10^7	89000	0.07	0.42	14.20
0.2	139000	9.5×10^6	41000	0.35	0.94	13.72
0.3	209000	6.7	13300	0.64	0.998	13.08
0.4	278000	4.8	3600	0.85	1.000	13.37
0.5	348000	3.5	1000	0.94	1.000	11.67
0.6	418000	2.2	350	0.982	1.000	11.01
0.7	487000	1.2×10^6	80	0.994	1.000	10.08
0.8	557000	7×10^5	18	0.999	1.000	9.18
0.9	627000	3.1×10^5	2	1.000	1.000	7.94
0.95	661000	1.6×10^5	0.4	1.000	1.000	6.82
0.99	689000	5.2×10^4	0.05	1.000	1.000	5.32
0.995	692500	3.1×10^4	0.02	1.000	1.000	4.68
0.999	695300	1.4×10^4	0.0001	1.000	1.000	3.15
1.000	696000	6.0×10^3	0.0001	1.000	1.000	0.93

注：*p 的单位为 10^{-3} N/m^2

2.2　日地相对运动

贯穿地球中心与南北两极相连的线称为地轴。地球除了绕地轴自转以一日（24 小时）为一个周期外,同时又沿椭圆形轨道环绕太阳进行公转,运行周期约为一年（365 日）。太阳位于椭圆形轨道的一个焦点上。该椭圆形轨道称为黄道。在黄道平面内长半轴约为 152×10^6 km,短半轴约为 147×10^6 km。椭圆的偏心率不大,1 月 1 日为近日点,日地距离约 147.1×10^6 km；7 月 4 日为远日点,日地距离约 152.1×10^6 km,两者相差约 3%。一年中任一天的日地距离可用下式表示：

$$R=1.5\times10^8\left[1+0.017\sin\left(2\pi\frac{n-93}{365}\right)\right]\quad(\text{km})$$

式中：R 为日地距离；n 为该天自 1 月 1 日算起是一年中的第几天。

地球的赤道平面与黄道平面的夹角称为赤黄角。它就是地轴与黄道平面法线间的夹角,在一年中的任一时刻都保持为 $23°27'$($23.45°$)。太阳、地球的相对运动如图 2.2 所示。

若以地球为观测点看太阳的运行轨迹,称为太阳的视运动。在地球上任一位置观察太阳在天空中每天的视运动是以年为周期变化的,并取决于太阳赤纬角的大小,如图 2.3。

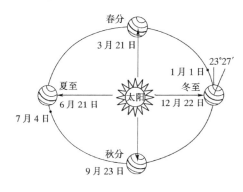

图 2.2 日-地运行轨迹

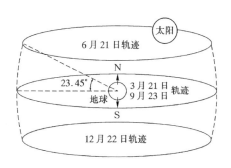

图 2.3 地-日视轨迹

正午时的太阳光线与地球赤道平面间的夹角,称为太阳赤纬角,简称赤纬,用 δ 表示;取从赤道向北为正方向,而向南为负方向,赤纬 δ 变化范围在 $+23.45°$ 到 $-23.45°$ 之间。它导致地球表面上太阳辐射入射角的变化,使白天的长短随季节有所不同。在赤道地区,从太阳升起到日落的持续时间为 12 小时。但在较高纬度的地区,不同季节其昼长变化相当大。例如在北京地区,冬至左右时,昼长仅 9 个多小时;而在夏至左右时则长达 14 个多小时。这意味着北京地区水平面上的太阳总辐射,在夏至期间有可能大于赤道地区。各个地区一年中任一天的日出日落时间或昼长的计算参阅第 3 章。赤纬 δ 是地球围绕太阳运行规律造成的。它使地球上不同的地理位置所接受到的太阳入射光线方向不同,从而形成地球上一年有四季的变化。一年中有四个特殊日期,即:夏至、冬至、春分和秋分。北半球夏至(6 月 21 日或 22 日)日,即南半球冬至日,太阳光线正射北回归线,赤纬 $\delta=23.45°$。北半球冬至(12 月 22 日或 21 日)日,即南半球夏至日,太阳光线正射南回归线,$\delta=-23.45°$。春分(3 月 20 日或 21 日)和秋分(9 月 22 日或 23 日)太阳正射赤道,赤纬都为零,地球南北半球昼夜时间长度相等。

赤纬 δ 的年变程可用如下近似表达式计算:

$$\delta=23.45°\sin\left(360\frac{284+n}{365}\right) \tag{2.1}$$

由上式可得证,一年中赤纬 δ 的变化范围在 $\pm23.45°$ 之间。另一种更为精确的近似公式为：

$$\delta = 23.45° \sin\left[\frac{\pi}{2}\left(\frac{d_1}{N_1} + \frac{d_2}{N_2} + \frac{d_3}{N_3} + \frac{d_4}{N_4}\right)\right] \tag{2.2}$$

式中：d_1 为从春分开始计算的天数；d_2 为从夏至开始计算的天数；d_3 为从秋分开始计算的天数；d_4 为从冬至开始计算的天数；$N_1 = 92.795$ 天（从春分到夏至）；$N_2 = 93.629$ 天（从夏至到秋分）；$N_3 = 89.806$ 天（从秋分到冬至）；$N_4 = 89.012$ 天（从冬至到春分）。

在春分日，$d_1 = 0$，以此类推。式(2.1)中赤纬 δ 的近似值不能得到春、秋分时 δ 等于 0 的结果。式(2.2)解决了这个问题，而且使计算值的精度比式(2.1)提高了 5 倍。

2.3　辐射光谱[8,9]

2.3.1　太阳常数

1. 太阳表面温度与辐射功率

为了确定太阳光球的表面温度，可以认为太阳是一近似全辐射体（黑体），其辐射遵循普朗克（Planck）定律：

$$w(\nu, T) = \frac{8\pi h \nu^3}{c^3} \frac{1}{e^{h\nu/kT} - 1}$$

式中：ν 为黑体辐射频率；T 为黑体的绝对温度，K；$w(\nu, T)$ 为黑体辐射场能量密度，即单位体积内所发出的频率为 ν 的光谱辐射密度，J/m^3；c 为真空中的光速，其值 $c = 2.998 \times 10^8$ m/s；h 为普朗克常数，其值 $h = 6.626 \times 10^{-34}$ J·s；k 为玻耳兹曼常数，其值 $k = 1.381 \times 10^{-23}$ J/K。

若用波长表示则该式可写成：

$$w(\lambda, T) = \frac{8\pi h}{\lambda^3} \frac{1}{e^{\frac{hc}{k\lambda T}} - 1}$$

$w(\lambda, T)$ 表示单位体积内所发出的波长为 λ 的光谱辐射能密度。

图 2.4 所示为不同温度理想黑体的辐射分布。

进而有维恩（Wien）位移定律：

$$\lambda_m \cdot T = b = 2897.8 \ \mu m \cdot K \tag{2.3}$$

从上式可知，物体辐射最大能力的波长随物体温度而变化，与其温度成反比：温度愈高，辐射最大能力的波长则愈短，反之亦然。有：

$$\lambda_1/\lambda_2 = T_2/T_1$$

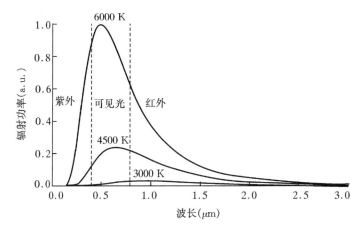

图 2.4　三个温度理想黑体的辐射分布

其中,λ_1、λ_2 为两个波长,而 T_1、T_2 是相应的绝对温度。换言之,增加温度,辐射的最大值移向短波方向。温度的增加引起辐射光谱从红外向红、再向紫外逐渐移动,在高温时,整个辐射呈现出白光。

观测太阳光谱可知 $\lambda_m = 0.5023~\mu m$,故可求得太阳表面的有效温度为:

$$T = b/\lambda_m = 5769~\text{K}$$

任何物体当处于绝对温度零度(即 -273°C)以上时,具有向外辐射热能的能力;同时也在吸收来自其他物体的辐射热能。物体辐射能力的强弱,取决于物体本身温度的高低。即斯忒藩-玻耳兹曼(Stefan-Boltzmann)光辐射定律:

$$M = \sigma T^4$$

式中:M 为单位面积黑体辐射的总功率(辐出度);σ 为斯忒藩-玻耳兹曼常数,$5.67 \times 10^{-8}~\text{W}/(\text{m}^2 \cdot \text{K}^4)$。

由此可算出太阳辐射的总功率:

$$\Phi_s = 4\pi r_s^2 M = 4\pi r_s^2 \cdot \sigma T^4 = 3.8 \times 10^{20}~\text{MW}$$

2. 辐射度量

辐射能 Q 是以电磁波或粒子形式发射、传播或接收的能量。它的单位与其他形式能量的单位相同。在国际单位制中,辐射能的单位是 J 或 MJ。

辐射通量 Φ 是以辐射形式发射、传播或接收的功率,或者说是单位时间内发射、传播或接收的辐射能,单位是 W。按定义可写出:

$$\Phi = \frac{\partial Q}{\partial t}$$

辐照度 E 投射到单位面积上的辐射通量,单位是 W/m^2。按定义可写出:

$$E = \frac{\partial \Phi}{\partial A}$$

辐照量 H 亦称曝辐量,它的定义是辐照度对时间的积分,即:

$$H = \int E \mathrm{d}t$$

其单位是 $\mathrm{J/m^2}$。

3. 太阳常数

太阳以连续不断的形式向宇宙空间辐射着不同波长的能量,但这个量并非是一恒定值,因此可将其分为常定辐射和异常辐射。常定辐射包括可见光部分、近紫外部分和近红外部分,它们约占太阳辐射总能量的 90%。太阳本身是活动着的,其能量也在波动式地变化,不过常定辐射的能量随着太阳活动的变化甚微。据测量,在太阳活动峰值年仅比太阳活动宁静年增大 2.5%。太阳异常辐射包括太阳电磁辐射中的无线电波段部分、紫外线部分和微粒子流部分。这些部分的能量随太阳活动的变化而剧烈地变化着。如紫外线的强度随太阳活动的变化在几十至几百倍之间;微粒子流的变化则更大。另外,地球还接受从宇宙空间其他星体辐射来的能量,但仅占太阳辐射能的 10^{-8},可忽略不计。由此可知到达地球大气层顶部的太阳辐射总量也是变化的。由于需要一个辐射基准作为参考,就采用了太阳常数作为世界各国公用参数。太阳常数 E_{sc} 是表征到达地球大气层顶部的太阳辐射量的数值,定义为地球位于日地平均距离处,在大气层上界垂直于太阳辐射束平面上形成的太阳辐照度。1971 年测得这个值是:1353 $\mathrm{W/m^2}$,随后资料大多采用此值。而根据 1981 年 10 月在墨西哥召开的世界气象组织仪器和观测方法委员会第八届会议通过的最新数值是:1367 $\mathrm{W/m^2}$,这是用现代手段测得的数据。目前太阳

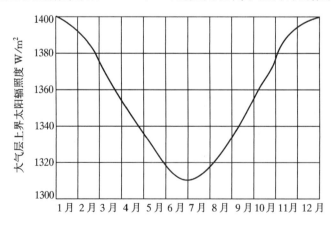

图 2.5　大气层外太阳辐照度随时间的变化

常数采用这个数值。

　　太阳常数既不是从理论推导出来的又不是具有严格物理内涵的常数。太阳常数除太阳自身的变化外,还受测量准确度、标尺本身等影响。即使太阳辐射量为常定,实际上因为日地距离的变化,使得到达地球大气层上的太阳辐射能 E_o 也在变化。可由式(2.4)或图 2.5 确定。

$$E_o = E_{sc}\left(1+0.033\cos\frac{360n}{365}\right)\left(\cos\varphi\cos\delta\sin\omega_s+\frac{\pi}{180}\omega_s\sin\varphi\sin\delta\right) \qquad (2.4)$$

2.3.2　辐射光谱

　　太阳是以电磁波的形式向外传播能量。电磁波是由同时存在又互相联系且呈周期性变化的电波和磁波构成的。电波和磁波彼此相互垂直,并且它们均垂直于电磁波的传播方向。电磁波一般用波长、频率或波数来表征。太阳发射的电磁辐射在大气上界随波长的分布称之太阳光谱。太阳光谱的范围几乎涵盖了整个电磁波谱。电磁波谱的各段名称及对应波长大致如表 2.3。太阳光谱按波长其能量分布参阅附录 2。图 2.6 直观地表述了太阳光谱的分布。

表 2.3　电磁波谱各部划分

名称	波长范围 μm	名称	波长范围 μm
宇宙射线 γ 射线	$\sim 10^{-6}$	红外辐射	$0.78\sim 10^3$
X 射线	$10^{-6}\sim 10^{-3}$	微波	$10^3\sim 10^6$
紫外线	$0.001\sim 0.38$	无线电波	$10^6\sim 10^{10.5}$
可见光	$0.38\sim 0.78$	长电振荡	$10^{10.5}\sim\infty$

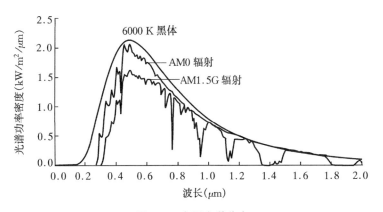

图 2.6　太阳光谱分布

从表 2.3 和附录 2 可看出太阳光谱主要集中在近紫外与近红外之间。这些光谱常常进一步界分如表 2.4。

表 2.4　常见光谱界分

区域	名称	范围(μm)	区域	颜色	波长(nm)	范围(nm)
紫外线	远紫外区	0.010～0.280		紫	420	380～450
	中紫外区	0.280～0.315		蓝	470	450～480
	近紫外区	0.315～0.380		绿	510	480～550
红外线	近红外区	0.78～1.4	可见光	黄	580	550～600
	中红外区	1.4～3		橙	620	600～640
	远红外区	3～1000		红	700	640～760

应当指出,颜色与波长的关系并非完全固定的,它还受到光强弱的影响。总的规律是:除 572 nm(黄)、503 nm(绿)和 478 nm(蓝)三点不变的颜色外,其余的颜色均受光强的影响。另外,人眼辨别颜色的能力,在不同波长是不一样的,在某些波长处,只要改变 1 nm,就能感觉出颜色的差异,而在多数区域,需要改变 2 nm 才能感觉到。

太阳辐射波长的范围很宽,不同波长的辐射能力差异很大。在波长很长和极短的区域中,其能量都非常小,绝大部分辐射的能量集中在 0.20～4 μm 波长之间,约占太阳辐射总能量的 99%。因此,常常把太阳辐射称作为太阳短波辐射(波长小于 3 μm 的电磁辐射)。能量与波长大致分布见表 2.5。

表 2.5　波长范围与能量比率

波长范围(μm)	0～0.38	0.38～0.78	0.78～∞
占总能量比率(%)	7.00	47.29	45.71
辐射能量(W/m²)	95	640	618

2.4　地表辐照[10～12]

地球外围存在一圈厚厚的大气层。大气的组成可分为三大部分。一是永久气体,包括氮、氧、氩、氪、氢、氖、氦等分子;二是变动气体,包括水蒸气、二氧化碳、臭氧等;三是固体尘埃,如烟、尘、微生物、花粉和孢子一类的有机微粒、放射性微粒等。太阳辐射在通过大气层到达地球表面之前,在大气层中将遇到各种成分并与之相互作用,使其一部分能量被反射回宇宙、一部分被吸收、一部分被散射。大气对太阳辐射的反射、吸收和散射过程是同时进行的。这样致使到达地球表面的太阳辐射能,无论是在量上还是在质上都发生了不同程度的减弱和变化。

太阳辐射通过大气层到达地球表面的大致过程如图 2.7 所示。

2.4.1　大气的吸收作用

当辐射通过某种介质时,必然会由于受到介质的吸收和散射而减弱,在均匀介质条件下,其遵循布给-朗伯(P. Bouguer J. H. Lambert)定律:

$$E_\lambda = E_{0\lambda} e^{-C_\lambda m}$$

式中:E_λ 为地面上波长为 λ 的太阳辐照度;$E_{0\lambda}$ 为大气上界波长为 λ 的太阳辐照度;C_λ 为单色衰减系数;m 为大气光学质量。

均匀介质条件要求大气中各处的温度、湿度和气压等项参数都相同。实际大气中无法满足这些严格的条件。例如,大气的温度和压力均随高度而改变。甚至其部分组成成分,诸如水蒸气、臭氧含量

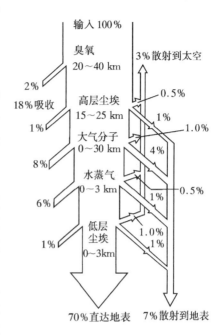

图 2.7　地球大气与太阳辐射的相互作用

等,也随高度的不同而有所变化。因此,实际大气是一种不均匀介质。为了便于解决问题,引入均质大气概念。均质大气是有条件的大气,其空气密度 ρ 各处都相同、组成成分与实际大气无异,且地面气压 p 亦与实际大气相同。均质大气与实际大气的主要区别在于前者的高度 H 是一个完全确定的数值,并满足下式

$$H = \frac{p}{\rho g} \tag{2.4a}$$

其中 g 为当地的重力加速度。

取标准状况(气温 $t_0 = 0$℃,气压 $p_0 = 1.013 \times 10^5$ Pa)下纬度 45°处海平面上的均质大气为标准均质大气。此时,空气密度 $\rho = 1.29 \times 10^3$ kg/m³,重力加速度 $g_0 = 9.806$ m/s²,由此可求得

$$H_0 = \frac{p_0}{\rho_0 g_0} \tag{2.4b}$$

计算得 $H_0 = 7996$ m。在进行太阳辐射计算时,取 $H_0 = 8$ km,可以保证精度要求。

据式(2.4a)和(2.4b)不难导出

$$\frac{H}{p} = \frac{H_0}{p_0} \tag{2.4c}$$

根据均质大气的定义,这种大气在单位面积上的垂直气柱内所包含的空气质量与实际大气的一样,因此,气体分子的数目也相同。在 $1~\text{cm}^2$ 的面积上高为 H_0 的垂直气柱内共计有空气分子 2.18×10^{25} 个,在这方面与实际大气并无差别。因此,光子同空气分子碰撞的机会以及大气的消光作用完全可以用与气压相应的均质大气来表征。这种以有条件的均质大气来替换实际大气,对于各种太阳辐射计算结果,并不会有任何歪曲,同时使得各种计算大大简化。有关均质大气的意义和使用这一概念的合理性即在于此。

引入均质大气概念后,虽然可将太阳辐射光线穿越大气层的路径用长度单位表示出来,但在习惯上,计量光程长短经常使用的单位不是长度单位,而是所谓的大气光学质量:以太阳位于天顶时光线从大气上界至某一水准面的距离为一个单位,去度量太阳位于其他位置时从大气上界至该水准面的单位数,所得到的数字就是该水准面上的大气光学质量。

设日射倾斜入射,其光程中的光学质量 $\omega(Z_s)$ 为:

$$\omega(Z_s) = \int_0^\infty \rho \mathrm{d}s$$

式中:ρ 为空气密度;$\mathrm{d}s$ 为光程元。积分上限本不应为无限大,但对实际大气来说,一则大气上界的确切高度不易界定,二则空气密度随高度作指数衰减,故积分上限即使取作无限大,亦并不影响计算结果的精度。当太阳位于天顶时,光程元 $\mathrm{d}s$ 与高度元 $\mathrm{d}h$ 相等,此时应有:

$$\omega(0) = \int_h^\infty \rho \mathrm{d}h = \rho_h H_h$$

式中:ρ_h 为海拔高度为 h 处的地表空气密度;H_h 为当地条件下的均质大气高度。如果当地处于标准状态下,则可得

$$\omega_0(0) = \int_0^\infty \rho_0 \mathrm{d}h = \rho_0 H_0$$

按大气光学质量定义,即可得相对大气光学质量 m 为

$$m = \frac{\omega(Z_s)}{\omega(0)} = \frac{\displaystyle\int_h^\infty \rho \mathrm{d}s}{\displaystyle\int_h^\infty \rho \mathrm{d}h} = \frac{\displaystyle\int_h^\infty \rho \mathrm{d}s}{\rho_h H_h} \tag{2.4d}$$

而绝对大气光学质量 M 则为

$$M = \frac{\omega_0(Z_s)}{\omega_0(0)} = \frac{\displaystyle\int_0^\infty \rho \mathrm{d}s}{\displaystyle\int_0^\infty \rho \mathrm{d}h} = \frac{\displaystyle\int_0^\infty \rho \mathrm{d}s}{\rho_0 H_0} \tag{2.4e}$$

由式(2.4c)、(2.4d)和(2.4e)可得

$$\frac{m}{p} = \frac{M}{p_0}$$

如果忽略地球表面曲率和大气折射的影响,则由图 2.8 可得:

$$\frac{\mathrm{d}s}{\mathrm{d}h} = \frac{1}{\cos Z_s} = \frac{1}{\sin \alpha} \tag{2.4f}$$

式中:α 为太阳高度角;Z_s 为太阳天顶角。α 与 Z_s 互为余角。由式(2.4d)、式(2.4f)有

$$m = \frac{1}{\sin \alpha}$$

大气光学质量 m 是一个无量纲参数。上式是假定地表为水平面,忽略了地球大气的曲率及折射因素。当 $\alpha \geqslant 30°$ 时,其计算精度达 1%;当 $\alpha < 30°$ 时,精度降低。

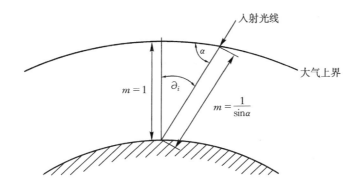

图 2.8　大气光学质量示意图

用大气光学质量 m(或 AM)表示太阳光线通过大气层的距离。天顶角表示太阳入射光线与地球表面当地的铅垂方向间的夹角,用符号 Z_s 表示。当 $Z_s = 0$ 时,$m = 1$ 称大气光学质量为 1,用 m1 表示。当 $Z_s = 48.2°$,$m = 1.5$;$Z_s = 60°$,$m = 2$,分别用 m1.5 和 m2 表示大气光学质量为 1.5 和 2。与之相对应的光谱(垂直于太阳入射方向的单位面积上所得到的太阳光谱)分别称为 m1、m1.5 和 m2 太阳光谱。显然,一年之内 m1 光谱只有位于北纬 23.45° 与南纬 23.45° 之间的地区当太阳在南、北回归线之间的某时刻才能获得,而 m1.5 的太阳光谱则在地球上的大部分地区均可以得到。

估算大气光学质量的简易方法是测量高度为 h 的竖直物体投射的阴影长度 s。于是大气光学质量 m 为

$$m = \sqrt{1 + \left(\frac{s}{h}\right)^2}$$

在其他大气情况不变的条件下,随着大气光学质量的增加,到达地球表面的所

有波长的太阳辐射能都将遭到衰减。

大气的主要吸收物质是氧(O_2)、臭氧(O_3)及水汽(H_2O)。大气中含有21%的氧,氧吸收波长小于 0.2 μm 的紫外线,在 0.155 μm 处吸收最强。由于这个缘故,在地面上几乎观察不到 0.2 μm 以下的太阳辐射。臭氧主要存在于 10～40 km 的高层大气中,在 20～25 km 处密度较大,低层大气中几乎没有。臭氧在整个光谱范围内都可以吸收,主要有两个吸收带,一个是 0.20～0.32 μm 间的强吸收带,另一个在可见光的 0.6 μm 处,虽然吸收因数不大,但恰好在辐射最强区域,所以臭氧的吸收量占总辐射的 2.1% 左右。水汽是太阳辐射的主要吸收介质,吸收带在红外及可见光区。太阳高度角很低时,水汽的吸收量约占总辐射的 20%。尘埃的吸收作用通常很小。

2.4.2　大气的散射作用

太阳辐射作为电磁波射入大气层中时,与大气中物质(气、液、固)内的电子发生相互作用,电磁波的电场使物质中的电子受到加速,这些加速的电子沿不同方向辐射出电磁波。因此,沿原来入射方向的辐射将有所减弱,减少的这部分的能量分布到其他方向上去了。

按入射波和散射波的频率有无变化,散射可分为弹性和非弹性两类。前者在散射过程中电磁波只有相移而并没有频移,这主要是由于热力学涨落(例如温度涨落和密度涨落、悬浮微粒等)所引起的。在固体中,这种效应往往被缺陷和杂质的散射所掩盖。在流体中,假设散射粒子的线度远小于入射光的波长,则即可导出下列瑞利散射(T. B. Rayleigh,1871)定律:

$$\frac{E(\theta)}{E(0)} = \pi d\lambda^{-4} R^{-2} V^2 (1 + \cos^2\theta)(n-1)^2$$

式中:$E(0)$ 为入射波的辐照度;$E(\theta)$ 为在 (R,θ) 处散射波的辐照度;d 为散射粒子数;V 为粒子的体积;n 为流体的折射率;θ 为散射角,入射线与散射线之间的夹角。从上式可见,散射波的辐照度与入射波波长的四次方成反比,意即在可见光频谱中,$\lambda = 0.44$ μm 的紫光散射辐照度要比 $\lambda = 0.7$ μm 的红光散射辐照度大 8 倍左右。表 2.6 中列出了可见光频谱中 6 种谱色的相对辐照度 E/E_r,其中 E_r 表示红光散射辐照度。

表 2.6　根据瑞利定律计算 6 种谱色的相对辐照度

相对辐照度	红	橙	黄	绿	蓝	紫
E/E_r	1	1.6	2.1	3.5	4.9	7.7

当太阳辐射进入大气层中时,频谱中各种成分受到大气分子散射的结果使天

空呈现浅蓝色,这一颜色是表 2.6 中列出的 6 种谱色的相对辐照度的混合产物。日出、日落时,太阳辐射穿过较厚的大气层,除红色外,日光中的其他谱色都被强烈地散射掉,因而太阳呈现红色。

如果散射粒子的线度与波长相当或大于波长,则此时的散射波辐照度与入射波频率几乎无关,这种散射称为廷德耳(J. Tyndall,1869)效应。在云层中,水滴的线度大于可见光波长,因而呈现白色。

散射与吸收不同,它不会把辐射能转变为粒子热运动的动能,而仅仅改变辐射的方向使直射光变为漫射光,甚至使太阳辐射逸出大气层而不能到达地面。散射对辐射的影响随散射粒子的线度而变,一般可分为两种。一种为分子散射,散射粒子小于辐射波长,散射强度与波长的四次方成反比。大气对长波光的散射较弱,即透明度较大,而对短波光的散射较强,即透明度较小。天空有时呈蓝色就是由于短波光散射所致;另一种是微粒散射,散射粒子大于辐射波长,随着波长的增大,散射强度也增强,而长波与短波间散射的差别也愈小,甚至出现长波散射强于短波散射的情况。空气比较混浊时,天空呈乳白色,甚至呈红色,就是散射的结果。

2.4.3　大气的反射作用

大气的反射主要是云层反射,它随着云量、云状与云厚的变化而变化。不同的云量、云形、云高对太阳辐射的影响相差很大,很难用一种方法来计算。表 2.7 给出的数据可供实际估算云形影响时参考。由表 2.7 可知,当太阳在天顶,整个天空布满雾时,日射量仅为晴天的 17%;如布满绢云则为 85%。另外,为了衡量云量多

表 2.7　全天云与晴天的日射量的百分比(%)

大气光学质量/m	绢云	绢层云	高积云	高层云	层积云	层云	乱层云	雾
1.0	85	84	52	41	35	25	15	17
1.5	84	81	51	41	34	25	17	17
2.0	84	78	50	41	34	25	19	17
2.5	83	74	49	41	33	25	21	18
3.0	82	71	47	41	32	24	25	18
3.5	81	68	46	41	31	24		18
4.0	80	65	45	41	31			18
4.5					30			19
5.0					29			19

少,有时也用日照率来表示天空的云量。假定某地区一天的日照时间为 N,而实际照射时间为 n',那么日照率就是 n'/N,它表示一天之中实际日照占理论日照的百分比,于是就可以用 $\left(1-\dfrac{n'}{N}\right)$ 来表示云量多少了。

2.4.4　地球表面的辐射

在白天,地球由于吸收太阳和大气的辐射,不断积累热能,逐渐增温,但同时也在以辐射的形式向外散失热能。若按地表温度为 300 K 计算,地球表面的辐射强度约为 383.79 W/m²,这一辐射强度是很可观的。但是,由于在绝大部分的白昼时间里,地球表面接受来自太阳和大气的辐射都远远大于地球表面的辐射强度,因此,地球表面虽然也放出辐射热能,但仍是处在不断积累热能、逐渐增温的过程。正午太阳辐射强度最大,地表面吸收热量最多,温度也最高。在夜间,地表面处于背离太阳的位置,吸收不到来自太阳的直接辐射,大气的散射强度也近于零,来自大气的长波(波长大于 3 μm 的电磁辐射)辐射常常又小于地表面放射的辐射能,地球表面失去了增温的热源,因而不断地向外辐射热能,不断消耗积累的热量,温度逐渐下降。由此可见,温度的高低决定了辐射强度的大小,而辐射却又是温度变化的最主要因素。

组成地球表面的不同物质各自也有不同的辐射和吸收特性。而太阳具有极大的辐射率和吸收率,接近于 100%,所以常把太阳当作全辐射体。所谓全辐射体就是在一定温度条件下,对各种波长的辐射都能 100% 的吸收。实际上这种绝对全辐射体是不存在的。根据测量,地球表面各种物质的辐射率,与同温度下的全辐射体相比皆小于 1,但又接近于 1,所以又都近似于全辐射体。把这种物质的辐射特性称之为灰体辐射。地球表面的物质都属于灰体,见表 2.8。

表 2.8　不同性质地面的相对辐射率表

地面性质	浅草	黄土	黑土	砂土	灰石	麦地	海水	雪
相对辐射率(ε)	0.84	0.85	0.87	0.89	0.91	0.93	0.96	0.995

地表的积雪对太阳和大气的辐射是一个极好的反射体,反射率可达 90% 左右,很少吸收;而对来自于大气层的长波辐射几乎全部吸收,同时它本身向外辐射长波,和全辐射体十分接近,具有很高的辐射能力。

2.4.5　大气的长波辐射

大气层对于太阳短波辐射的吸收具有选择性,绝大部分的太阳短波辐射可以透过大气层,直接到达地球表面,所以大气吸收作用很差。除高层大气的臭氧层外,太阳辐射不是大气辐射的直接热源。而大气层对于来自地球表面的长波辐射,却有近似全辐射体的吸收能力,几乎全部吸收并转变为大气层本身的热能,以长波辐射的形式向外辐射,其中一部分又投射回地球表面。人们把投射回地球表面的大气长波辐射称为大气逆辐射。

大气逆辐射在地面热量收支平衡中具有极大的意义。一般情况下,大气逆辐射约为地面辐射的 3/4,若以大气逆辐射强度为 288 W/m^2 计算,在一昼夜内每平方米的地面从大气中获得的热量约为 6978 kW·h。

大气具有使大部分太阳短波辐射通过,使其到达地球表面,同时又使地表面的长波辐射不致逸出大气层而以逆辐射的形式射向地面的能力。这种能力可使地球表面温度提高 38℃左右,地面平均温度可维持在 15℃。如果没有大气层的存在,地面平均温度仅能稳定在 −23℃左右。

从上述可归纳,影响地球表面可接受到的太阳辐射能的各种因素概括为 4 个方面:

① 天文因素　包括日地距离变化;太阳赤纬变化;地球自转,造成早、午、晚接受太阳光强弱不同和昼夜交替接受阳光的断续。

② 地理因素　观测和接受地点所在纬度、经度和海拔高度、地势地貌的不同。

③ 几何因素　太阳高度角、赤纬的变化,辐射能接收面倾斜度和方位的不同等。

④ 物理因素　大气的吸收、反射、散射引起的衰减,以及辐射能收受面的物理特性,即粗糙或光滑的不同等。

思 考 题

1. 太阳目前进行的是哪种热核反应?

2. 太阳的结构及主要成分?

3. 何谓赤纬,怎样计算赤纬?

4. 大气光学质量的意义?

5. 影响地球表面可接受到的太阳辐射能主要有哪些因素?

第3章 辐射能计算与估算

计算或估算地表应用地点所能接受太阳辐射能的多少是充分、有效利用太阳能的基础。本章首先介绍一些基本概念,再从基本原理出发推导出一系列计算方程式,掌握这些基本公式根据情况需要再导出其他方程式。最后介绍一些经验公式和估算方法,它们是实际工程中常用的有效方式之一。

3.1 球面几何与太阳位置方程

3.1.1 球面三角[13]

由于地球绕地轴进行自转的同时又围绕太阳公转,所以太阳在天空中相对地球的位置每时每刻都在变化。这种变化直接影响到达地面的太阳辐射能,从而影响地面上可供利用的太阳辐射能。为了了解和计算地球上任何地区受到的太阳直接辐射的时间和方向,以及知道这些计算的精确度等,需要具备一些球面三角的知识和几个相应的概念。

球面上两点之间的最短距离是沿着大圆(即其平面通过球心)的圆周来测量的。球面三角的顶点是三条从球心引出的射线与球面相交的点。射线之间小于180°的那些夹角称为球面三角的边 a, b, c。球面三角每一边对应着球面上的一个大圆弧,如图3.1。分别与边 a, b, c 相对应的球面三角的角 A, B, C 是相应的大圆弧之间的夹角,或者是已知的射线所确定的平面之间的角。

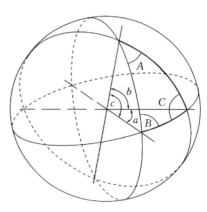

图 3.1 球面三角

球面三角的几个计算公式。

正弦定理:

$$\frac{\sin A}{\sin a} = \frac{\sin B}{\sin b} = \frac{\sin C}{\sin c} \tag{3.1}$$

边的余弦定理：

$$\cos a = \cos b \cos c + \sin b \sin c \cos A \tag{3.2}$$

角的余弦定理：

$$\cos A = -\cos B \cos C + \sin B \sin C \cos a \tag{3.3}$$

广义余弦公式：

$$\sin b \cos A = \cos a \sin c - \sin a \cos c \cos B \tag{3.4}$$

3.1.2　天穹与坐标[14]

　　为确定天体在天空中位置,假设它们处在单一球体——天球上。天球的半径必须足够大,使得所有的天体都可被看作为天球上的一个点。根据不同的目的、需要,可选择不同的位置作为天球的球心(坐标系原点),从而构造出不同的坐标系；若把观察者的位置与天球球心的位置相重合构成地平坐标系；若把地球中心与天球球心相重合可构成赤道坐标系；若把太阳中心看作天球球心则构成黄道坐标系,银河中心与之重合构成银河坐标系,如此等等。

　　在地球表面太阳能利用中,当计算太阳相对于地球上地理坐标的位置时,一般多采用地平坐标系,如图 3.2 所示。这样想象:如果观察者在空旷的田野上环顾四周,设想天空是一个巨大的半球覆盖在辽阔的地平面上,并与地平线相交成一个大圆圈——地平圈。无论观察者在地球上任何地方,他总是站在这个半球的球心上。所有的日月星都镶嵌在这个巨大的球上。每过一天,这个巨大的球带着所有的星

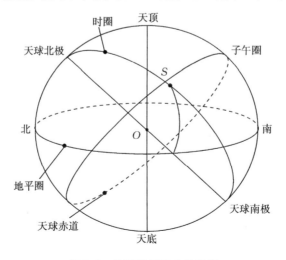

图 3.2　地平坐标系中的天穹

体由东向西旋转一周,以观察者为中心的这个球就是上面所述的天球。

天球一半在地平线以上,另一半在地平线以下。在这种坐标系中,参考平面是观察者所在的地平面,也就是通过观察者并垂直于铅垂线的平面。地平坐标系的几个要素是:

天顶——Z,通过观察者的垂直轴向上与天球的交点。

天底——N,在天球上与天顶在同一直径上的对应点。

天极——N_c 和 S_c,地球两极相应的天顶。

垂直圆——通过观察者、天顶及天底的任何大圆。通过天极的垂直圆是"子午圈",这是垂直圆的一个特例。

天球赤道——垂直于地轴的大圆,它是地球赤道面的投影与天球相交所确定的大圆。

时圈——垂直于天球赤道,并经过太阳的大圆,也叫赤纬圈。因为沿着这个圆测得天球赤道到太阳之间的角度对应于赤纬。这个角度在一天之内是恒定的,因为太阳的"视轨道"总是一个平行于天球赤道的圆。

高度角——天体与观察者所处地平面的夹角。通常规定:向天顶方向取为正,向天底方向取为负。

方位角——方角,天体与观察者连线在地平面上的投影线与南北方向线之间的夹角。或是从南点沿地平向东测量到通过天体的垂直圈的垂足的角度(以度为单位)。它是从子午圈到经过观察者的天顶和天体的大圆之间的夹角,它在地平面上。

3.1.3 太阳位置方程

天球和地球上某特定点 O 之间的关系如图 3.3 所示。

从图 3.3 中阴影部分可得出地平坐标系的天文球面三角形 N_cZS 如图 3.4。

Co(complement)——表示余角(90°)。

A_s——太阳方位角(solar azimuth)。

A'——太阳方位角 A_s 的补角,有 $A' = \pi - A_s$。

α——太阳高度角(solar altitude)。太阳直射辐射光线与所考虑场所的地平(水平)平面间的夹角。

φ——当地的地理纬度(latitude)。

ω——时角(hour angle),正午为 0,上午为正,下午为负。每小时 15°,每分钟 15′,每秒钟 15″。

由图 3.4 所示并根据球面三角形边的余弦公式(3.2),可求出太阳高度角 α 为:

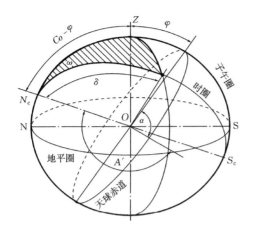
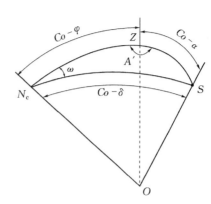

图 3.3　地平坐标系的球面三角 N_cZS　　　　图 3.4　地平坐标系太阳的球面三角

$$\cos(Co-\alpha)=\cos(Co-\varphi)\cdot\cos(Co-\delta)+\sin(Co-\varphi)\cdot\sin(Co-\delta)\cdot\cos\omega$$

于是得：

$$\sin\alpha=\sin\varphi\cdot\sin\delta+\cos\varphi\cdot\cos\delta\cdot\cos\omega \tag{3.5}$$

$$\alpha=\arcsin(\sin\varphi\cdot\sin\delta+\cos\varphi\cdot\cos\delta\cdot\cos\omega) \tag{3.6}$$

根据球面三角形的正弦公式(3.1)，并从图 3.4 所示中可得出太阳方位角 A_s 为：

$$\frac{\sin A_s}{\sin(Co-\delta)}=\frac{\sin\omega}{\sin(Co-\alpha)}$$

则：

$$\sin A_s\cdot\cos\alpha=\sin\omega\cdot\cos\delta \tag{3.7}$$

于是：

$$\sin A_s=\frac{\sin\omega\cdot\cos\delta}{\cos\alpha} \tag{3.8}$$

$$A_s=\arcsin\left(\frac{\sin\omega\cdot\cos\delta}{\cos\alpha}\right)$$

由式(3.4)得：

$$\sin(Co-\alpha)\cdot\cos A'=\cos(Co-\delta)\cdot\sin(Co-\varphi)-\sin(Co-\delta)\cdot\cos(Co-\varphi)\cdot\cos\omega$$

所以

$$\cos\alpha\cdot\cos A_s=-\sin\delta\cdot\cos\varphi+\cos\delta\cdot\sin\varphi\cdot\cos\omega \tag{3.9}$$

3.1.4　日出、日落时间及其方位角

若在式(3.5)中,令太阳高度角 $\alpha = 0°$,则可由该式求得日出时角 ω_r 和日落时角 ω_s:

$$\cos\varphi \cdot \cos\delta \cdot \cos\omega = -\sin\varphi \cdot \sin\delta$$

$$\cos\omega = -\frac{\sin\varphi \cdot \sin\delta}{\cos\varphi \cdot \cos\delta} = -\tan\varphi \cdot \tan\delta$$

$$\omega = \arccos(-\tan\varphi \cdot \tan\delta) \tag{3.10}$$

讨论式(3.10):

① 当 $-1 \leqslant -\tan\varphi \cdot \tan\delta \leqslant +1$,则可由式(3.10)解出 ω。于是:

$$\omega = \arccos(-\tan\varphi \cdot \tan\delta)$$

因 $\cos\omega = \cos(-\omega)$

有两个解:$\omega_r = \omega$, $\omega_s = -\omega$

② $-\tan\varphi \cdot \tan\delta = +1$,则 $\omega_r = \omega_s = 0$,太阳只在中午的一瞬间出现在地平面上。这种情况发生在极夜前的最后一天或极夜后的最前一天。

③ $-\tan\varphi \cdot \tan\delta > +1$,太阳在一天中既不出也不落:极夜。

④ $-\tan\varphi \cdot \tan\delta = -1$,太阳只在午夜($\omega = \pm180°$)的一瞬间出现在地平面上。这种情况发生在极昼的前一天和后一天。

⑤ $-\tan\varphi \cdot \tan\delta < -1$,太阳在一天中既不出也不落:极昼。

当太阳高度角 $\alpha = 0$ 时,可由式(3.7)得出该日的日出、日落时相应的太阳方位角。

$$\sin A_s = \sin\omega \cdot \cos\delta$$

将 ω_r 和 ω_s 值代入上式,将得到太阳方位角对日出的两个解和对日落的两个解。对此可根据以下情况选择正确的答案:当太阳赤纬为正时,太阳直射北半球,日出日落在靠北方的象限;当太阳赤纬为 0 时,日出在正东,日落在正西;而当太阳赤纬为负时,太阳直射南半球,日出日落在靠南方的象限。

从式(3.10)可见,日出或日落时角只与纬度和一年中的第几天有关而已。那么很容易求出一天的昼长 T_d:

$$T_d = \frac{2}{15}\arccos(-\tan\varphi \cdot \tan\delta) \quad (h) \tag{3.11}$$

例 3.1　计算 34.5°N、110°E(华山)处,5 月 10 日正午时太阳的高度角、方位角以及该日的日出、日落时间及其方位角。

解　从已知中得　$n = 130$

由式(2.2)计算太阳赤纬角

$$\delta = 17.52°$$

正午时　$\omega = 0$，则从式(3.6)可求得太阳高度角为：

$$\alpha = \arcsin[\sin34.5 \times \sin17.52 + \cos34.5 \times \cos17.52 \times \cos0] = 73°$$

太阳方位角由式(3.8)可得：$A_s = 0$

日出和日落的时角由式(3.10)得：

$$\omega = \arccos(-\tan34.5 \times \tan17.52) = \pm102.53°$$

于是

$$\omega_r = 102.53°, \quad \omega_s = -102.53°$$

则　　　$12 - \dfrac{102.53°}{15°} = 5.165$　　　　　　$0.165 \times 60 \approx 10 \ (\text{min})$

　　　　$12 - \dfrac{-102.53°}{15°} = 18.835$　　　　　$0.835 \times 60 \approx 50 \ (\text{min})$

日出时间：5 点 10 分，日落时间：18 点 50 分

相应的太阳方位角分别为：

$$A_{sr} = 111.4°(68.6° \times) \qquad A_{ss} = -111.4°(-68.6° \times)$$

答：该日正午时太阳高度角 73°，方位角 0。该日日出时间为 5 点 10 分，太阳方位角是 111.4°；日落时间是 18 点 50 分，相应方位角是 -111.4°。

注：本题所用时间皆为真太阳时。

3.2　太阳时和时差[15]

地球沿着轨道绕太阳作公转运动。然而为了方便起见，常常需要考虑太阳相对于地球运动的情况，即假定地球是静止的，太阳在围绕地球转动。这就是所谓的"视运动"。太阳在天空中绕地球运行的"视运动"如图 2.3 所示。其运行轨迹在赤纬 $\pm23°27'$ 之间作往复旋进运动。但在一天内，赤纬角可认为是不变的，因为太阳的"视轨道"总是平行于天球赤道的圆。

太阳绕地轴的"视运动"每天旋转一周，计量时间选用的是太阳时。实际上，在所有太阳角度计算公式中，所用到的时间都是太阳时，它与我们日常时钟所指示的时间是不同的。所谓太阳时是采用真太阳中心的时角来计量的，它的起点是真太阳的上中天(正午)，以连续两个上中天的时间间隔作为一个真太阳日。根据开普勒第一定律：行星的轨道是椭圆的，太阳在一个焦点上，所以日地距离不是一个固定数。另外，根据开普勒第二定律：在相等时间内，行星和太阳连线所扫过的面积相等，如图 3.5。因此，地球通过近日点时，公转速度(每天东移 $1°1'11''$)最快，而当

通过远日点时,公转速度(每天东移 $57'11''$)最慢。由此可知,真太阳日,也就是太阳连续两次通过子午圈的中间间隔时间,不是恒定的。为了提供一种均匀的时间尺度,需以假想的"平均太阳"作为参考。在这种假想中,地球不是沿着椭圆轨道运行,而是在一个圆形轨道(天球赤道)上并以均匀角速度 $2\pi rad/a = 1.99 \times 10^{-8}$ rad/s运行着。平均太阳时间如同真太阳时间,是从穿过观察者所处子午圈的瞬间开始测量的。真太阳时与平均太阳时之差称为时差,用 E 表示。这个偏差一年中最高可达 $4.5°$。时差的年变程参见图 3.6,其值可查表 3.1。

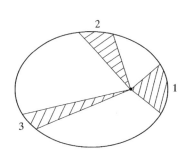

图 3.5 开普勒第二定律   图 3.6 时差的年变程

人们日常所用的当地时钟称之为标准时,标准时与真太阳时的换算可采用下式计算:

$$真太阳时 = 标准时 + E \pm 4(L_{loc} - L_{st}) \tag{3.12}$$

式中:E 为时差,分钟;L_{loc} 为当地的经度;L_{st} 为当地时区的标准子午线;$\pm$ 为所在地点处于东半球取正,处于西半球取负。

上式表明,将标准时间化为真太阳时必须进行两项修正,一项是当地经度与地方时区经度所对应的子午线间的经度修正,因为经度每相差 1 度,时间上就相差 4 分钟,故在公式中有乘 4 一项。另一项是时差修正。时差修正可从图 3.6 中截得;一年各月每隔四天的时差值列于表 3.1,可用线性内插值法计算,也可用下式作近似计算。

$$E = 9.87\sin 2B - 7.53\cos B - 1.5\sin B$$

式中

$$B = \frac{360(n-81)}{365}$$

表 3.1 时差 *E*

月份	日期	′	″	月份	日期	′	″	月份	日期	′	″
1 月	1	−3	14	2 月	1	−13	19	3 月	1	−12	38
	5	−5	6		5	−14	2		5	−11	48
	9	−6	50		9	−14	17		9	−10	51
	13	−8	27		13	−14	20		13	−9	49
	17	−9	54		17	−14	10		17	−8	42
	21	−11	10		21	−13	50		21	−7	32
	25	−12	14		25	−13	19		25	−6	20
	29	−13	5						29	−5	7
4 月	1	−4	12	5 月	1	+2	50	6 月	1	+2	27
	5	−3	1		5	+3	17		5	+1	49
	9	−1	52		9	+3	35		9	+1	6
	13	−0	47		13	+3	44		13	+0	18
	17	+0	13		17	+3	44		17	−0	33
	21	+1	6		21	+3	34		21	−1	25
	25	+1	53		25	+3	16		25	−2	17
	29	+2	33		29	+2	51		29	−3	7
7 月	1	−3	31	8 月	1	−6	17	9 月	1	−0	15
	5	−4	16		5	−5	59		5	+1	2
	9	−4	56		9	−5	33		9	+2	22
	13	−5	30		13	−4	57		13	+3	45
	17	−5	57		17	−4	12		17	+5	10
	21	−6	15		21	−3	19		21	+6	35
	25	−6	24		25	−2	18		25	+8	0
	29	−6	23		29	−1	10		29	+9	22
10 月	1	+10	1	11 月	1	+16	21	12 月	1	+11	16
	5	+11	17		5	+16	23		5	+9	43
	9	+12	27		9	+16	12		9	+8	1
	13	+13	30		13	+15	47		13	+6	12
	17	+14	25		17	+15	10		17	+4	17
	21	+15	10		21	+14	18		21	+2	19
	25	+15	46		25	+13	15		25	+0	20
	29	+16	10		29	+11	59		29	−1	39

例 3.2 计算西岳华山 5 月 10 日,日出的地方标准时。

解 由例 3.1 的结果已知:该日的日出真太阳时为 5 点 10 分。

查表 3.1 可知　$E=3'37''$

而　$L_{loc}=110°E,L_{st}=120°E$,则由式(3.12)得出

太阳时＝标准时＋ $3'37''+4\times(110-120)$

则　标准时＝5 点 10 分－3 分 37 秒＋40 分＝5 点 46 分 27 秒

答:5 月 10 日华山的日出(北京)时间约为:5 点 46 分 27 秒。

3.3　可收受的辐射量[16,17]

3.3.1　采集面上太阳直射入射

在太阳能利用中,绝大部分的阳光采集面的安装形式并非水平,而是以与地平面构成一定夹角的倾斜形式安装,以获得较多的阳光照射。倾斜角多大、方位如何,因不同地方、不同应用目的而异。所以需要计算倾斜面在特定时间、地点的太阳入射。先介绍若干符号及名词。

γ——采集面的方位角(surface azimuth),即采(受)光平面的法线方向在地平面上的投影与正南方向的夹角,向东为正,向西为负。

s——采集面的倾斜角(slope),是指受光平面与地平面间的夹角。

θ_i——入射角(angle of beam radiation),太阳入射光线与受光平面法线的夹角。

θ_z——天顶角(solar zenith angle),太阳直射辐射与铅垂线之间的夹角。

若将太阳直射辐射、采集面法线均作矢量对待,则采光面接受该直射辐射的量,只要将该辐射向其投影便得,即二矢量的点积。那么以所考虑的地点为坐标原点建立地平坐标系,取南北方向为 n 轴,方向矢量为 i,南为正;东西方向为 e 轴,方向矢量为 j,东为正;铅垂方向为 z 轴,方向矢量为 k,向上为正。采集面的法向矢量 N 与太阳直射入射矢量 S 的坐标轴投影如图 3.7 所示,并有下列关系:

$$S=S_i i+S_j j+S_k k$$

$$S_k=\cos\theta_z=\sin\alpha$$

$$S_j=\cos\alpha\cdot\sin A_s$$

$$S_i=\cos\alpha\cdot\cos A_s$$

而

$$N=N_i i+N_j j+N_k k$$

$$N_k=\cos s$$

$$N_j=\sin s\cdot\sin\gamma$$

$$N_i=\sin s\cdot\cos\gamma$$

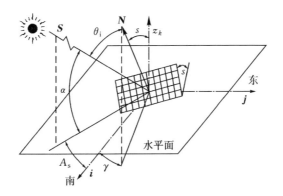

图 3.7　采集面与太阳直射的矢量关系

S 向 **N** 投影(点积)可得:

$$\cos\theta_i = \mathbf{S} \cdot \mathbf{N}$$
$$= (S_i\mathbf{i} + S_j\mathbf{j} + S_k\mathbf{k}) \cdot (N_i\mathbf{i} + N_j\mathbf{j} + N_k\mathbf{k})$$
$$= \sin\alpha \cdot \cos s + \cos\alpha \cdot \sin A_s \cdot \sin s \cdot \sin\gamma + \cos\alpha \cdot \cos A_s \cdot \sin s \cdot \cos\gamma$$

将式(3.5)、式(3.7)和式(3.9)代入,则:

$$\cos\theta_i = \cos s \cdot (\sin\varphi \cdot \sin\delta + \cos\varphi \cdot \cos\delta \cdot \cos\omega) + \sin\omega \cdot \cos\delta \cdot \sin s \cdot \sin\gamma$$
$$+ \sin s \cdot \cos\gamma \cdot (\cos\delta \cdot \sin\varphi \cdot \cos\omega - \sin\delta \cdot \cos\varphi)$$

整理得

$$\cos\theta_i = \sin\delta \cdot \sin\varphi \cdot \cos s - \sin\delta \cdot \cos\varphi \cdot \sin s \cdot \cos\gamma + \cos\delta \cdot \cos\varphi \cdot \cos s \cdot \cos\omega$$
$$+ \cos\delta \cdot \sin\varphi \cdot \sin s \cdot \cos\gamma \cdot \cos\omega + \cos\delta \cdot \sin s \cdot \sin\gamma \cdot \sin\omega \qquad (3.13)$$

利用上式可求倾斜面上的昼长(日照时间)。在绝大部分的太阳能利用中,采光面均取朝正南(北半球)方向,即采光平面的方位角 $\gamma = 0$。倾斜面在零照射时,$\theta_i = 90°$,也即倾斜面上的日出或日落时;由式(3.13)可得

$$\cos\omega = \frac{\sin\delta\cos\varphi\sin s - \sin\delta\sin\varphi\cos s}{\cos\delta\cos\varphi\cos s + \cos\delta\sin\varphi\sin s}$$
$$= \frac{\tan\delta \cdot \sin(s - \varphi)}{\cos(s - \varphi)}$$
$$= -\tan\delta \cdot \tan(\varphi - s)$$

采集面上一天的日照昼长 T_{sd}:

$$T_{sd} = \frac{2}{15}\arccos[-\tan\delta \cdot \tan(\varphi - s)]$$

3.3.2　平均太阳辐射的估算

在各种太阳能利用的系统设计中,太阳辐射量是重要的基本数据。直接测量

获取这些数据是难以实现的,一般可通过气象台站查取。但气象台站的设置是有限的,在大部分太阳能利用的地区并没有实测的辐射数据记录。对此,可考虑采用以下几种方法得到:

① 根据邻近地区的实测值用插值法推算。

② 用经验关系式根据实测日照时数与理论日照数的百分比或者云量进行辐射量对估算。

③ 借用与欲计算的具体场所在纬度、地形和气候上相似的其他地区的数据。采光场所平均日辐照量计算公式为:

$$H_a = H_o \left(a + b \cdot \frac{\bar{n}}{N} \right)$$

式中:H_a 为采光场所地平面上所考虑时期内的平均日辐照量;H_o 为相应大气层上界水平面上所考虑时期内的平均日辐照量;$\bar{n}$ 为同期内平均每天的日照时数;N 为同期内一天中最大日照时数;a,b 为与地点相关的气候常数,取决于该地气候、植物生长类型和地理位置。

上界辐照量 H_o 可按下式计算。

$$H_o = \frac{24}{\pi} E_{sc} \left[1 + 0.033 \cos\left(\frac{360n}{365}\right) \right] \left(\cos\varphi\cos\delta\sin\omega_s + \frac{\pi\omega_s}{180}\sin\varphi\sin\delta \right)$$

陕西地区的气候常数见表 3.2,其他地方的气候常数可参阅附录 1。

表 3.2　陕西地区修正常数

地区	a	b
关中	0.17	0.65
陕北干旱区	0.54	0.20
陕南山区	0.21	0.56

3.3.3　日辐射与小时辐射

一般从气象部门所能得到的太阳辐射资料多为一日、一月内平均日总辐照量或直射、散射的辐照量数据。当需要用每小时的辐射数据时,可根据日辐照数据来估算。这并不是一种精确的计算方法。譬如,在晴天与全阴天之间的中间范围内日总辐射的数值,可以在不同的天气,诸如间断多云、连续的淡云或在一天中部分时间多云等情况下得到同样的结果。目前无法根据日总辐照量去判定它属于哪种天气情况。应当指出,用日总辐照量来推算小时辐照量方法,在晴天条件下结果和实际情况比较吻合[2]。

$$r_t = \frac{I}{H} = \frac{\pi}{24}(a+b\cos\omega)\frac{\cos\omega - \cos\omega_r}{\sin\omega_r - \left(\frac{\pi\omega_r}{180}\right)\cos\omega_r} \tag{3.14}$$

式中：r_t 为小时总辐照量与全日总辐照量的比值；I 为小时总辐照量。

$$a = 0.409 + 0.5016\sin(\omega_r - 60)$$

$$b = 0.6609 - 0.4767\sin(\omega_r - 60)$$

图 3.8 与此式相对应。

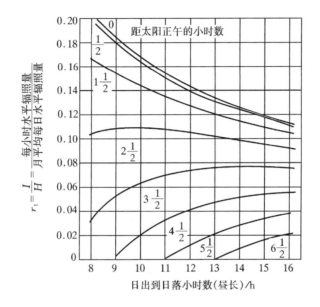

图 3.8　小时总辐照量与全天总辐照量之比

小时散射辐照量与全天散射的比值与式(3.14)类似，都是时间和昼长的函数。分别用下式和图 3.9 表示。

$$r_d = \frac{I_d}{H_d} = \frac{\pi}{24}\frac{\cos\omega - \cos\omega_r}{\sin\omega_r - \left(\frac{\pi\omega_r}{180}\right)\cos\omega_r}$$

下标 d 表示与式(3.14)相对应的散射值，如 I_d 表示小时散射辐照量。

例 3.3　已知西安 8 月 16 日水平面上总辐照量是 20.16 MJ/m²(5.6 kW·h/m²)，求下午 1～2 点间水平面上的辐照量？

解　从题中知　$n = 228$，$\phi = 34.3°$N(西安地理纬度)

那么　　　　$\delta = 13.45°$

于是昼长　$T_d = \frac{2}{15}\arccos(-\tan34.3 \cdot \tan13.45) = 13.25$ (h)

日出时角　　$\omega_r = \arccos(-\tan 34.3 \cdot \tan 13.45) = 99.39°$

时间换算根据式(3.12)得：

　　　太阳时$_1$ ＝ 60＋(－4.2)＋4×(109－120)＝11.8

　　　太阳时$_2$ ＝ 太阳时$_1$＋60＝71.8

中间点的时角

　　　$\omega = -[(11.8+71.8)/2]/4 = -10.45°$

将上述数据代入式(3.14)求出

　　　$a = 0.7273$　　$b = 0.3584$　　$r_t = 0.127$

则　　　　$I = r_t H = 0.127 \times 20.16 = 2.56 \text{ MJ/m}^2$

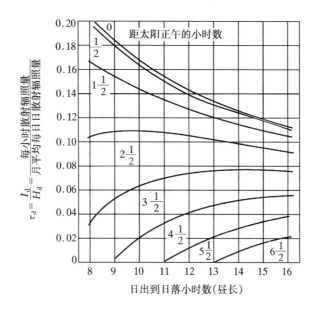

图 3.9　每小时散射量与全天散射量之比

若查图 3.9 同样可得出 $r_t \approx 0.127$，那么该时间水平面上的辐照量同样为 2.56 MJ/m²。

答：下午 1～2 点间水平面上的辐照量是 2.56 MJ/m²。

3.3.4　水平与倾斜面上日辐射量比较

从上述各种方法中所能得到的仅是水平面上的太阳辐照量，实际上常常需要用的是倾斜面上的太阳辐照量。因此有必要将水平面上的辐射数据转换到倾斜面上来，可以利用倾斜因子较精确地实现这种转换。下面分别对几种情形进行论述。

1. 直射辐射情形

1）水平面　如果某一时刻入射到水平面上的太阳直射辐照度为 E_{bh}。入射光线与水平面法线的夹角为 θ_z,如图 3.10 所示,则

$$E_b \cdot A\cos\theta_z = E_{bh} \cdot A$$

即　　$E_{bh} = E_b \cdot \cos\theta_z$

式中:A 为受光面积;E_b 为太阳的直射辐照度;E_{bh} 为水平面上太阳直射辐照度。

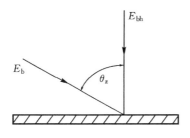

图 3.10　水平面上的太阳直射

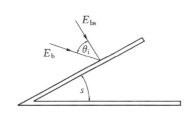

图 3.11　倾斜面上的太阳直射

2）倾斜面上的直射入射,如图 3.11 所示。

$$E_{bs} = E_b\cos\theta_i$$

那么,倾斜面(倾斜面面向赤道方向)上的太阳直射辐照度 E_{bs} 与水平面上的直射辐照度 E_{bh} 的比为

$$R'_b = \frac{E_{bs}}{E_{bh}} = \frac{E_b\cos\theta_i}{E_b\cos\theta_z} = \frac{\cos\theta_i}{\cos\theta_z}$$

$$= \frac{\cos(\varphi-s)\cos\delta\cos\omega + \sin(\varphi-s)\sin\delta}{\cos\varphi\cos\delta\cos\omega + \sin\varphi\sin\delta} \tag{3.15}$$

2. 散射辐射情形

在太阳能利用中,受光面不仅可以接收到太阳的直射照射,而且还可吸收其散射照射。而散射辐射部分相当复杂,它与天空的散射分布(云形、云量、大气)情况有关,而且有些散射是由地面辐射(参阅第 2 章)而来。因此要计算受光倾斜面上接收到的散射量一般而言是相当繁琐的。有人提出三种假设以简化其过程:

1）假设大部分散射由太阳附近而来,也就是太阳辐射原是散射,这种假设在晴天时较可靠。

水平面上的总辐照度　　$E_{th} = E_{bh} + E_{dh}$

倾斜面上的总辐照度　　$E_{ts} = E_{bs} + E_{ds}$

所以,倾斜面与水平面上捕获的太阳总辐射之比为

$$R' = \frac{E_{ts}}{E_{th}} = \frac{E_{bs} + E_{ds}}{E_{bh} + E_{dh}} = \frac{H_{sd}}{H_{hd}} = \frac{E_{bs}}{E_{bh}} = R'_b$$

2) 假设整个天空的散射为均匀分布。这种假设在云是均匀分布于天空或整个天空相当阴霾时较准确。若如此,散射量就由该倾斜面可"看"到的天空大小来决定。倾斜面可得到四面八方建筑物等物体反射过来的散射辐照,并且假定倾斜面此时与水平面可收到的散射量大小一样。在这些假设条件下,二者散射辐照度之比为1(即 $R_d = E_{ds}/E_{dh} = 1$)。由上述两个假设,倾斜面接受到的太阳总辐照度为

$$E_{ts} = E_{bs} + E_{ds} = E_{bh} R_b' + E_{dh} R_d = E_{bh} R_b' + E_{dh}$$

则　$R' = \dfrac{E_{ts}}{E_{th}} = \dfrac{E_{bh}}{E_{th}} R_b' + \dfrac{E_{dh}}{E_{th}}$

3) Liu 和 Jordan 进一步将倾斜面的辐照量分成三个部分。第一部分是太阳辐射的直射部分;第二部分为散射部分;第三部分则由地面对太阳辐射的反射部分构成,它为倾斜面可"看"到的部分。倾斜角为 s 的平面,看见的天穹部分为 $(1+\cos s)/2$,(即水平面可看见的天穹为1,那么水平面上的散射与天空的散射相等 $E_{dh} = E_d$,而垂直面可看到 $1/2$);如果散射辐射均匀分布于天空,那么倾斜面可捕获到 $E_{dh}(1+\cos s)/2$ 的散射辐射;如果由地面建筑物或地面(反射率为 ρ)反射,则全部由周围反射的辐射(包括直射和散射)为 $(E_{bh} + E_{dh})\rho(1-\cos s)/2$。综合上述三项,可得出倾斜面可接收到总的太阳辐照度为以下三部分之和:

① 太阳直射辐射到倾斜面的部分;

② 天空散射到倾斜面部分;

③ ①和②反射到倾斜面上的部分。

倾斜面上的总辐照度可用下式表示:

$$E_{ts} = E_{bh} R_b' + E_d \frac{1+\cos s}{2} + (E_{bh} + E_{dh}) \left(\frac{1-\cos s}{2} \right) \rho$$

则　$R' = \dfrac{E_{ts}}{E_{th}} = \dfrac{E_{bh}}{E_{th}} R_b' + \dfrac{E_d}{E_{th}} \dfrac{1+\cos s}{2} + \left(\dfrac{1-\cos s}{2} \right) \rho$　　　　(3.16)

从式(3.15)中不难发现,对某一确定地点,φ、s(一般不采用跟踪)是一常数;在一年中的任意一天,δ 也可认为是一定值;而在一天中的不同时刻,ω 将取不同的值。于是为求一天的总辐照量 H_{ts} 或 R 应分别对水平面和倾斜面上 ω 求积分,这是因为这两个平面的日出和日落时角不同,于是有:

$$2\int_{\omega_{ss}}^{0} \left[\cos(\varphi - s) \cdot \cos\delta \cdot \cos\omega + \sin(\varphi - s) \cdot \sin\delta \right] d\omega$$

$$= -2 \left[\cos(\varphi - s) \cdot \cos\delta \cdot \sin\omega_{ss} + \frac{\pi}{180} \omega_{ss} \sin(\varphi - s) \cdot \sin\delta \right]$$

$$2\int_{\omega_s}^{0} (\cos\varphi \cdot \cos\delta \cdot \cos\omega + \sin\varphi \cdot \sin\delta) d\omega$$

$$= -2 (\cos\varphi \cdot \cos\delta \cdot \sin\omega_s + \frac{\pi}{180} \omega_s + \sin\varphi \cdot \sin\delta)$$

上式中的 $\frac{\pi}{180}$ 是角度与弧度换算产生的。于是得出

$$R_{b} = \frac{\cos(\varphi-s) \cdot \cos\delta \cdot \sin\omega_{st} + \frac{\pi}{180}\omega_{st} \cdot \sin(\varphi-s) \cdot \sin\delta}{\cos\varphi \cdot \cos\delta \cdot \sin\omega_{s} + \frac{\pi}{180}\omega_{s} \cdot \sin\varphi \cdot \sin\delta}$$

由式(3.16)相应得出 R

$$R = \frac{H_{bh}}{H_{th}} = \frac{\cos(\varphi-s) \cdot \cos\delta \cdot \sin\omega_{st} + \frac{\pi}{180}\omega_{st} \cdot \sin(\varphi-s) \cdot \sin\delta}{\cos\varphi \cdot \cos\delta \cdot \sin\omega_{s} + \frac{\pi}{180}\omega_{s} \cdot \sin\varphi \cdot \sin\delta}$$

$$+ \frac{H_d}{H_{th}}\frac{1+\cos s}{2} + \left(\frac{1-\cos s}{2}\right)\rho$$

为方便起见,一般可将表示水平面的下标 h 和 th 省略。于是倾斜面上接收到的太阳日总辐照量为 H_{ts}:

$$H_{ts} = HR = H_{b} \frac{\cos(\varphi-s) \cdot \cos\delta \cdot \sin\omega_{ss} + \frac{\pi}{180}\omega_{ss} \cdot \sin(\varphi-s) \cdot \sin\delta}{\cos\varphi \cdot \cos\delta \cdot \sin\omega_{s} + \frac{\pi}{180}\omega_{s} \cdot \sin\varphi \cdot \sin\delta}$$

$$+ (H-H_b)\frac{1+\cos s}{2} + H\left(\frac{1-\cos s}{2}\right)\rho \tag{3.17}$$

常见不同状态的地面的反射率见表 3.3。

表 3.3 不同状态地面的反射率 ρ 取值(%)

地面状态	反射率	地面状态	反射率	地面状态	反射率
干燥的黑土	14	湿草地	14~26	新雪	81
湿黑土	8	森林	4~10	残雪	46~70
干灰色地面	25~30	普通地面	20	冰面	69
湿灰色地面	10~12	干砂地	18		
干草地	15~25	湿砂地	9		

3.3.5 接收表面倾斜角和方位的影响

倾斜表面接收太阳辐照量的多少与其倾斜的角度大小有关。该角随不同地理纬度的地区而变化。Morse 和 Czarnecki 对较长的时间段内该角的影响作了计算。在那些大气条件不随季节显著变化的地区,他们根据直射辐照量计算估计,对朝赤道的各种不同倾角的表面上的相对年日照量如图 3.12 所示,并提出倾角为

0.9φ 时的表面其年直射辐照量最大。如欲在冬季获取最多的日均辐照量,倾角约应加大至 $\varphi+10°$。在夏季获取最多日均辐照量,倾角则应减小至 $s=\varphi-10°$。从图 3.12 中的曲线可以看出,采光面的倾角在最大值附近变化几乎对长时间内的总辐照量并无太大影响。

影响受光面接收太阳辐射的因素除了倾角外,还有另一因素就是平面的方位角 γ。如果面向南(如无特别说明一般均指北半球)稍偏东,则受光面接收到的日照上午较多,下午日照则较少。应用中可依需要而稍偏东或偏西,以利接收上午或下午的日辐射。对于倾斜角 $s=0.9\varphi$ 时,在不同的纬度,方位角 γ 的变化对可接收的相对日照量大小的影响不同,如图 3.13 所示。从图中可以看出,当倾角 s 不变时,方位的影响随纬度增大而增加。在纬度高至 $45°$ 处,$\gamma=22.5°$ 的相对年日照量与 $\gamma=0°$ 的相对年日照量相差不超过 2%。图 3.12 和图 3.13 所标出的年辐照总量的计算值仅适用于直射辐射,当考虑散射辐射时,采光面方位、倾角的影响可能会有较大的差别。

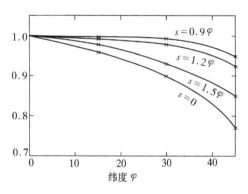

图 3.12　不同倾斜角,$\gamma=0$ 的相对年日照量

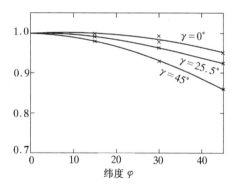

图 3.13　$s=0.9\varphi$,方位为 γ 的表面上相对年辐照量

3.4　辐射计算流程

太阳辐射能的计算是非常重要的计算。因为各地太阳能资源不一样,需要利用实测值来作为计算的依据。目前世界上计算太阳辐射能的方法很多,有的十分繁杂,而且大多数要依靠许多物理意义不甚明确的常数。这就给计算方法的通用性和准确性带来了一定的困难。本节介绍一种物理意义比较明确、设定常数较少、通用性较强的方法。借助于计算机可以很快求出到达任意倾斜面上的太阳辐照量,其框图如图 3.14 所示。

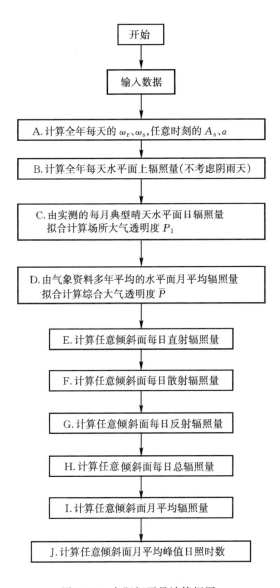

图 3.14　太阳辐照量计算框图

（1）利用前面的球面三角公式求出每天的 ω_r、ω_s 和任意时刻的 A_s、α。

（2）将到达水平面上的太阳辐照度分为直射辐照和散射辐照两部分。基本公式为：

$$E_t = E_o P^m$$

$$m = \sec\theta_z$$

$$E_{bh} = E_t \cdot \cos\theta_z$$

$$E_{dh} = \frac{1}{2}E_o \cdot \sin\alpha_s \cdot \frac{1-P^m}{1-1.4\ln P}$$

$$E_{th} = E_{bh} + E_{dh}$$

（3）到达任意倾斜面的太阳辐射分成直射、散射和地面反射辐照三部分。基本公式为：

$$E_{bs} = E_o \cdot P^m \cos\theta_i$$

$$E_{ds} = E_{dh} \cdot \cos^2\frac{s}{2}$$

或　　$$E_{ds} = E_{dh} \cdot \frac{1+\cos s}{2}$$

$$E_{rs} = E_{th} \cdot \left(1-\cos^2\frac{s}{2}\right) \cdot \rho$$

或　　$$E_{rs} = E_{th} \cdot \left(\frac{1-\cos s}{2}\right)\rho$$

$$E_{ts} = E_{bs} + E_{ds} + E_{rs}$$

以上讨论均为瞬时值。考虑到以上边界条件和普遍情况：

① 在不考虑气象条件变化时，地球的自转规律决定了一天中太阳辐射变化以正午 12:00 对称分布。

② 每天当太阳高度角 $\alpha < 5°$ 时，太阳辐照量可以忽略。因而每天辐照能量的积分限从 $\alpha = 5°$ 的 ω 开始。精确计算时仍用日出日落时角。

于是第 n 天到达倾斜面的太阳总辐照量 $H_{ts}(n)$ 为：

$$H_{ts}(n) = 2\int_{\omega s}^{0}(E_{bs} + E_{ds} + E_{rs})d\omega$$

$$= 2\int_{\omega s}^{0}E_o \cdot P^m \cos\theta_i d\omega + 2\int_{\omega s}^{0}E_{dh} \cdot \cos^2\frac{s}{2}d\omega$$

$$+ 2\int_{\omega s}^{0}E_{th} \cdot \left(1-\cos^2\frac{s}{2}\right) \cdot \rho d\omega$$

③ 任一地区一年中，太阳辐射情况大致有一个平均水平，但是任一年、任一月以及一天实际的辐照情况则很难预测。所以根据负载的特点，选用当地较长时间太阳辐照的年变化量的平均值（10 年或 20 年）作为计算倾斜面上太阳辐照量的依据可能是一相对比较合理的选择。

运用上述公式，大气透明度 P 是关键的变量。即使在最好的晴天，P 不仅随 m 变，还随时间变。不同季节 P 值变化范围也不一样。只要找到 P 变化的模式，即可计算到达任意倾斜面的辐照量。理论上，任何地区、任一天、任一时刻的 P 值均可通过晴天测量到的直射辐照量，依据上述公式计算，但往往得不到齐全的测量值。下面以日本东京为例介绍大气透明度的模式。

先给出东京地区的一个透明度 P 的变化模式和一组数据,如表 3.4 所示。

$$P = P_1 + \alpha_1 (\tau - 12)^2 \times 10^{-4}$$

式中:τ 为真太阳时。

表 3.4　东京地区基本透明度 P_1 和变化率 α_1 的月变程

月份	1	2	3	4	5	6	7	8	9	10	11	12
P_1	0.80	0.79	0.74	0.72	0.70	0.66	0.62	0.63	0.70	0.76	0.79	0.80
α_1	55	50	45	40	40	40	40	45	45	45	50	55

上述的 P_1 和 α_1 的年变程有一定普遍性,并用多项式曲线拟合法拟合出 P_1 和 α_1 的年变化曲线。于是取出第 n 天的 P_1 和 α_1 值代入原式即得第 n 天任意时刻 P 值,从而可求出第 n 天到达任何倾斜面的辐照能量。

由气象资料查得晴空条件下的水平面月平均直射辐照。借助于计算程序,用逼近法不断修改 P_1 值,使计算结果与由气象资料提供的晴空水平面总辐照量逼近。选用修改后的 P_1 值重复上述方法,可求出在晴空条件下到达倾斜面的辐射量。

下面介绍 Hottle (1976)提出的标准晴空大气透明度计算模型。对于直射辐射的大气透明度 P_b,可由下式计算

$$P_b = a_0 + e^{-\frac{k}{\cos\theta_z}}$$

式中:a_0、a_1 和 k 是具有 23 km 能见度的标准晴空大气的物理常数。当海拔高度小于 2.5 km 时,可按以下公式首先算出相应的 a_0^*,a_1^* 和 k^*,再通过考虑气候类型的修正系数 $r_0 = a_0/a_0^*$,$r_1 = a_1/a_1^*$ 和 $r_k = k/k^*$,最后求出 a_0,a_1 和 k。

$$a_0^* = 0.4237 - 0.00821(6-A)^2$$
$$a_1^* = 0.5055 - 0.00595(6.5-A)^2$$
$$k^* = 0.2711 - 0.01858(2.5-A)^2$$

式中:A 为海拔高度,单位是 km。修正系数由表 3.5 给出。

表 3.5　考虑气候类型的修正系数

气候类型	r_0	r_1	r_k
亚热带	0.95	0.98	1.02
中等纬度,夏天	0.97	0.99	1.02
高纬度,夏天	0.99	0.99	1.01
中等纬度,冬天	1.03	1.01	1.00

对于散射辐照,相应的大气透明度为

$$P_d = 0.2710 - 0.2939 P_b$$

思 考 题

1. 怎样描述太阳位置?

2. 描述倾斜面与太阳直射关系主要有哪几个参数,它们是如何定义的?

3. 倾斜面与太阳直射的矢量关系如何表达?

4. 水平面与倾斜面的日辐照量比较分哪几部分? 如何用公式计算?

5. 接收表面的倾斜角和方位对太阳辐照的影响怎样?

第4章 光-电转换

太阳辐射转换成电能有两种过程。一种是通过热过程的的太阳能热发电:塔式发电、抛物面聚光发电、太阳能烟囱发电、热离子发电、热光伏发电、温差发电等;另一种是不通过热过程的发电:光伏发电、光感应发电、光化学发电和光生物发电等。

本章讲述光电转换原理,主要有固体的能带理论,载流子的产生、输运、复合,半导体的光学性质,p-n结和光伏效应。将光转换为电能主要基于"光生伏打效应",这种效应在固体、液体和气体中均会发生。在固体中,尤其在半导体内,其光电转换的效率相对较高。因此,半导体中的光电效应引起了人们浓厚的兴趣,光电池应运而生。

4.1 半导体物理基础[18~21]

固体按其导电性分为导体、半导体、绝缘体。金属是良导体;非金属(石墨是非金属中唯一的导体 $\rho = 0.003\ \Omega \cdot cm$)是绝缘体;而半导体既不是良导体,也不是良的绝缘体。半导体的电阻率介于导体和绝缘体的电阻率之间,在室温时数量级大致如下:

导体的电阻率　　$\rho \leqslant 10^{-5}\ \Omega \cdot cm$

半导体电阻率　　$10^{-5} \leqslant \rho \geqslant 10^{7}\ \Omega \cdot cm$

绝缘体电阻率　　$\rho \geqslant 10^{7}\ \Omega \cdot cm$

半导体有单元素(Si、Ge、Se、C 等)、化合物(CdS、GaAs、InP、GaAlAs、GaN等),还有合金($Ga_x Al_{1-x} As$,其中 x 为 0~1 之间的任意数)。许多有机化合物也是半导体(如蒽)。

金属的电阻率随温度变化较小,例如铜的温度每升高 1000℃,其电阻率相应增加 40%左右。半导体的电阻率对温度反应灵敏,例如锗的温度从 200℃升到 300℃,电阻率要降低一半左右。杂质对材料的电阻率有影响,金属中含有少量杂质时,电阻率变化不大,但半导体里掺入微量杂质时,却引起电阻率很大的变化,如在纯硅中掺入百万分之一的硼,硅的电阻率就从 $2.14 \times 10^{3}\ \Omega \cdot cm$ 减小到

0.004 Ω·cm左右。金属的电阻率不受光照影响,但是半导体的电阻率在适当的光线照射下会发生显著的变化。一些半导体材料的物理特性如表 4.1 所示。

表 4.1　一些半导体材料的物理特性参数

族类	材料	晶体结构	晶格常数 nm	热胀系数 $10^{-6}/℃$	禁带宽度 eV	能带	迁移率 $cm^2/(V \cdot s)$		介电常数	电子亲合势 eV
							μ_e	μ_h		
Ⅳ	Si	D	0.5931	2.33	1.11	间接	1350	4800	12.0	4.01
	Ge	D	0.5658	5.75	0.66	间接	3600	1800	16.0	4.13
Ⅲ－Ⅴ	AlAs	ZB	0.5661	5.2	2.15	间接	280	—	10.1	—
	AlSb	ZB	0.5136	3.7	1.6	间接	900	400	10.3	3.6
	GaP	ZB	0.5451	5.3	2.25	间接	300	150	8.4	3.0~4.0
	GaAs	ZB	0.5654	5.8	1.43	直接	8000	300	1.5	3.36~4.07
	GaSb	ZB	0.6094	6.9	0.68	直接	5000	1000	14.8	4.06
	InP	ZB	0.5869	4.5	1.27	直接	4500	100	12.1	4.40
	InAs	ZB	0.6058	5.3	0.36	直接	30000	450	12.5	4.90
	InSb	ZB	0.6479	4.9	0.17	直接	80000	450	15.9	4.59
	GaN	WZ	—	—	3.40	直接	—	—	—	—
Ⅱ－Ⅵ	ZnS	WZ	0.3814	6.2~6.5	3.58	直接	140	5	8.3	3.9
	ZnSe	ZB	0.5667	7.0	2.67	直接	530	28	9.1	4.09
	ZnTe	ZB	0.6103	8.2	2.26	直接	530	130	10.1	3.53
	CdS	WZ	0.4137	4.0	2.42	直接	350	15	10.3	4.0~4.79
	CdSe	WZ	0.4298	4.8	1.7	直接	650	—	10.6	3.93~4.95
	CdTe	ZB	0.4770	—	1.45	直接	1050	90	9.6	4.28

注:D 为金刚石结构;ZB 为闪锌矿结构;WZ 为纤维矿结构

4.1.1　原子能级

物理学中,在描述原子构造时,认为其结构是以壳层形式按一定规律分布的。原子的中心是一个带正电荷的核,核外存在着一系列不连续的、由电子运动轨道构成的壳层,电子只能在壳层里绕核转动。在稳定状态,每个壳层里运动的电子具有一定的能量状态,所以一个壳层相当于一个能量等级,称为能级。一个能级也表示电子的一种运动状态,所以能态、状态和能级的含义相同。

原子中电子的运动状态由 n, l, m, m_s 四个量子数来确定。

① 主量子数 n　$n=1,2,3,4,5,6,7$ 表示各个电子壳层,这些壳层分别命名为 K,L,M,N,O,P,Q 壳层。它大体上决定原子中电子的能量。

② 副(角)量子数 l　$l=0,1,2,\cdots,n-1$,分别称为 s,p,d,f,g 支壳层。它决定轨道动量矩(电子绕核运动的角动量的大小)。一般而言,处于同一主量子数 n 而不同副量子数 l 状态中的电子,其能量稍有不同。

③ 磁量子数 m　$m=0,\pm1,\pm2,\cdots,\pm l$,它决定轨道动量矩在外磁场方向上的分量,即决定电子的取向。

④ 自旋磁量子数 m_s　$m_s=\pm\dfrac{1}{2}$,只有两个值。它决定电子自旋动量矩在外磁场方向上的分量,即决定电子的自旋方向。它也影响原子在外磁场中的能量。

电子在壳层中的分布必须满足两个基本原理:①泡里(W. Pauli)不相容原理:在原子系统内,不可能有两个或两个以上的电子具有相同的状态,亦即不可能具有相同的 4 个量子数。当 n 为给定时,l 的可能值为 $0,1,\cdots,n-1$ 共 n 个。当 l 为给定时,m 的可能值为 $-l,-l+1,\cdots,0,\cdots,l$ 共 $2l+1$ 个。当 n、l、m 都给定时,m_s 取 $+\dfrac{1}{2}$ 和 $-\dfrac{1}{2}$ 两个可能值。所以,具有同一 n 值的电子个数最多为 $2n^2$ 个。②能量最小原理:原子中每个电子都有优先占据能量最低的空能级的趋势。能级的能量主要取决于主量子数 n。n 愈小,该能级的能量也愈低。所以离原子核最近的壳层,一般首先被电子占据。但能级的能量也和副量子数 l 有关,因而在某些情况下,也有 n 较小的壳层未被占满,而 n 较大的壳层已开始有电子占据的情形。

硅(Si)的原子序数为 14,有 14 个电子,如图 4.1 所示。其原子结构为 $1s^2$、$2s^2$、$2p^6$、$3s^2$、$3p^2$,即 K 层、L 层都已充满,而 M 层中的 s 层也已充满,但 p 层中只有 2 个电子,这是单个理想硅原子的结构。

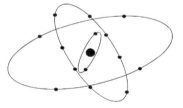

图 4.1　硅原子结构示意图

一种元素的原子结构,决定着它的物理、化学性质,而原子的外层电子数目尤为重要。按外层电子的数目,门捷列夫元素周期表把所有元素分为八族。习惯上把外层电子称为价电子,一个原子外层电子有几个就称它为几价。硅是第 Ⅳ 族元素称为 4 价元素。硼 B、铝 Al、镓 Ga、铟 In 为 3 价元素;氮 N、磷 P、砷 As、锑 Sb 为 5 价元素。原子和原子的结合主要靠外壳层的互相交合及价电子运动的变化。

4.1.2　晶体结构

固体分为晶体和非晶体两大类。有确定熔点的固体称为晶体(如硅、砷化镓、冰及一般金属);没有确定熔点,加热时在某一温度范围内逐渐软化的固体称为非晶体(如玻璃、松香、黑胶等)。

晶态固体有四个宏观特性:一定对称性的外形、各向异性、确定的熔点和解理面。这四个特性只对单晶体适用,多晶体虽有确定的熔点,但不具备其他几条特性。

1. 单晶、多晶、非晶

所有的晶体都是由原子、离子或分子在三维空间有规则排列而成的。这种对称的、有规则的排列叫做晶体的点阵或晶体格子,简称晶格。最小的晶格称为晶胞,晶胞的各向长度称为晶格常数。将晶格周期性地重复排列,就可以得到整个晶体,这是晶体的固有特征。非晶体则没有这种特征,至多只观察到一些近程有序的排列。这种近程有序而远程无序排列的非晶体称为无定形。一块晶体如果从头至尾都按同一种排列重复称为单晶。由许多微小单晶颗粒杂乱地排列在一起的固体称为多晶。一般的硅棒是单晶;粗制硅(冶金硅)和用蒸发或气相淀积制成的硅薄膜为多晶硅,也可为无定形(非晶)硅,如图 4.2 所示。

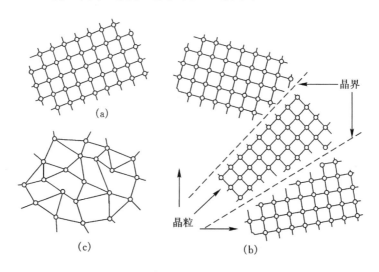

图 4.2　单晶、多晶和非晶态固体

2. 晶格结构

图 4.3 表示一些重要的晶胞,其中(a)是简单立方结构。(b)是体心立方结构。体心立方晶胞的每个角上和晶胞的中心都有一个原子。(c)是面心立方结构。面心立方晶胞的每个角上和立方体的每个面的中心都有一个原子。(d)表示的金刚石结构是一种复式格子,它是两个面心立方晶格在沿对角线方向上位移 1/4 互相

套构而成。一些重要的半导体如硅、锗等都是金刚石结构。1 个硅原子和 4 个近邻的硅原子由共价键联结,这 4 个硅原子恰好在正四面体的顶角上,而四面体中心是另一硅原子。(e)表示闪锌矿结构,这种结构也可以看成是两个面心立方晶体沿对角线方向位移 1/4 套构而成,与金刚石结构不同之处是它的两个子晶格是互不相同的原子。例如在 GaAs 中,一个子晶格是砷,另一个子晶格是镓,许多Ⅲ-Ⅴ族化合物都是闪锌矿结构。

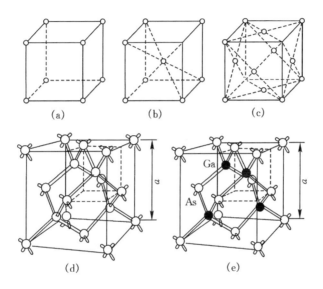

图 4.3　一些重要的晶胞

3. 晶体和键

晶体中原子与原子间的结合称为键合,简称为键。键和晶体结构有着密切的关系。

(1) 离子晶体　当库仑引力和因两原子的闭合壳层互相重叠而产生的斥力平衡时,形成稳固的离子键。离子键使正负离子交错地排列在晶格上,形成牢固的离子晶体。

(2) 共价晶体　两个邻近的原子各提供一个自旋方向相反的价电子,形成两个原子共有的公共壳层,这样就构成共价键。由共价键构成了共价晶体。硅原子有 4 个价电子,在构成硅晶体时,每个硅原子分别和周围 4 个硅原子形成 4 对共价键,因而使每个原子的外壳层都有 8 个电子,都成为满壳层。1 个硅原子在中心和周围 4 个硅原子组成正四面体结构,这就是金刚石结构的本质,碳、锗等都是具有金刚石结构的共价晶体。共价晶体结合力极强,强度高,具有高熔点、高沸点和低挥发性。

（3）金属晶体　金属原子失去它的全部或部分价电子而成为正离子，那些离开了原子的价电子已不属于某一个离子而为全体离子所共有。这些共有化的价电子和离子形成了牢固的金属键。由金属键形成的金属晶体密度大、硬度高、导热导电性好，且没有方向性。

（4）分子晶体　分子间的相互作用力称为范德瓦耳斯力。这种力使分子间形成范德瓦耳斯键，而构成分子晶体。大部分有机化合物是分子晶体。由于范德瓦耳斯力较弱，故分子晶体结合力小、熔点低、硬度小。

此外，尚有其他比较复杂的键，这里不再赘述。

4. 晶向和密勒指数

通过晶格的格点可做许多间距相同而互相平行的平面，称为晶面。垂直于晶面的法线方向称为晶向。有同一晶向的所有晶面都相似，属于同一晶面族。一块晶体可以划分出很多族晶面。晶面的方向一般用密勒指数$(h\ k\ l)$来标记。为了求密勒指数，我们选晶格的三条棱边$a,b,$$c$作为坐标轴，如图 4.4 所示。先求出晶面在每一坐标轴的截距，将这三个截距分别化为晶格常数的倍数，取这些倍数的倒数，并把它们化成互质的整数，加上圆括号$(h\ k\ l)$即为一个晶面或一族晶面的密勒指数。如图 4.4 所示的晶体密勒指数为$\frac{1}{3}:\frac{1}{2}:1=2:3:6$，故$M_1M_2M_3$称为

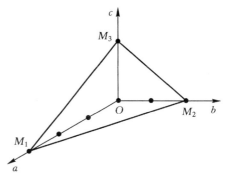

图 4.4　晶面密勒指数

$(2\ 3\ 6)$晶面。若一个晶面与某一轴如a轴相交于原点的负方向，则密勒指数表示为$(\bar{h}\ k\ l)$。晶体中最重要的晶面的密勒指数比较简单，立方晶体的一些重要晶面的密勒指数如图 4.5 所示。

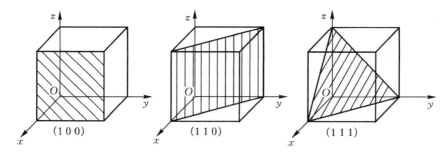

图 4.5　立方晶体的主要晶面示意图

在立方晶体中,常用加方括号$[h k l]$表示垂直于晶面$(h k l)$的方向,也就是晶轴方向,如$[1 0 0]$,$[1 1 0]$,$[1 1 1]$分别表示$(1 0 0)$,$(1 1 0)$,$(1 1 1)$晶面的垂直方向。

5. 晶体中的缺陷

晶体中原子周期性排列遭到破坏的地方形成缺陷。通常有点缺陷、线缺陷、面缺陷等几种。

图 4.6(a)表示点缺陷。原子在格点上的热运动常使某个原子 A 离开正常格点位置进入晶格间隙,同时产生了一个空位和一个填隙原子形成点缺陷。外来杂质原子 B 可占据空位而成为替位原子,也可以成为填隙原子。因为杂质原子直径不同,可使晶格局部畸变形成点缺陷。

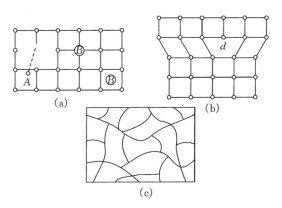

(a)点缺陷;(b)线缺陷-位错线;(c)面缺陷,多晶晶界
图 4.6　晶体中的缺陷

图 4.6(b)表示线缺陷。在 d 处垂直纸面的一条线上,所有上层原子比下层原子都多排了一列,形成了位错线,位错线 d 就是线缺陷。在单晶硅$(1 1 1)$面上,经位错腐蚀液处理后,用显微镜可看到△形位错坑,在$(1 0 0)$面上,则有□形位错坑。根据位错坑的形状可以判别晶向。

图 4.6(c)表示面缺陷。多晶晶粒间的周界称为晶界,晶界附近几个原子层排列比较错乱,是一种面缺陷。

实际晶体中的缺陷很多,不仅与制备单晶的条件有关,而且与以后的热加工和机械加工有关。

4.1.3　固体的能带理论

描述电子在固体中的运动需要用固体能带理论。

固体中原子的能级结构和孤立原子不同,形成所谓"能带"。能带的形成是固体中原子相互影响的结果。

从量子力学的观点来看,原子中电子本无确定的轨道。之所以使用轨道一词,实际上是指电子出现几率较大之处。所谓内层轨道是指在原子核附近电子出现几率较大之处,而外层轨道则指在原子核外围电子出现几率较大之处。

1. 能带的形成

从 4.1.1 节可知,电子在原子中的运动状态是由主量子数 n、副量子数 l、磁量子数 m、自旋量子数 m_s 决定的,并且可以用能级来描绘电子所可能的运动状态。例如,锗原子中电子的分布情况可以用 $1s^2$、$2s^2$、$2p^6$、$3s^2$、$3p^6$、$3d^{10}$、$4s^2$、$4p^2$ 来描述。如图 4.7 所示,最内的电子壳层($n=1,l=0$)有 2 个电子;第二个电子壳层有两个分层($n=2;l=0,1$),分别有 2 个和 6 个电子;余类推。能级如图 4.8 所示。对于不同的电子壳层,能级之间的能量差值较大,而相应于同一电子壳层的不同分层,能级之间的能量差值较小。在锗原子中,第一、第二和第三电子壳层是填满的;与原子核距离较近,结合也较牢固,称为内(层)电子。而第四电子壳层是未填满的,距离原子核较远,结合也最弱。

未填满电子的最外壳层中的电子数,决定这一元素的化学性质,这些电子称为价电子。价电子所处的基态能级叫做价级。价电子经激发后,可以跃迁到价级以上的空能级中去,这些空能级称做激发能级(相应于激发层轨道)。为简单起见,在图 4.8 中价级只画一条横线来表示。图中最上方是游离级,表示电子可以自由运动的游离状态。

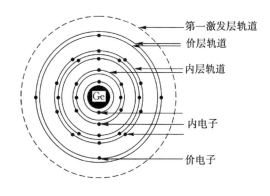

图 4.7　锗原子的电子壳层

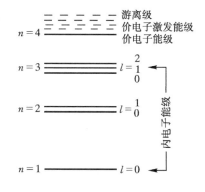

图 4.8　锗原子的能级简图

在晶体中,如果认为各个原子是完全孤立的。那么,各个原子的相应能级的能量应完全相等,则相应的能级重叠在一起构成简并能级。但事实上,当原子结合为晶体时,每一原子中的价电子除受自身原子核及内层电子的作用外,还受到相邻原子的作用。由于原子之间的距离很小,不同原子的内外各电子壳层之间就有一定程度的交叠;相邻原子最外壳层的交叠最多,内壳层交叠较少。电子壳层的这种交叠,使得电子不再完全局限于某一个原子上,而可以由一个原子转移到相邻的原子上去。所以,电子将可以在整个晶体中运动。这种运动称为电子的共有化运动。需指出,因为各原子中相似壳层上的电子才具有相同的能量,电子只能在相似壳层间转移。因此,共有化运动是指不同原子中的相似轨道上的电子的转移。例如 2p 支壳层的交叠引起“2p”的共有化运动;3s 支壳层的交叠导致“3s”的共有化运动;如此等等,如图 4.9 所示。由于内外壳层交叠程度差异较大,只有最外层电子的共有化运动才显著。

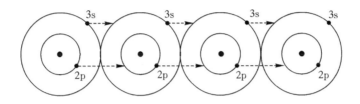

图 4.9　电子的共有化运动

　　由于电子的共有化运动,当 N 个原子相接近形成晶体时,原来单个原子中每个能级分裂成 N 个与原来能级很接近的新能级,而电子则具有某一新能级的能量,在晶体点阵的周期性场中运动。

　　在实际晶体中,原子的数目 N 非常大。同时,新能级又与原来的能级非常接近。两个相邻的新能级之间的能量差非常小,其数量级约 10^{-22} eV,几乎可以认为其是连续的。这 N 个新能级具有一定的能量范围,称之为能带。由此可知,能带是能级分裂的结果,如图 4.10 所示。能级分裂形成能带有两个特点:①能带内电子的能量是连续变化的,或者说电子的能态是连续分布的(在孤立原子内,核外电子绕核运动,受原子核的束缚。电子只能取一系列不连续的能量状态,形成一系列

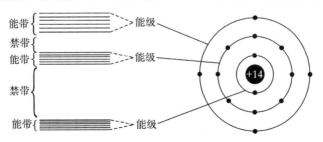

图 4.10　能级的分裂

分立的能级,量子化)。这是因为作用于电子的粒子数目很多,而且又分布在它的周围空间。②原来的一个能级,分裂成一个能带;不同的能级,分裂成不同的能带。

价电子共有化运动形成一个能带,使其处于价级分裂后的这些能级上,价电子这样的能带,叫做价带。价带的宽度约为几个电子伏特(eV)。如果价带中所有的能级都按泡里不相容原理填满了电子,则成为满带。

应该注意到,激发能级也同样分裂成为能带。一般地讲,激发能带中没有电子,常称做空带。但是价电子有可能经激发后跃迁到空带中而参与导电,所以空带也称之导带或自由带。在两个相邻的能带之间(如价带与导带之间),可能有一个不被允许的能量间隔(此间不存在能级),这个间隔称为禁带。电子不具有禁带范围内的能量。

必须指出,许多实际晶体的能带与孤立原子能级间的对应关系并不都像上述那样简单。因为一个能带不一定同孤立原子的某个能级相当,即不一定能区分 s 能级和 p 能级所过渡的能带。例如有时两个分立的能级会互相交杂,或变为互相叠合的能带而禁带消失,或分裂为另外两组能带。这种过程称为轨道的杂化。金刚石和半导体硅、锗,它们的原子都有 4 个价电子、2 个 s 电子、2 个 p 电子,组成晶体后,由于轨道杂化的结果,其价电子形成的能带如图 4.11 所示。其上下有两个能带,中间隔以禁带。两个能带并不与 s 和 p 能级相对应。而是上下两个能带

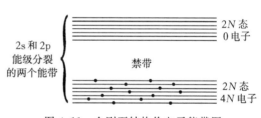

图 4.11 金刚石结构价电子能带图

中都分别包含 $2N$ 个状态。根据泡里不相容原理,各可容纳 $4N$ 个电子。由 N 个原子结合成的晶体,共有 $4N$ 个电子。根据电子先填充低能级这一原理,下面一个能带填满了电子,它们相应于共价键中的电子(这个带通常称为满带或价带)。上面一个能带是空的,没有电子(称为导带)。硅原子的导带和价带就是 3s 和 3p 轨道杂化而成。

2. 导体、半导体、绝缘体的能带

导体、半导体、绝缘体的导电机理可用能带理论阐述。根据近代的能带理论,物质的导电性取决于其价带是否填满、禁带是否存在以及禁带宽度 E_g 等因素。半导体的禁带宽度一般比较窄,E_g 约为 $0.1\sim2$ eV,视晶体结构而有所不同,可以用实验方法来测定,也可以根据量子力学计算。例如半导体锗的禁带宽度 E_g 为 0.67 eV,半导体硅的禁带宽度 E_g 为 1.12 eV,其他纯净的半导体的禁带宽度也都在 1 eV 左右。导体、半导体、绝缘体等晶体的能带简图如图 4.12 所示。图4.12(a)表示的是半导体的能带结构。绝缘体的能带结构与半导体的能带结构相似,不

过绝缘体的禁带宽度较半导体禁带宽度宽的多，一般 E_g 约为 $3\sim10$ eV。例如，NaCl(岩盐)的禁带宽度 E_g 为 9.6 eV 左右，其他绝缘体的禁带宽度 E_g 也都在 6 eV 左右，绝缘体能带的结构如图 4.12(b)所示。在金属导体中，可能有两种情况：一种是导带的下面部分能级与价带的上面部分能级相互叠合，因而没有禁带，如图4.12(c)所示；另一种是在单价金属中，价带中只有一部分能级占有电子，如图 4.12(d)所示，因此即使价带与导带并不叠合，也能导电。

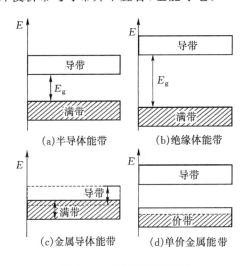

图 4.12　晶体的能带简图

以铝(Al)、硅(Si)、二氧化硅(SiO₂)为例说明导体、半导体、绝缘体的原子结构和能带图。

在以铝为代表的金属导体中(如图 4.13(a))，自由电子包围了所有的铝离子，这些电子能在晶体中自由运动(无规则热运动)。在电场力作用下，自由电子可以作定向运动而导电。从能带图上可以看到铝的导带和价带发生重叠，禁带消失了。满带中的电子在电场力作用下，可以自由地进入导带，所以铝是良导体。

在以 SiO₂ 为代表的非金属中(如图 4.13(b))，Si 和 O 之间存在着强的离子键，这些键几乎不易被打破，很难提供能导电的自由电子。在能带图上可以看到 SiO₂ 的价带和导带之间夹着很宽的禁带，价带中所有能级都被电子充满，而导带几乎是空的，弱电场既不能使价带电子移动，又不能使它们跃迁到导带，因此 SiO₂ 是一种良好的绝缘体。

硅的情况如图 4.13(c)所示。硅原子之间靠共价键联结，是中等强度的键，只要硅原子有一些热运动，总会有一些键破裂，产生一些自由电子，而在键破裂之处产生等量的带正电的"空位"，称之为"空穴"。附近键上的价电子能够跳进这个空

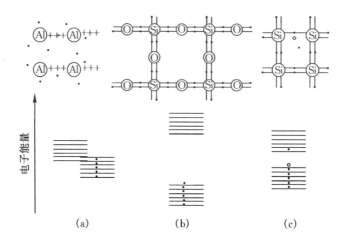

(a)导体：能带交叠，即使极小的外加能量便可引起导电；

(b)绝缘体：能带间距很大，极难导电；

(c)半导体：导带中有少量电子，价带中有少量空穴，有一定的导电能力

图 4.13　导体、绝缘体、半导体的原子结构和能带图

穴,而附近键破裂处又出现了另一个空穴,这样好像空穴从一个键移动到另一个键。在外电场作用下,半导体中的电子和空穴都可以移动而传导电流。带正电的空穴和电流同向,电子流和电流反向。在能带图上,硅的禁带宽度没有绝缘体的宽,因此有一些电子可以因热运动从价带中跳到导带上去而在价带中留下空穴。外加电场时,导带中的电子在导带里向高能级运动而传导电流,同时价带中的电子不断地递补空穴的位置,好像空穴也在价带里向低能级运动,传导电流,因而半导体具有一定的导电能力,介于导体与绝缘体之间。

能带图的纵坐标表示电子总能量,导带的最低能量表示一个导电电子静止时的势能,故导带底 E_c 表示一个电子的势能,同样价带顶 E_v 表示一个空穴的势能。在导带中,运动电子的动能即等于本身能量与 E_c 之差;在价带中,运动空穴的动能等于本身能量与 E_v 之差。

4.1.4　本征半导体和掺杂半导体

半导体可以按其组成成分分为本征半导体与掺杂半导体。

由同一种原子组成的半导体称元素半导体,两种以上原子组成的半导体称化合物半导体。

1. 本征半导体

纯净半导体的禁带一般都比较窄。在绝对零度时,能带结构如图 4.14(a)所

示,满带中填满电子,而导带中没有电子。在外电场作用下,如果满带仍然是填满电子的,外电场未能改变满带中电子的量子状态,即不能增加电子的能量和动量,因而不能产生电子的定向运动,不会产生电流。如果加强电场,或者利用热或光的激发,使满带中的电子获得足够的能量,大于其禁带宽度 E_g,而跃迁到导带中去(如图 4.14(b)),这样,半导体则可导电。需要说明,不但在导带中构成了导电的条件,同时在满带中也构成了这种条件。在导带中,由于自由电子的存在而引起的导电性,称为电子导电性。在满带中,导电虽然是由于电子运动而引起的,但是性质与电子导电的情况有所不同,它是空穴(空穴只有在基本上填满了的满带中才有意义)的反(电子)方向运动导电的,满带中的这种导电性,称为空穴导电性。

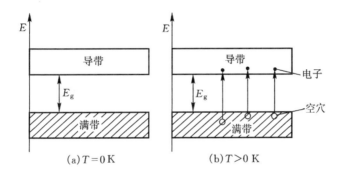

图 4.14　本征半导体的能带简图

对于纯净的而又没有缺陷的半导体,在电子导电的同时,必然也有空穴导电。这两种导电机构所产生的电流都与外电场的方向相同。具有电子在导带中和空穴在满带中相互并存的导电机构,称为本征导电;具有本征导电的半导体称为本征半导体。如硅、锗、碲等都可以是这一类半导体。非常纯的硅是本征硅。在本征硅中,导电的电子和空穴均是由共价键破裂而产生的,这时的电子浓度 n 等于空穴浓度 p,称这个浓度为本征载流子浓度 n_i。n_i 随温度升高而增加,随禁带宽度的增加而减小,在室温时硅的 n_i 约为 $10^{10}/cm^3$。

2. 掺杂半导体

根据需要可以在纯净半导体晶体点阵里,用扩散等方法掺入微量的其他元素。所掺入的元素,对半导体基体而言,称做杂质(间隙杂质、替位杂质)。掺有杂质的半导体,称为掺杂半导体。掺杂半导体一般可以分为两类。

第一类掺杂半导体是在 4 价元素如硅、锗半导体中掺入少量的 5 价元素如磷、锑或砷等杂质。4 价元素的原子具有 4 个价电子,而所掺入的杂质原子将在晶体中替代硅或锗原子的位置,构成与硅或锗相同的 4 电子结构,结果杂质原子成为具有净正电荷＋e 的离子,所多余的 1 个电子在杂质离子的电场范围内运动。理论计算证明这种多余的价电子的能级将在禁带中,而靠近导带的边缘。因此,这种能级又称为局部能级。这种掺杂半导体的能带与局部能级如图 4.15(a)所示。靠近导带的短细线表示杂质的多余电子在禁带中所形成的掺杂局部能级。杂质价电子

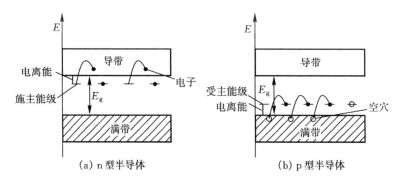

图 4.15　掺杂半导体能带简图

在局部能级中,并不参与导电,但是,在受到激发时,很容易跃迁到导带上去。这些局部能级称做施主能级,用 E_D 表示。半导体施主能级与导带底 E_c 之间的能量差值 ΔE_D,显然较禁带宽度 E_g 小得多。根据实验的结果,ΔE_D 的量值一般仅为百分之几电子伏特。温度不必很高,施主能级中的电子就可被激发而跃迁至导带中。虽然杂质原子的数目并不多,但在常温下导带中的自由电子浓度,却比同一温度下纯净(本征)半导体导带中的自由电子浓度要大若干倍,这就大大地减小了该半导体的电阻。这种掺杂半导体的导电机构是由杂质中多余电子经激发后跃迁到导带中去而形成的,通常称之为电子型(n 型)半导体。例如在硅中加入 V 族元素(如磷)以后,见图 4.16(a),在硅的晶格中的 1 个磷原子的 4 个电子与周围 4 个硅原子的电子形成共价键,还剩 1 个价电子不能被安排在硅晶格正规价键结构中,因此游离而使磷原子电离。这样磷在硅中的电离能比硅的禁带宽度小很多,只有0.044 eV。室温下硅原子的热运动动能已足以使其电离。除非在高掺杂情况(浓度＞10^{19}/cm³),硅中的 V 族元素在室温下全部电离而提供同等数量的导电电子,这种提供电子的杂质称为施主。在室温下可认为电子浓度 $n \approx N_D$,N_D 为施主浓度。

　　第二类掺杂半导体是在硅或锗的纯净晶体中,掺入少量的三价元素如硼或铟的杂质原子。在硅中加进 Ⅲ 族元素(如硼)以后,1 个硼原子在晶格中与周围 4 个硅原子构成共价健时,缺少 1 个价电子,因而很容易从别处夺来 1 个价电子自身电离成负离子,如图 4.16(b)所示。那么也就可以认为硼原子带着 1 个很易电离的空穴,电离能为 0.045 eV。在能带图中,这种杂质局部能级接近于价带顶 E_v,根据实验结果,价带与杂质局部能级之间的能量差值 ΔE_A 一般也不到 0.1 eV。热运

动动能就可使空穴跳至价带。在室温下硅中的Ⅲ族元素原子将全部电离,而向价带提供了同等数量的空穴。在半导体中,从半导体接受电子的杂质称为受主。与之相应的能级称为受主能级,用 E_A 表示。这种杂质半导体的导电机构基本上取决于价带中空穴的运动,所以称为空穴型(p 型)半导体。p 型半导体中空穴浓度较纯净晶体中空穴浓度增加几倍,所以也大大地减小了半导体的电阻。全部电离时,空穴浓度 $p \approx N_A$,N_A 为受主浓度。

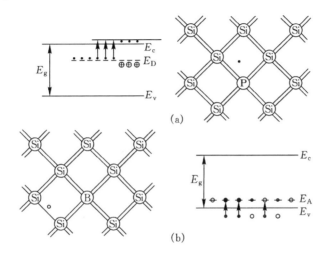

图 4.16　掺杂硅的原子和能带图

实际半导体中,不同的杂质和缺陷都可能在禁带中产生附加的能级,价带中的电子先跃迁到这些能级中,然后再跃迁到导带中去,比电子从价带直接跃迁到导带去来得容易。因而虽然有少量杂质存在,却会显著地改变导带中的电子数和价带中的空穴数,从而显著地影响半导体的电导率。适当的杂质可得到所需的导电类型,但是,不适当的杂质也可以使半导体成为废物,因而在掺杂之前必须将半导体提纯。

掺有施主的硅称 n 型硅。在 n 型硅中,电子浓度 n_n 远大于空穴浓度 p_n,电流主要靠电子来输运,这里电子是多数载流子(简称多子),空穴是少数载流子(简称少子)。

掺有受主的硅称 p 型硅。在 p 型硅中,电子浓度 n_p 远小于空穴浓度 p_p,电流主要靠空穴来载运,空穴为多子,电子为少子。

一般掺杂硅中,同时存在施主杂质和受主杂质,这时硅的导电类型由浓度较高的杂质决定。相应的多数载流子浓度由下式给出

$$n_n \approx N_D - N_A \quad (N_D > N_A) \tag{4.1}$$

$$p_p \approx N_A - N_D \quad (N_A > N_D) \tag{4.2}$$

4.1.5 费密能级和载流子浓度

一块半导体中的电子数目是非常多的。例如在晶体硅中的硅原子数大约为 5×10^{22} 个/cm³，仅价电子数就约有 $4 \times 5 \times 10^{22}$ 个/cm³。在一定温度下，半导体中的大量电子不停地作无规则热运动，电子既可以从晶格热振动获得能量，从低能级状态跃迁到高能级状态；也可以从高能级状态跃迁到低能级状态，将多余的能量释放出来成为晶格热振动的能量。因此，从一个电子来看，它所具有的能量时大时小，经常变化。但是，从大量电子的整体来看，在热平衡状态下，电子按能量大小具有一定的统计分布规律性，即这时电子在不同能量的量子态上统计分布几率是一定的。对于一个一定能态 E，电子占据它的几率 $f(E)$ 服从费密统计律，可用电子的费密分布函数表示：

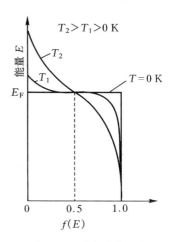

图 4.17　费密分布函数

$$f(E) = \frac{1}{1 + e^{\frac{E - E_F}{kT}}} \tag{4.3}$$

式中：k 为玻耳兹曼常数；T 为绝对温度；E_F 为费密能级。

该函数的关系曲线如图 4.17。

费密能级 E_F 是一个很重要的物理量，它和温度、半导体材料的导电类型、杂质的含量以及能量零点的选取有关。只要知道了 E_F 的数值，在一定温度下，电子在各量子态上的统计分布就完全确定。费密能级的严格定义应当是把它看成固体中电子的化学势，但在这里可以理解为：电子占据费密能级 E_F 的几率为 1/2，即能量为 E_F 的电子出现的几率是 1/2。

1. 允态的能量密度

半导体中，每单位体积的允许状态数对于相应禁带的能量来说显然是零，而在允带内就不是零。对于靠近导带边（在不存在各向异性的情况下）的能量 E，单位体积、单位能量的允许状态数 $N(E)$ 可由下式给出：

$$N(E) = 8\sqrt{2}\pi m_e^{*\frac{3}{2}} (E - E_c)^{\frac{1}{2}} h^{-3} \tag{4.4}$$

其中，h 是普朗克常数。对靠近价带边的能量，存在类似的表达式。

根据允许状态的密度式(4.4)和这些状态的占有几率式(4.3)，便可计算电子和空穴的实际能量分布。结果如图 4.18 所示。

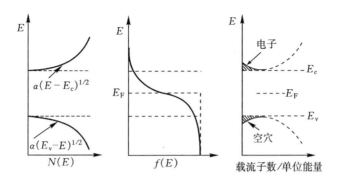

图 4.18　电子、空穴的能量分布

2. 电子、空穴的密度

从费密分布函数的性质知,导带中的大多数电子和价带中的空穴都聚集在带边附近,每个带中的总数可通过积分求得。单位体积晶体中,在导带内的电子数 n 由下式得出:

$$n = \int_{E_c}^{E_{cmax}} f(E) N(E) \mathrm{d}E$$

因为 E_c 比 E_F 大若干倍 kT,所以对于导带,$f(E)$ 可简化为

$$f(E) \approx \mathrm{e}^{-(E-E_F)/kT}$$

用无穷大来代替积分上限 E_{cmax} 只有很小的误差,因此

$$n = \int_{E_c}^{\infty} 8\sqrt{2}\pi m_e^{*\frac{3}{2}} (E-E_c)^{\frac{1}{2}} h^{-3} \mathrm{e}^{-(E-E_F)/kT} \mathrm{d}E$$

$$= 8\sqrt{2}\pi m_e^{*\frac{3}{2}} h^{-3} \mathrm{e}^{E_F/kT} \int_{E_c}^{\infty} (E-E_c)^{\frac{1}{2}} \mathrm{e}^{-E/kT} \mathrm{d}E$$

置换积分变量 $x=(E-E_c)/kT$,则

$$n = 8\sqrt{2}\pi (m_e^* kT)^{\frac{3}{2}} h^{-3} \mathrm{e}^{(E_F-E_c)/kT} \int_0^{\infty} x^{\frac{1}{2}} \mathrm{e}^{-x} \mathrm{d}x$$

式中,积分是标准型积分,并等于 $\sqrt{2}/2$。因此

$$n = 2(2\pi m_e^* kTh^{-2})^{\frac{3}{2}} \mathrm{e}^{(E_F-E_c)/kT}$$

可写成

$$n = N_c \mathrm{e}^{(E_F-E_c)/kT} \tag{4.5}$$

式中 $N_c = 2(2\pi m_e^* kTh^{-2})^{\frac{3}{2}}$。对于一定的 T,N_c 是常数,称为导带内的有效态密度。

同样,单位体积晶体中在价带内的空穴总数为:

$$p = N_v \mathrm{e}^{(E_v-E_F)/kT} \tag{4.6}$$

价带内的有效态密度 N_v 可用类似的方法确定。

式(4.5)、式(4.6)的两个指数项分别表示导带底 E_c 处的能态为电子占据的几率,以及价带顶 E_v 处的能态为空穴占据的几率。

图 4.19 形象地说明了根据费密分布函数得到的半导体能带中的电子分布关系。图左边是能态被电子占据的几率与能态能量的函数关系。导带中只有很少的电子,在价带中电子很多,只有很少空穴。费密分布函数对于能级 E_F 是对称的,因而如果在导带和价带中的电子能态数相同,导带中的电子数和价带中的空穴数也相同的话,那么费密能级必定位于禁带中线,图 4.19(a)所示的本征半导体就是这种情形。本征半导体的费密能级用 E_i 表示。

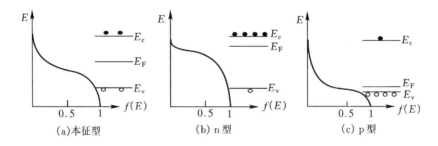

图 4.19　半导体费密分布函数和能带图的对应关系

在 n 型半导体中,导带电子浓度比本征情况要大得多,然而导带中能态的密度与本征情况是一样的,因此可以得出:n 型半导体的费密能级连同整个费密分布函数将一起在能带图上向上移动。反之,在 p 型半导体中,费密能级和费密分布函数将一起在能带图上向下移动。图 4.19(b)、(c)说明了这两种情况。

从式(4.5)、式(4.6)可导出

$$n = n_i e^{(E_F - E_i)/kT} \tag{4.7}$$

$$p = n_i e^{(E_i - E_F)/kT} \tag{4.8}$$

其中

$$E_i \equiv \frac{1}{2}(E_c + E_v) + \frac{1}{2}kT\ln\frac{N_v}{N_c}$$

从 E_i 可知,本征半导体的费密能级位于带隙中央附近,它偏离带隙中央的程度取决于导带和价带的有效密度之差。

将式(4.5)、(4.6)及式(4.7)、(4.8)分别相乘得

$$n \cdot p = N_c N_v e^{-(E_c - E_v)/kT} = N_c N_v e^{-E_g/kT}$$

$$n \cdot p = n_i e^{(E_F - E_i)/kT} \cdot n_i e^{(E_i - E_F)/kT} = n_i^2 \tag{4.9}$$

这里 $E_g = E_c - E_v$ 为禁带宽度,这是一个非常重要的公式,它表明电子、空穴

浓度之积与费密能级无关,因而也就与半导体的导电类型及电子、空穴各自的浓度无关。只要半导体处于平衡状态,这个公式始终成立,因此可以用它作为判别半导体是否处于平衡状态的依据。式(4.9)也称为平衡判据。

一块均匀掺杂的半导体,满足空间电荷中性的条件,即半导体的任何体积内净电荷密度 ρ 为零:

$$\rho = q(p - n + N_D - N_A) = 0$$

即　　　　$p - n = N_A - N_D$ 　　　　　　　　　　　　　　　　　　　　　(4.10)

式(4.9)、式(4.10)合并,即可求出平衡时 n 型半导体的电子浓度 n_n 和 p 型半导体的空穴浓度 p_p(即多子浓度)。

当净杂质浓度 $|N_D - N_A| \gg n_i^2$ 时,多子浓度由式(4.1)、式(4.2)表示。少子浓度为

$$n_p = \frac{n_i^2}{N_A - N_D} \approx \frac{n_i^2}{N_A} \tag{4.11}$$

$$p_n = \frac{n_i^2}{N_D - N_A} \approx \frac{n_i^2}{N_D} \tag{4.12}$$

当温度升高时费密能级向本征费密能级靠近,电子和空穴浓度不断增加,不论 p 型还是 n 型硅,在温度很高时都会变成本征硅。

4.1.6　电子和空穴的输运

室温时半导体中的电子和空穴始终在进行着无规则的热运动。这种热运动不时为碰撞所中断,过了足够长的一段时间以后,该热运动并不引起电子和空穴的净位移。有两种原因可以引起电子、空穴发生净位移即产生电子和空穴的输运,它就是漂移和扩散。外加电场引起漂移,载流子的浓度差引起扩散。

1. 漂移

在外加电场 ε 的影响下,一个随机运动的自由电子在与电场相反的方向上有一个加速度 $a = \varepsilon/m$。沿此方向上,它的速度将随时间而不断地增加。但晶体内的电子则处于一种不同的情况,它运动时的质量不同于自由电子的质量,不可能长久持续地加速,而会在很短时间内与晶格原子、杂质原子或晶体结构内的缺陷相碰撞。这种碰撞将造成电子运动的杂乱无章。换句话说,它将降低电子从外加电场得到的附加速度。两次碰撞之间的“平均”时间称为弛豫时间 t_c,它由电子无规则热运动的速度来决定。该速度通常要比外加电场给予的速度大得多。

半导体受外电场作用时,在载流子的热运动上将迭加一个附加的速度(由电场所引起的载流子的平均速度的增量),称为漂移速度。对于电子,由于其带负电,所以其漂移运动与电场方向相反;对于空穴,漂移运动与电场方向相同。这样,电子

和空穴就有一个净位移,而形成电流。

　　描述电子漂移运动的重要物理量是电子和空穴的平均速度 $\bar{v}_d$ 与迁移率 μ。电子的迁移率是指单位场强下电子的平均漂移速度,单位:$m^2/V \cdot s$ 或 $cm^2/V \cdot s$。

$$\bar{v}_d = \mu\varepsilon, \quad \mu = \frac{\bar{v}_d}{\varepsilon} = \frac{qt_c}{m^*}$$

式中:ε 为外电场强度;t_c 为两次碰撞之间的平均时间间隔;m^* 为载流子的有效质量,在考虑了晶格对载流子运动影响,对载流子静止质量所作的修正;q 为载流子的电量。

　　上式表明:在迁移率一定时,漂移速度与外电场强度成正比。而迁移率又随 t_c 的增加而增加。单位时间内碰撞的次数愈少,迁移率愈大。需注意:上式只有在漂移速度远小于载流子热运动速度时才适用。硅中电子和空穴实测的漂移速度和电场的关系如图 4.20。显而易见,在同一电场 ε 作用下,电子漂移速度大于空穴的漂移速度。图中 μ_n、μ_p 分别为电子和空穴的迁移率。

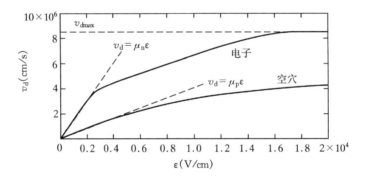

图 4.20　电场对硅中载流子漂移速度的影响

　　电子和空穴在漂移过程中受到碰撞(指非接触的弹性碰撞,即散射)而不断改变运动方向。引起碰撞的原因很多,主要是杂质散射和晶格散射。

　　杂质散射　一个电子(或空穴)经过一个离化杂质原子附近时,将受到库仑力的作用而改变运动方向,即受到这个离化杂质原子的散射。杂质散射正比于离化杂质总浓度。

　　晶格散射　位于晶格上的原子热振动,破坏了晶格的周期性,使格点上的原子产生瞬时极化电场,这种极化电场也可以改变电子(或空穴)的运动方向而产生晶格散射。显然,晶格散射随温度增加而增加。

　　图 4.21 给出了室温下硅中电子和空穴迁移率测量值与离化杂质总浓度的关系。不难看出,在低杂质浓度时,晶格散射起主要作用,迁移率较大;而当杂质浓度增加时,电子和空穴迁移率达到一个最小值。同时也可看出,电子的迁移率比空穴

的迁移率大,因为空穴的有效质量比电子大。这也是早期硅太阳电池使用 n 型硅基片的原因。

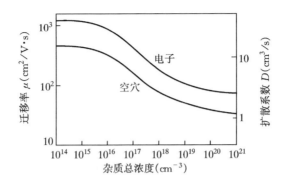

图 4.21 离化杂质总浓度对迁移率和扩散系数的影响

晶体的缺陷和位错也能引起散射,而使迁移率减小。

在电场 ε 作用下,流过单位面积的电子和空穴的漂移电流密度 J_n、J_p 分别为:

$$J_n = q(n_0 + \Delta n)\bar{v}_{dn} = q(n_0 + \Delta n)\mu_n\varepsilon \tag{4.13}$$

$$J_p = q(p_0 + \Delta p)\bar{v}_{dp} = q(p_0 + \Delta p)\mu_p\varepsilon \tag{4.14}$$

式中:n_0、p_0 为半导体中平衡载流子浓度;Δn、Δp 为半导体中非平衡载流子浓度;$\bar{v}_{dn}$、$\bar{v}_{dp}$ 分别为电子和空穴的漂移速度。

2. 半导体的电阻率

从迁移率可以导出电阻率的概念。如图 4.22 所示,一块长 L、截面积为单位面积的均匀半导体样品,在外电场 V 作用下,根据式(4.13)、式(4.14),样品中的漂移电流密度 J 为

$$J = qn\bar{v}_{dn} + qp\bar{v}_{dp}$$

$$= q(n\mu_n + p\mu_p)\frac{V}{L}$$

这个样品的电阻 R 为

$$R = L\rho = \frac{V}{J}$$

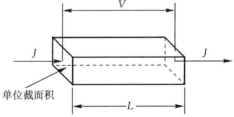

图 4.22 半导体样品在电场中

将此式和式(4.21)类比,得出半导体的电阻率 ρ

$$\rho = \frac{1}{q(n\mu_n + p\mu_p)}$$

如前所述,迁移率依赖于离化杂质总浓度,因而依赖于受主和施主浓度之和,而电子及空穴浓度依赖于受主和施主浓度之差。因此,一般情况下,电阻率必须用

图 4.21 所给出的迁移率数据以及根据式(4.6)、式(4.7)得到的载流子浓度计算。

通常,电阻率和掺杂浓度的关系如图 4.23 所示。这是一张考察了大量 p 型硅和 n 型硅的测量结果后得出的,适用于硅太阳电池。

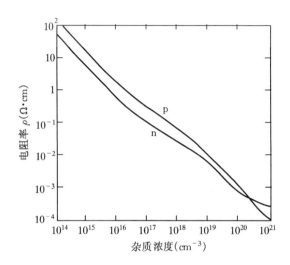

图 4.23 硅掺杂浓度与电阻率的关系

3. 扩散

在半导体中,如果电子(或空穴)的浓度不均匀,则电子(或空穴)将在浓度梯度的影响下扩散,这也同样会使电子(或空穴)发生净位移而产生扩散电流。显然,浓度梯度愈大,扩散愈快,通常用扩散系数 D 来描述不同材料中的扩散性质。

一维情况,若有空穴沿 x 方向扩散,则 x 方向存在空穴梯度 $\dfrac{\mathrm{d}p(x)}{\mathrm{d}x}$,因空穴浓度沿 x 方向越来越小,所以 $\dfrac{\mathrm{d}p(x)}{\mathrm{d}x}$ 是负值,这时垂直于 x 方向单位面积上空穴的扩散电流密度 $J_p(x)$ 为

$$J_p(x) = q\left(-D_p \frac{\mathrm{d}p(x)}{\mathrm{d}x}\right) = -qD_p \frac{\mathrm{d}p(x)}{\mathrm{d}x} \tag{4.15}$$

式中 D_p 为空穴扩散系数。同样电子的扩散电流密度 $J_n(x)$ 为

$$J_n(x) = (-q)\left(-D_n \frac{\mathrm{d}n(x)}{\mathrm{d}x}\right) = qD_n \frac{\mathrm{d}n(x)}{\mathrm{d}x}$$

式中 D_n 为电子扩散系数。

因为漂移和扩散均与电子、空穴的热运动有关,故用爱因斯坦关系式表示扩散系数和迁移率的内在联系,即

$$D_n = \frac{kT}{q}\mu_n \qquad D_p = \frac{kT}{q}\mu_p$$

由此可见,影响迁移率的原因如:杂质散射、晶格散射等,同样对其扩散系数有影响。

4. 扩散方程

描述载流子扩散运动的方程称为扩散方程。为求导扩散方程的一维形式,先讨论空穴扩散的情况。

设空穴扩散时形成的电流为 $J_p(x)$(注意:$J_p(x)$ 是位置 x 的函数,空穴浓度 $p(x)$ 也是 x 的函数)。在 $J_p(x)$ 流动方向上取一厚度为 Δx 的体积元,如图 4.24

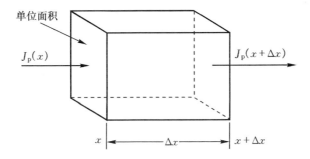

图 4.24　半导体样品中的空穴扩散电流

所示。其垂直于 $J_p(x)$ 的两个侧面的大小均等于单位面积,而这两个侧面上的电流密度分别为 $J_p(x)$ 及 $J_p(x+\Delta x)$。该体积元内的空穴浓度为 $p(x)$,空穴电荷量为 $q \cdot p(x) \cdot \Delta x$。假定在这体积元内,空穴没有产生,也没有复合,那么根据电荷守恒定律,体积元中空穴电荷的变化率应当等于流进体积元的电流与流出体积元的电流之差,即

$$q \cdot \Delta x \frac{\Delta p}{\Delta t} = J_p(x) - J_p(x+\Delta x)$$

当 $\Delta x \rightarrow 0$ 和 $\Delta t \rightarrow 0$ 时,就有

$$\frac{J_p(x) - J_p(x+\Delta x)}{\Delta x} \rightarrow \frac{-dJ_p(x)}{dx}$$

$$\frac{\Delta p}{\Delta t} \rightarrow \frac{dp(x)}{dt}$$

故

$$\frac{dp(x)}{dt} = -\frac{1}{q} \frac{dJ_p(x)}{dx}$$

$J_p(x)$ 用式(4.15)代入,即得空穴扩散方程

$$\frac{\mathrm{d}p(x)}{\mathrm{d}t} = -\frac{1}{q}\frac{\mathrm{d}J_\mathrm{p}(x)}{\mathrm{d}x} = D_\mathrm{p}\frac{\mathrm{d}^2 p(x)}{\mathrm{d}x^2}$$

同样可以写出对于电子的扩散方程

$$\frac{\mathrm{d}n(x)}{\mathrm{d}t} = \frac{1}{q}\frac{\mathrm{d}J_\mathrm{n}(x)}{\mathrm{d}x} = -D_\mathrm{n}\frac{\mathrm{d}^2 n(x)}{\mathrm{d}x^2}$$

式中的负号表示电子扩散方向与电流方向相反。

4.1.7 载流子的产生与复合

载流子的"产生—输运—复合"过程,反映了包括太阳电池在内的大多数半导体器件工作的全过程。研究半导体中载流子的产生、复合过程,和输运过程一样,对于分析其工作性能极为重要。

1. 产生

如前所述,在热平衡状态下的 n 型半导体必定满足 $n_\mathrm{n0} \cdot p_\mathrm{n0} = n_\mathrm{i}^2$(热平衡判据)。受到光照时,价带中的电子吸收光子能量跃迁进入导带,在价带中留下等量空穴。这些多于平衡浓度的光生电子和空穴称为非平衡载流子或过剩载流子,它们的浓度分别记为 Δn_n,Δp_n,且 $\Delta n_\mathrm{n} = \Delta p_\mathrm{n}$。这样,受光照的 n 型半导体就进入了非平衡状态,这时电子和空穴的总浓度 n_n,p_n 分别为

$$n_\mathrm{n} = n_\mathrm{n0} + \Delta n_\mathrm{n}$$

$$p_\mathrm{n} = p_\mathrm{n0} + \Delta p_\mathrm{n}$$

这种由外界条件的改变而使半导体产生非平衡载流子的过程称为载流子的注入(简称注入或激发)。由光照产生光注入或光激发,由热运动引起热注入或热激发,电场则引起电注入或电激发。反之,半导体中载流子浓度积小于平衡载流子浓度积的情况称为载流子的抽取(简称抽取)。太阳电池除了在用作测量或信号转换的某些场合以外,一般只研究注入。按照注入水平,即根据所产生的过剩载流子数量的多少,将注入分为大注入和小注入两类。

大注入满足　$n_\mathrm{n} \cdot p_\mathrm{n} \gg n_\mathrm{n0} \cdot p_\mathrm{n0} = n_\mathrm{i}^2$

$$\Delta n_\mathrm{n} \approx \Delta p_\mathrm{n} > n_\mathrm{n0}$$

小注入满足　$n_\mathrm{n} \cdot p_\mathrm{n} > n_\mathrm{n0} \cdot p_\mathrm{n0} = n_\mathrm{i}^2$

$$\Delta n_\mathrm{n} \approx \Delta p_\mathrm{n} < n_\mathrm{n0}$$

非聚光太阳电池多工作在小注入条件下,聚光电池在强光条件下工作满足大注入条件。

表 4.2 中列出的是一块 n 型硅(电阻率为 1 Ω·cm)在受光照时其载流子浓度的变化。

表 4.2 电阻率为 1 Ω·cm 的 n 型硅光照时载流子浓度的变化

平衡时	光照注入 $\Delta n_n = \Delta p_n = 10^{10}/cm^3$ 光生载流子以后
平衡多子浓度 $n_{n0} = 5.5 \times 10^{15}/cm^3$	多子浓度 $n_n = 5.5 \times 10^{15}/cm^3 + 10^{10}/cm^3$
	$\approx 5.5 \times 10^{15}/cm^3 = n_{n0}$
平衡少子浓度 $p_{n0} = 3.5 \times 10^4/cm^3$	少子浓度 $p_n = 3.5 \times 10^4/cm^3 + 10^{10}/cm^3$
	$\approx 10^{10}/cm^3 = \Delta p_n$
平衡时 $n_i^2 = n_{n0} \cdot p_{n0} = 2 \times 10^{20}/cm^3$	非平衡时 $n_n \cdot p_n = 5.5 \times 10^{25}/cm^3 > n_i^2$
	且 $\Delta n_n = \Delta p_n < n_{n0}$

由此可见,光入射到 1 Ω·cm 的 n 型硅上并注入 $\Delta n_n = \Delta p_n = 10^{10}/cm^3$ 的过剩载流子以后,满足小注入条件。这时,多子浓度不受影响,而少子浓度却增加约28 万倍。所以外界条件的改变将会极大地影响少子的数目,也就是说,只有少子的行为对外界变化敏感。

通常把单位时间、单位体积内产生的电子-空穴对的数目称为产生率,以 G 表示(光产生率 G_L,热产生率 G_T)。

2. 复合

当载流子浓度偏离了它的平衡值时,就有恢复平衡的倾向。在注入情况,恢复平衡是靠复合来实现的;而在抽取情况,则靠载流子的产生实现。

单位时间、单位体积内复合掉的电子-空穴对数称复合率,因为复合一般都是通过热运动进行的,故用 R_T 表示。那么电子-空穴对的净复合率为 $U \equiv R_T - G_T$。在热平衡条件下,热激发率总是等于热复合率,则 $U = G_T - R_T = 0$,热产生率 G_T 和热复合率 R_T 只是温度的函数。

为了描述复合过程,引入一个重要的物理量——载流子寿命。一个电子从产生(受激发进入导带)到复合前的生存时间称为电子的寿命 τ_n;一个空穴从产生到复合前生存时间称为空穴的寿命 τ_p。这里所指的寿命,均是在统计意义上的载流子的平均寿命,而不是指单个特定电子或空穴的寿命。在小注入条件,只需考虑少子寿命。

在 n 型半导体中,单位体积内的过剩空穴数为 Δp_n,单位时间、单位体积内的净复合率为 U,则 n 型半导体中空穴寿命 τ_p(单位用秒)为

$$\tau_p = \frac{\Delta p_n}{U} \qquad \text{或} \qquad U = \frac{1}{\tau_p}(p_n - p_{n0})$$

与此类似,p 型半导体中电子寿命 τ_n 为

$$\tau_n = \frac{\Delta n_p}{U} \qquad \text{或} \qquad U = \frac{1}{\tau_n}(n_p - n_{p0})$$

复合与产生互为逆过程,既然在产生时价带中的电子跃迁到导带要吸收能量,那么导带中的电子和价带中的空穴复合时也要以各种方式释放能量。主要有以下几种释放方式。

(1) 辐射复合　辐射复合是光吸收过程的逆过程。占据比热平衡时更高能态的电子有可能跃迁到空的低能态,其全部(或大部分)初末态间的能量差以光的方式发射。由于间接带隙半导体需要包括声子的两级过程,所以辐射复合在直接带隙半导体中比间接带隙半导体中进行得快。

(2) 俄歇复合　电子、空穴复合时把多余的能量传给晶格(或另一个电子),加强晶格的振动,而不发射光子。即,复合时发射声子,这现象在高掺杂时显著。

(3) 复合时也可将多余能量传给其他载流子。

复合的微观过程比较复杂,通过长期研究,现已确认有三种复合机构:直接复合,通过复合中心的复合,表面复合。这三种复合可能同时在同一半导体中发生,如图 4.25。现分别讨论如下:

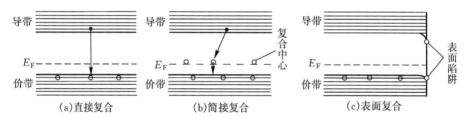

图 4.25　载流子的三种复合过程

(1) **直接复合**　直接复合即导带电子直接跳回价带与空穴复合。直接复合率 R_T 正比于电子浓度及空穴浓度,对于 n 型半导体有

$$R_T = r \cdot n_n \cdot p_n$$

式中 r 为复合几率。热平衡时 $R_T = G_T = r \cdot n_{n0} \cdot p_{n0}$,在小注入情况多子浓度几乎不变,即 $n_n \approx n_{n0}$,于是净复合率 U 为

$$U = R_T - G_T \approx r \cdot n_{n0}(p_n - p_{n0})$$

因此,直接复合过程的寿命 τ_p 为

$$\tau_p = \frac{1}{r \cdot n_{n0}}$$

可见,若复合几率是常数,则直接复合的寿命与多子浓度成反比。这样求出的寿命,对于本征硅大约为 $\tau_p = 3.5$ s,而硅中实际测得的寿命最大不过几毫秒,这说明对于硅,直接复合不是主要的。而对于禁带宽度小的磷化铟($E_g = 0.18$ eV)、碲($E_g = 0.32$ eV)以及直接禁带材料如砷化镓($E_g = 1.428$ eV)等,则直接复合是主

要的。

（2）**通过复合中心的复合**　半导体中的杂质和缺陷能够在禁带中形成附加的能级。这些能级对于电子和空穴在导带和价带间的跃迁来说，能起一个"台阶"作用。这些台阶不仅有利于产生，也有利于复合，因而对少子寿命有重大影响。把这些杂质和缺陷统称为复合-产生中心，简称复合中心。通过复合中心的作用而发生复合-产生过程的理论，是由肖克莱（Shockley）、里德（Read）、霍尔（Hall）和萨支唐（C. T. Sha）建立的，它非常成功地解释了包括太阳电池在内的许多半导体器件中的各种现象，现进一步介绍如下。

这个理论把热平衡状态时，通过复合中心而发生的复合-产生过程分为四个基本过程，如图 4.26 所示，图中 E_t 表示复合中心的能级位置。

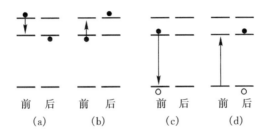

前　后　　前　后　　　前　后　　　前　后
(a)　　　(b)　　　　(c)　　　　(d)

图 4.26　通过复合中心进行的复合-产生过程

（a）电子俘获：复合中心从导带俘获一个电子；

（b）电子发射：一个电子从复合中心发射到导带；

（c）空穴俘获：复合中心从价带俘获一个空穴，相当一个电子从复合中心发射到价带；

（d）空穴发射：一个空穴从复合中心发射到价带，相当一个电子从价带跃迁到复合中心。

其中（a）与（b）、（c）与（d）互为逆过程。若求出这四个过程发生的几率，就可以得到净复合率，进而便可求出寿命值。

设复合中心浓度为 N_t，一个复合中心最多只能俘获一个电子，根据电子能量的费密分布函数式（4.3），一个复合中心被一个电子占有的几率 f_t 在平衡时为：

$$f_t = \frac{1}{1 + e^{\frac{E_t - E_F}{kF}}}$$

式中 E_t 为复合中心能级，E_F 为费密能级。未被电子占据的复合中心浓度为 $N_t(1 - f_t)$。

分别考虑出现各个过程的速率：

过程(a)电子俘获速率 r_a 应当正比于导带中的自由电子浓度及未被占领的复合中心浓度

$$r_a = n \cdot N(1 - f_t) \cdot \sigma_n \cdot v_t \tag{a}$$

式中,σ_n 是复合中心俘获电子的截面(可以理解为俘获电子的有效范围),载流子在硅和其他半导体中俘获截面接近 $10^{-15}\,\mathrm{cm}^2$;v_t 为载流子热运动平均速度,室温下 $v_t = \sqrt{3kT/m^*} \approx 10^7\,\mathrm{cm/s}$。$(v_t, \sigma_n)$ 为电子被俘获的几率。

过程(b)电子发射速率 r_b 应当正比于已为电子占有的复合中心浓度

$$r_b = e_n N_t f_t \tag{b}$$

式中 e_n 为电子发射几率,即电子从复合中心跳到导带的几率。

过程(c)空穴俘获速率 r_c 为

$$r_c = v_t \sigma_p N_t f_t p \tag{c}$$

式中 σ_p 为复合中心俘获空穴的截面。

过程(d)空穴发射速率 r_d 为

$$r_d = e_p N_t (1 - f_t) \tag{d}$$

式中 e_p 是空穴发射几率,意义与 e_n 相似。

在热平衡时,无外部注入,$G_L = 0$,则电子俘获率应当等于电子发射率,空穴俘获率也应当等于空穴发射率,即

$$r_a = r_b, \quad r_c = r_d$$

把上述(a)~(d)四式中的 n 和 p 用平衡浓度式(4.7)、式(4.8)代入,即得电子和空穴的发射几率 e_n 和 e_p

$$e_n = v_t \sigma_p n_i \mathrm{e}^{\frac{E_t - E_i}{kT}}$$

$$e_p = v_t \sigma_p n_i \mathrm{e}^{-\frac{E_t - E_i}{kT}}$$

由此可见,当复合中心能级靠近导带底时,电子发射率增加;当复合中心能级靠近价带顶时,空穴发射率增加。

在非平衡时,n 型半导体受到均匀光照,而以一均匀的产生率 G_L 产生数量相同的电子和空穴。这时,通过复合中心发生的(a)、(b)、(c)、(d)四个过程依然进行。在稳态情况,G_L 不随时间变化,整个半导体中电子和空穴各自的产生率应等于各自的复合率,于是有

$$\frac{\mathrm{d}n_n}{\mathrm{d}t} = G_L - (r_a - r_b) = 0$$

$$\frac{\mathrm{d}p_n}{\mathrm{d}t} = G_L - (r_c - r_d) = 0$$

两式相减消去 G_L 便得到

$$r_a - r_b = r_c - r_d$$

把相应的速率代入,消去 e_n、e_p、n_n、p_n 等,即得到在非平衡条件下一个复合中心被一个电子占有的几率 f_t:

$$f_t = \frac{\sigma_n n_n + \sigma_p n_i e^{-\frac{E_i - E_t}{kT}}}{\sigma_n (n_n + n_i e^{\frac{E_i - E_t}{kT}}) + \sigma_p (p_n + n_i e^{\frac{E_i - E_t}{kT}})}$$

需要指出,稳态不一定是平衡态,平衡态必定是稳态。上式是反映稳态情况的,但都用了前面分析平衡态的结果,这仅在小注入时才准许。实际上电子、空穴的浓度以及 f_t 都与 G_L 有关。把 f_t 代入四个复合过程,就能得到稳态时的净复合率 $U = r_a - r_b = r_c - r_d$,从而

$$U = \frac{\sigma_n \sigma_p v_t N_t (p_n n_n - n_i^2)}{\sigma_n (n_n + n_i e^{\frac{E_i - E_t}{kT}}) + \sigma_p (p_n + n_i e^{\frac{E_i - E_t}{kT}})}$$

当电子和空穴的俘获截面相等时,$\sigma = \sigma_n = \sigma_p$,复合率简化为

$$U = \frac{\sigma v_t N_t (p_n n_n - n_i^2)}{n_n + p_n + 2n_i \mathrm{ch} \dfrac{E_t - E_i}{kT}} \tag{4.16}$$

从这里可以看到,当 $E_t \to E_i$ 复合中心能级靠近禁带中心时,复合率最大。即,能级靠近禁带中心的那些杂质和缺陷是最有效的复合中心,通常称这种复合中心具有深能级。

硅中杂质的能级图示于图 4.27。研究发现一些杂质会显著的影响太阳电池的效率,这些杂质有:Ta,Mo,Nb,W,Zr,Ti,V,Cr,Co,Mn,Fe 等,在能级图中均已注明。

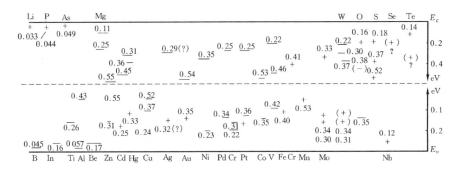

图 4.27 硅中杂质能级图

在 n 型硅中 $n_n \gg p_n$,故在有效复合中心上的复合率 U 可进一步简化为

$$U = \sigma v_t N_t (p_n - p_{n0})$$

利用复合率和寿命的关系式：$U = \dfrac{1}{\tau_p}(p_n - p_{n0})$，即得小注入 n 型半导体中空穴寿命 τ_p

$$\tau_p = \frac{1}{\sigma v_t N_t}$$

该空穴寿命与电子浓度无关，是因为 n 型半导体中有大量电子，只要有一个空穴为俘获中心俘获，立刻就会有一个电子也为这个俘获中心俘获，从而完成复合过程，因此限制复合速率的是少子的俘获。

对于 p 型半导体，同样可得小注入时复合率 U 和电子寿命 τ_n：

$$U = \sigma v_t N_t (n_p - n_{p0}) \tag{4.17}$$

$$\tau_n = \frac{1}{\sigma v_t N_t}$$

注意：这里的 N_t 不仅包含着杂质，也包含着由晶体的缺陷和位错等引起的深能级复合中心。

(3) 表面复合 存在于半导体表面的复合过程为表面复合。即使是一块均匀的半导体，其表面结构比体内也要复杂得多，至少有三种重要特点需考虑。

① 从体内延伸到表面的晶格结构在表面中断，表面原子出现悬空键（排列到最边缘的硅原子的电子不可能组成共价键），从而出现了表面能级，称为表面态。表面态中靠近禁带中心的能级是有效的表面复合中心。

② 半导体的加工过程往往在表面层中留下严重的损伤或内应力，造成比体内更多的缺陷和晶格畸变，这将增加更多的有效复合中心。

③ 表面层几乎总是吸附着一些带正、负电荷的外来杂质，这些外来杂质在表面层中感应出异号电荷，因而往往容易在表面形成一反型层。

以上这些特点使得表面复合过程相当复杂，但是仍然可以利用讨论体内通过复合中心复合的方法来讨论表面复合。考虑一块 n 型样品，假设存在于表面薄层中的单位表面上复合中心总数为 N_{st}，薄层中的非平衡少数载流子浓度为 $(\Delta p)_s$，则表面复合率 U_s 为

$$U_s = \sigma_p v_t N_{st} (\Delta p)_s = s(\Delta p)_s$$

其中 $s = \sigma_p v_t N_{st}$

显然，s 具有速度的量纲，称为表面复合速度。表面复合速度表示表面复合的强弱，好像由于表面复合而失去的非平衡载流子以 s 大小的速度垂直地流出了表面一样。所以常说，表面复合有快慢之分。

表面上若有外来电荷时，表面复合速度的形成更为复杂。

真实硅表面的复合速度受表面加工和外界气氛的影响很大，s 值一般在 $10^2 \sim$

5×10^3 cm/s 之间,表面态密度在 $10^{10} \sim 10^{11}$ 范围内。受到射线辐射后,s 和态密度都将增加。态密度与晶向也有关,(1 1 1)硅晶面上态密度比(1 0 0)的大。

由于表面复合,半导体中少子浓度从体区到表面逐渐减少。

上述三种复合机构都影响材料和器件的寿命,而所测量到的寿命 τ 也往往是表面寿命 τ_s 和体寿命 τ_v 的综合结果,它们的关系是

$$\frac{1}{\tau} = \frac{1}{\tau_v} + \frac{1}{\tau_s}$$

对于 p-n 结太阳电池,p 区和 n 区的少子寿命均与整个电池的效率密切相关。

4.2　半导体的光学性质

从物理学中已知,光具有二象性:波和粒子。光的波动性认为光是电磁波,可以用波长、频率、相位、波速等来描述;光的微粒性认为光由一系列不连续的光子流组成,每个光子具有一定的能量 $h\nu$。光的波、粒二象性互为补充。

太阳电池的光学性质决定着太阳电池的极限效率。它是工艺设计的重要依据。每一种光电转换材料,由于能带结构不同,其特性各异。同一种元素的材料,若晶格结构不一样,也可存在悬殊的光学特性。

4.2.1　光在半导体薄片上的反射、折射和透射

入射到半导体上的光遵守光的反射、折射定律。如图 4.28 所示,表面平整的半导体薄片放在空气中,有一束辐射强度为 I_0 的光照射前表面时,将在 O 点发生反射和折射。O 点称入射点,I'_0 为反射光的强度,I_1 为折射光的强度。这时入射角 φ 等于反射角 r,且 $\dfrac{\sin\varphi}{\sin\varphi'} = \dfrac{v}{v'} = \dfrac{c/v'}{c/v} = \dfrac{n'}{n}$,式中 v,v' 分别为空气及半导体中的光速,n,n' 分别为空气及半导体的折射率,c 为真空中的光速。任何媒质的折射率都等于真空中的光速与该媒质中的光速之比,例如空气的折射率 $n = \dfrac{c}{v}$,硅的折射率 $n' = \dfrac{c}{v'}$ 等。

到达薄片后表面的光同样要发生反射和折射,强度为 I'_1 的反射光折回硅中,$\varphi'' = \varphi'$,强度为 I_2 的光仍与法线 NN' 成 φ 角透射出后表面。

反射光强度 I'_0 与入射光强度 I_0 之比称为反射率,以 ρ 表示;透射光强度 I_2 与入射光强度 I_0 之比称为透射率,以 τ 表示。显然,如果介质无吸收:$\rho + \tau = 1$。

光正入射到界面时,反射率为

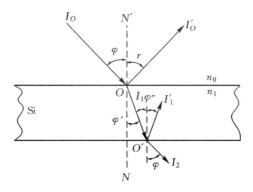

图 4.28　光在半导体薄片上的反射、折射和透射

$$\rho = \frac{I'_O}{I_O} = \frac{(n_0 - n_1)^2}{(n_0 + n_1)^2}$$

当入射角为 φ 时，折射角为 φ'，则反射率为

$$\rho = \frac{I'_O}{I_O} = \frac{1}{2}\left[\frac{\sin^2(\varphi - \varphi')}{\sin^2(\varphi + \varphi')} + \frac{\tan(\varphi - \varphi')}{\tan(\varphi + \varphi')}\right]$$

一般而言，折射率大的材料，其反射率也较大。用做太阳电池的半导体材料的折射率、反射率都较大。因此，在制成太阳电池时，往往需要给其加上透明的减反射膜。

应当注意，材料的折射率与入射光的波长密切相关，表 4.3 为硅和砷化镓的折射率与波长的关系。

表 4.3　硅和砷化镓的折射率(300 K)

波长 λ (μm)	折射率 n	
	Si	GaAs
1.10	3.50	3.46
1.00	3.50	3.50
0.90	3.60	3.60
0.80	3.65	3.62
0.70	3.75	3.65
0.60	3.90	3.85
0.50	4.25	4.40
0.45	4.75	4.80
0.40	6.00	4.15

实际半导体表面可能是粗糙的,因此多少存在着光的漫散射。半导体中的缺陷和应力也会影响折射率以及增加散射光,因而实际情况要复杂得多。

4.2.2 半导体对光的吸收

1. 吸收定律

如图 4.29 所示,当一束辐射强度为 I_0 的光正交入射到半导体表面上时,扣除反射后,进入半导体的辐射强度为 $I_0(1-\rho)$,在半导体内离前表面距离为 x 处的辐射强度 I_x 由吸收定律决定:

$$I_x = I_0(1-\rho)e^{-\alpha x}$$

式中,α 为半导体的吸收系数。单晶硅、砷化镓和一些太阳电池材料的吸收系数与波长的关系如图 4.30 所示。

当薄片厚度为 d 时,可以得到关于透射率更完整的近似表达式(略去二次以上的内反射项):

$$\tau = \frac{I_2}{I_0} = (1-\rho)^2 e^{-\alpha d}$$

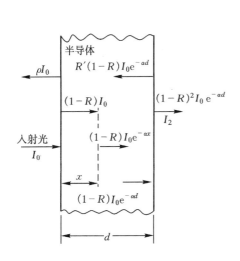

图 4.29　光垂直照射半导体薄片时
　　　　　发生反射、透射和吸收

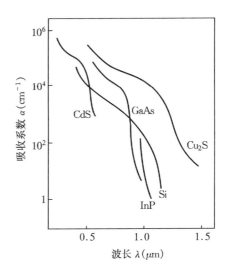

图 4.30　一些光电半导体材料的吸
　　　　　收系数和波长的关系

2. 本征吸收

半导体能带图中位于价带的一个电子,吸收足够能量的光子使电子激发,越过禁带跃迁入空的导带,而在价带留下一个空穴,形成电子-空穴对。这种由于电子在能带间跃迁所形成的吸收过程称为本征吸收,也就是半导体自身原子对光的吸收。图 4.31 是本征吸收的示意图。

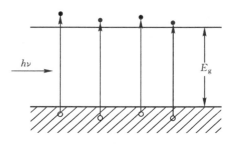

图 4.31　本征吸收示意图

在原子图像中,硅的本征吸收可以理解为一个硅原子吸收一个光子后受到激发,使得一个共价电子变成了自由电子,同时在共价键断裂处留下一个空穴。显然,只有吸收那些能量 $h\nu$ 等于或大于禁带宽度 E_g 的光子,才能产生本征吸收,即

$$h\nu \geqslant h\nu_0 = E_g \qquad (4.18)$$

或　　　$$\frac{hc}{\lambda} \geqslant \frac{hc}{\lambda_0} = E_g$$

$h\nu_0$ 是能够引起本征吸收的最低限度光子能量。也即,对应于本征吸收光谱,在低频方面必然存在一个频率界限 ν_0(或者说存在一个波长界限 λ_0)。当频率低于 ν_0 或波长大于 λ_0 时,不可能产生波长吸收,吸收系数迅速下降。吸收系数显著下降的特定波长 λ_0(或特定频率 ν_0),称为半导体的波长吸收限。图 4.32 给出几种半导体材料的本征吸收系数和波长的关系,曲线短波端陡峻地上升标志着本征吸收的开始。根据式(4.18)并应用关系式 $\nu = c/\lambda$,可得出波长吸收限的公式为

$$\lambda_0 = \frac{1.24}{E_g} \quad (\mu m)$$

根据半导体材料不同的禁带宽度,可算出相应的波长吸收限。例如,Si 的 $E_g = 1.12$ eV,$\lambda_0 \approx 1.1\ \mu m$;GaAs 的 $E_g = 1.43$ eV,$\lambda_0 \approx 0.867\ \mu m$,两者吸收限都在红外区;CdS 的 $E_g = 2.42$ eV,$\lambda_0 \approx 0.513\ \mu m$,吸收限在可见光区。

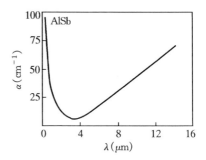

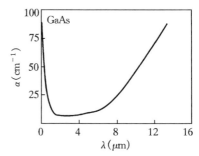

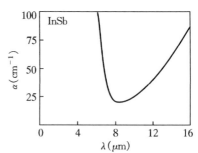

图 4.32　本征吸收曲线示意图

3. 直接跃迁和间接跃迁

半导体中的电子和空穴受到作用力而产生的运动与自由空间粒子的运动不同。除作用力以外,总是存在着晶体原子周期力的影响。然而,量子力学计算的结果表明,在大部分情况下,描述自由空间粒子的概念稍加修正就可用到半导体中的电子和空穴上。

例如,对于晶体导带内的电子,牛顿定律变成

$$F = m_e^* a = \frac{\mathrm{d}p}{\mathrm{d}t}$$

式中:F 为作用力;m_e^* 为电子的"有效"质量,它包括了晶格原子周期力的影响;p 为晶体动量,它与自由空间的动量相似。

对自由电子来讲,能量和动量是靠抛物线定律联系起来的,即

$$E = \frac{p^2}{2m}$$

对于半导体中的载流子,情况可能更复杂一些。在一些半导体中,类似的定律适用于导带中能量接近于该带最小能量的电子(E_c),即有

$$E - E_c = \frac{p^2}{2m_e^*}$$

相似的关系式适用于价带中能量近于最大(E_v)的空穴,即有

$$E_v - E = \frac{p^2}{2m_h^*}$$

本征吸收都是光子激发电子从价带跃迁到导带,但跃迁又分直接跃迁和间接跃迁两种。

半导体晶格振动的能量是不连续的,故也是量子化的。因此,可以把晶格振动看成是声子,正如把光看成光子一样。声子动量大、能量小;而光子的能量大、动量小。严格地说,电子吸收光子的过程必须同时满足能量守恒和动量守恒,即

跃迁前后电子的能量差＝光子的能量
跃迁前后电子的动量差＝光子的动量

（1）直接跃迁

只需吸收一定能量的光子就能产生电子-空穴对的跃迁称为直接跃迁。产生直接跃迁或间接跃迁的原因,主要取决于半导体材料的能带结构。图 4.33 表示直接跃迁型半导体的能带图,若以横坐标表示晶体中电子的动量 p（k 为波矢）,纵坐

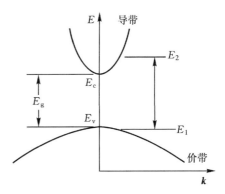

图 4.33 直接跃迁半导体的吸收

标表示能量,对于直接跃迁型半导体,其导带极小值与价带的极大值处于横坐标(动量坐标)的同一位置。因此,禁带之间的跃迁,只需满足能量要求(没有动量要求),即只要吸收能量等于或大于禁带宽度 E_g 的光子就能完成跃迁。如果吸收了 $h\nu$ 大于 E_g 的光子,则比 E_g 多余的那部分能量将转变成载流子的动能。

假设处于 E_1 态的价电子,吸收光子后激发到 E_2 态,有

$$h\nu = E_2 - E_1$$

$$E_2 - E_c = \frac{p^2}{2m_e^*}$$

$$E_v - E_1 = \frac{p^2}{2m_h^*}$$

将三式相加,得

$$h\nu = E_g + \frac{p^2}{2}\left(\frac{1}{m_e^*} + \frac{1}{m_h^*}\right) \tag{4.19}$$

从式(4.19)看出,吸收的光子能量愈大,转变成动能的部分也愈大。另外,对直接跃迁型吸收,随着光子能量 $h\nu$ 的增加,初始能态和终止能态的带边能量之差也增加。吸收的几率不仅取决于处在初始能态的电子密度,而且也有赖于终止能态的空态密度。因为离带边越远,这两个密度越大,所以,在光子能量大于 E_g 时,半导体的吸收系数随光子能量的增大而迅速增大。它们之间有如下的函数关系

$$\alpha(h\nu) = A^*(h\nu - E_g)^{\frac{1}{2}} \tag{4.20}$$

式中 A^* 为一常数,其值

$$A^* = q^2\left[\frac{2m_h^* m_e^*}{(m_h^* + m_e^*)nch^2 m_e^*}\right]^{\frac{3}{2}}$$

将式(4.20)作一变换得

$$\alpha^2(h\nu) = A^{*2}(h\nu - E_g)$$

按该式画成图 4.34,它表示了吸收系数的平方与光子能量成线性关系,这是直接跃迁型吸收的特征。该直线在光能轴上的截距表示该半导体的禁带宽度。直接跃迁型半导体的吸收系数一般在 $10^4 \sim 10^6$ cm^{-1} 之间。吸收系数 α 的意义,表示当光在半导体中通过 $1/\alpha$ 的距离时其强度衰减到原来值的 $1/e$。对于大于禁带宽度 E_g 的光能,入射光穿入半导体约 1 μm,本征吸收使光强衰减约 63%。因此,光子能量大于 E_g 的太阳光进入直接带隙的半导体几个微米深就基本上被全部吸收了。GaAs、CdTe、GaP 和 CdS 等化合物半导体是直接跃迁型吸收材料。

(2) 间接跃迁

如图 4.35 所示,在间接跃迁半导体中,导带与价带的能量极值点处于动量轴的不同位置。由于光子可以具有足够大的能量($h\nu$),但它的动量却小到可以忽略。

如果要完成上述的直接跃迁,则要求光子的能量大大高于禁带宽度。这种垂直跃迁,一般情况下几率很小。如果要求以较低的能量完成价带到导带的跃迁,除了来自光子的能量外,还要求有动量的变化。这个动量的改变靠跃迁电子与晶格交换一定的振动能量来解决。与振动能量相联系的能量子称声子。所以,在间接跃迁型半导体中,本征吸收包括三种粒子:光子、电子和声子参加。

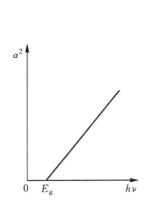

图 4.34　直接跃迁吸收系数
　　　　　与光子能量的关系

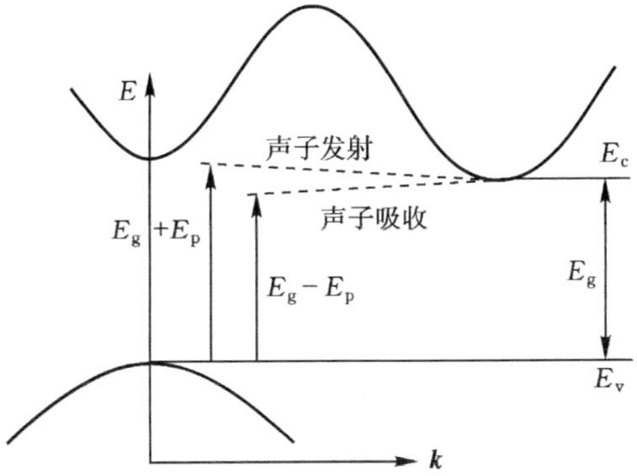

图 4.35　间接跃迁的能量-动量图

　　半导体中晶格的振动也是量子化的,即振动能量(E_p)的改变只能取某一能量值 $h\omega$ 的整数倍,ω 为晶体振动的角频率。声子的能量约在百分之几电子伏范围内,这个值相对于可见光中的光子能量(大于 1 eV)是很小的,但声子的动量值是可观的,其值为 $h\boldsymbol{k}$,$\boldsymbol{k}$ 为晶体振动的波矢量,简称波矢。设 $\boldsymbol{k}_1$ 为电子在跃迁前的波矢,$\boldsymbol{k}_2$ 为电子在跃迁后的波矢,$\boldsymbol{k}_0$ 为入射光的波矢。根据动量守恒原理,有

$$h\boldsymbol{k}_2 - h\boldsymbol{k}_1 = h\boldsymbol{k}_0 \pm h\boldsymbol{k}$$

式中,$\pm h\boldsymbol{k}$ 代表跃迁时晶体发射或者吸收一个声子,负号对应于发射一个声子,正号表示吸收一个声子。

　　如果略去光子的波矢 $\boldsymbol{k}_0$,并取 $\boldsymbol{k}_1$ 为动量的坐标原点,则

$$\boldsymbol{k}_2 = \pm \boldsymbol{k}$$

上式表示价电子吸收光子后变成导带中的自由电子,其动量的改变等于吸收或发射一个振动(声子)的动量。此外,也有多声子吸收和发射的情况,但其几率与单声子吸收和发射的情况相比小得多。

　　在间接吸收过程中,电子既与光子发生作用(吸收一个光子),又与晶格振动交换动量,是三种粒子电子、光子和声子的相互作用过程。所以,这种吸收的几率要

比直接吸收小得多,通常低 3～4 个数量级。

光子在激发电子跃迁的过程中,可以同时吸收声子,也可以同时发射声子。在发射声子时,要求光子具有比 E_g 更大的能量。在低温时,半导体中的声子数很少,包含声子吸收的激发过程占主导地位,这时,对入射光子的能量要求变小,吸收限向长波移动。间接吸收对靠近吸收限处、频率为 ν 的光子的吸收系数可以表示为

$$\alpha(h\nu) = \alpha_e(h\nu) + \alpha_a(h\nu)$$

其中

$$\alpha_e(h\nu) = \frac{B(h\nu - E_g + E_p)^2}{1 - e^{-E_p/kT}}$$

$$\alpha_a(h\nu) = \frac{B(h\nu - E_g + E_p)^2}{e^{E_p/kT} - 1}$$

式中:B 为常数;E_p 为声子能量;$\alpha_e(h\nu)$ 为声子发射过程的吸收系数;$\alpha_a(h\nu)$ 为声子吸收过程的吸收系数。

图 4.30 示出硅和砷化镓吸收系数和光子能量的关系。从图中可以看到直接材料砷化镓的吸收系数曲线陡峭地上升,且上升后不大随波长变化。在间接材料硅的曲线中,吸收系数在吸收限 λ_0 以后随光子能量逐渐上升,表明发生的是间接跃迁,而当光子能量继续增加时,在 α 达到 $10^4 \sim 10^6/cm$ 范围内,则发生直接跃迁。图 4.36 示出了 AM0 和 AM1.5 条件下,硅和砷化镓的厚度

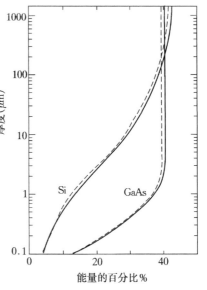

图 4.36 Si 和 GaAs 厚度与利用太阳能的百分率

(实线:AM0 光谱条件;虚线:AM1.5 光谱条件)

与利用太阳能的关系。从图可知,对于像砷化镓那样的直接材料,只要很薄的一片,约 1～3 μm 就可大体上吸收 90% 以上的入射光。而对于像硅这样的间接材料,却需要约 100 μm 的厚度才能有效地吸收入射的光能。

4. 其他吸收

(1) 激子吸收 本征吸收产生的电子和空穴,各自均可在导带和价带中自由运动,称为自由电子和自由空穴。但有时价带中的电子吸收能量 $h\nu < E_g$ 的光子后,也能受激而离开价带,但因能量不够,不能进入导带成为自由电子。这时电子实际上还和空穴保持着库仑力的相互作用,形成了一个电中性的新系统,称为激子。能产生激子的光吸收称为激子吸收。

激子也可以看成是一个受激的电子-空穴团。它可以在晶体中运动,不形成电流。但是,它在运动过程中要发生变化,或者受到别的能量再度激发而形成自由电

子–空穴对;或者电子、空穴复合,激子消失,同时发射能量相等的光子或声子。由于量子力学选择定则的限制,由两个以上 $h\nu < E_g$ 的光子,通过激子态共同激发出光生电子–空穴对的几率是很小的。

这种激子吸收的光谱一般密集于本征吸收限的红外一侧。

(2) **自由载流子吸收**　进入导带的自由电子(或留在价带的空穴)也能吸收波长大于本征吸收限的红外光子,而在导带内向能量高的级运动(空穴向价带底运动),这种吸收称为自由载流子吸收,其一般都是红外吸收,在聚光太阳电池中要考虑。

(3) **杂质吸收**　束缚在杂质能级上的电子(或空穴)吸收光子后可以从杂质能级跃迁到导带(空穴跃迁到价带),这种吸收称为杂质吸收。杂质能级愈深,所需光子能量愈接近 $\frac{1}{2}E_g$,对应的吸收波长愈靠近 $2\lambda_0$ 处;杂质能级愈浅,则对应波长将远离吸收限。一般硅中的杂质都很少,故杂质吸收很低,例如硅中硼的吸收系数在 $20/cm$ 以下。

(4) **晶格振动吸收**　半导体原子吸收能量较低的光子,直接变成晶格振动的动能,从而在晶体吸收的远红外区形成一个连续的吸收带,这种吸收称为晶格振动吸收。硅中的晶格振动吸收系数一般也在 $10/cm$ 以下。

半导体对光的吸收中最重要的是本征吸收。本征吸收发生在极限波长 λ_0 之内,其他各种吸收都在 λ_0 之外,甚至延伸到远红外区。对于硅材料而言,本征吸收系数比其他吸收系数大几十倍到几万倍。所以在一般辐照条件下,只考虑本征吸收。因此可认为硅对于波长大于 $1.15\ \mu m$ 的红外光是透明的。

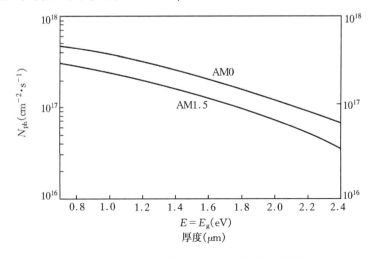

图 4.37　AM0 和 AM1.5 光谱中能量大于 E_g 的光子数/(cm² · s)

图 4.37 为按能量分布的一种太阳光谱,横坐标为光子能量,纵坐标为光子流。光子能量范围只限于可见光及近红外。知道了这个太阳光谱和半导体的禁带宽度以后,就能计算每种材料能够在太阳光谱中利用多少光子数,如图 4.38 所示。假设半导体每吸收一个 $h\nu \geqslant E_g$ 的光子就产生一个电子-空穴对(即量子产额为 1),而且每一对光生载流子都对光电流有贡献,则可得到按材料禁带宽度分布的极限光电流曲线。假设一个光电子跨越禁带后所具有的势能就等于它向外提供的电

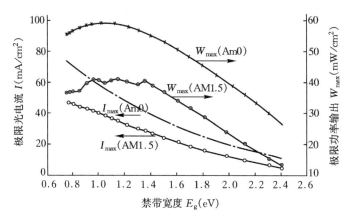

图 4.38   在 AM0 和 AM1.5 光谱条件下,用各种禁带宽度的
材料所能获得的极限光电流和极限功率密度

能,那么可在图 4.38 中的另一纵坐标上,标出极限功率输出和材料禁带宽度的关系。应当指出,在这些关系中,仅考虑了材料禁带宽度的影响,尚未考虑结势垒的形式以及它们的工作特性。

4.2.3   丹倍效应

如果半导体表面受到强烈光照,则上表面附近的光生载流子浓度大于背表面附近的浓度,于是将有光生载流子从上表面向下表面扩散,如图 4.39。因为电子的扩散系数 D_n 大于空穴的扩散系数 D_p,那么电子比空穴先到达背面。于是下表面出现了负电荷,并产生了由上表面指向下表面的光扩散电压 V_{De}。这就是丹倍效应,V_{De} 称为丹倍电动势。丹倍电动势正比于辐照度(在小信号时)和扩散长度。

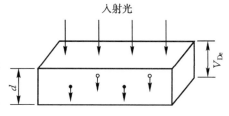

图 4.39   产生丹倍效应的原理图

对于本征半导体 V_{De} 有最大值,表面复合速率增大 V_{De} 减小。对于硅光电池,因厚

度不大,丹倍电动势只产生很小的影响,在 AM0 条件下,$V_{De}<2$ mV。但在聚光电池中需要考虑。[22]

4.3　p-n 结

4.3.1　平衡 p-n 结

本征半导体有一个重要的特点,就是杂质对其电性能影响很大。在 n 型半导体中存在大量带负电荷的电子,同时也存在等量带正电荷电离了的施主,因此保持电中性。与电子的数量比较,在 n 型半导体中有少量的空穴,其也可导电,称为少数载流子。在 p 型半导体中存在着大量的带正电荷的空穴,同时也存在等量的带负电的电离了的受主,因此也保持电中性。示意如图 4.40。

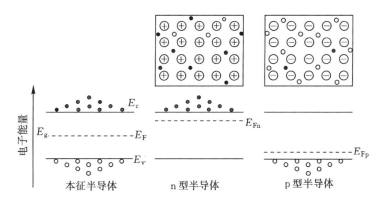

图 4.40　n 型半导体与 p 型半导体

当 p 型半导体和 n 型半导体紧密结合联成一块时,在两者的交界面处就形成 p-n 结。实际上,同一块半导体中的 p 区和 n 区的交界面就称为 p-n 结。

设两块均匀掺杂的 p 型硅和 n 型硅,掺杂浓度分别为 N_A 和 N_D。室温下,B (硼Ⅲ族元素)、P(磷Ⅴ族元素)原子全部电离。因而在 p 型硅中均匀分布着浓度为 p_p 的空穴(多子)及浓度为 n_p 的电子(少子)。在 n 型硅中类似地均匀分布着浓度为 n_n 的电子(多子)及浓度为 p_n 的空穴(少子)。当 p 型硅和 n 型硅互相接触时,如图 4.41(a)所示。由于结(交界面)两侧电子、空穴存在浓度梯度差,使结附近的电子强烈地从 n 侧向 p 侧方向作扩散运动;空穴则要向相反的方向——p 侧向 n 侧方向作扩散运动。结附近 n 侧的电子流向 p 区后,就剩下了一薄层不能移动的电离磷原子 P^+,如图 4.41(b),形成一个正电荷区,阻碍 n 区电子继续流向 p

区,也阻止 p 区空穴流向 n 区。类似的过程也使结附近 p 侧附近剩下一薄层不能移动的电离硼原子 B⁻,它阻碍 p 区空穴向 n 区及 n 区电子向 p 区的继续流动。于是界面层两侧的正、负电荷区形成了一个电偶层,称为阻挡层,如图 4.41(b)所示,因为电偶层中的电子或空穴几乎流失或复合殆尽,所以阻挡层也称作耗尽层。又因为阻挡层中充满了固定电荷,故又称空间电荷区。阻挡层中存在由 n 区指向 p 区的电场,称为"内建电场"。

内建电场存在表明空间电荷区存在电位梯度。n 区的电位要比 p 区的电位高,高出的数值用 V_D 表示,称 V_D 是 p 型和 n 型之间的接触电位差,如图 4.41(c)所示。p-n 结两边的电位不等,导致它们的电势能也不等。对于带负电的电子,电位低的地方电势能高。p-n 结 p 型一边的电势能要比 n 型一边高出 $|-qV_D|$。p 区的能带相对于 n 区的能带整体地向上拉了 $|-qV_D|$ 高度,如图 4.41(d)所示,结果使 p-n 结的能带在空间电荷区发生弯曲。弯曲的能带对于从 n 区向 p 区运动的电子或从 p 区向 n 区运动的空穴都有阻挡作用。因为它们必须爬过势能的高度才能进入另一区域。这是从感观解释空间电荷区起阻挡层的作用。

图 4.41(e)是空间电荷区电荷分布;图 4.41(f)是空间电荷区电场强度分布,可以看到极大值 ε_{max} 出现在 n 区和 p 区接触面上;图 4.41(g)是各区载流子分布;图 4.41(h)为 p-n 结的能带结构。

p-n 结形成过程也可以从能带图得到说明。n 型半导体中电子浓度大,费密能级 E_{Fn} 位置较高;p 型半导体空穴浓度大,故费密能级 E_{Fp} 位置较低。当两者相互紧密接触时,电子将从费密能级高处向低处流动,而空穴则相反。与此同时,在由 n 区指向 p 区的内建电场影响下,E_{Fn} 连同整个 n 区能带下移,E_{Fp} 则连同 p 区能带上移,价带和导带弯曲形成势垒,直到 $E_{Fn} = E_{Fp} = E_F$ 时停止移动,达到平衡,在形成 p-n 结的半导体中有了统一的费密能级 E_F。图 4.41(h)中 E_{ip}、E_{in} 分别表示 p 区和 n 区中的本征费密能级,而它们与该区实际费密能级之差除以 q 为

$$V_{Fp} = (E_{ip} - E_{Fp})/q, \quad V_{Fn} = (E_{Fn} - E_{in})/q$$

V_{Fp},V_{Fn} 称为各区的费密势,而 $V_D = V_{Fn} + V_{Fp}$ 为总的费密势。热平衡时总费密势即为空间电荷区两端间的电势差 V_D(也称 p-n 结自建电压、接触电势差或内建电势差)。

在如图 4.41 的 p-n 结中,空间电荷区以外

$$n_{n0} = n_i e^{(E_{Fn} - E_i)/kT}, \quad n_{p0} = n_i e^{(E_{Fp} - E_i)/kT}$$

两式相除取对数得

$$V_D = \frac{kT}{q} \ln \frac{n_{n0}}{n_{p0}} = \frac{kT}{q} \ln \frac{N_D N_A}{n_i^2} \tag{4.21}$$

可见在一定温度下,p-n 结两边掺杂浓度高,则自建电压 V_D 大;禁带宽度大,

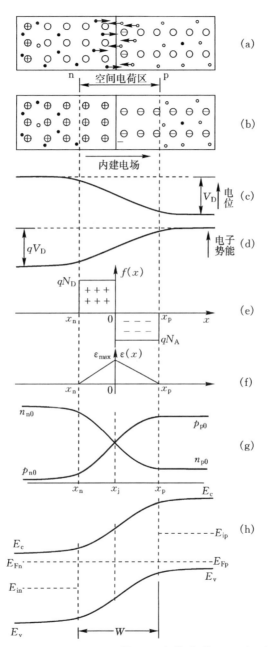

（a）n 型、p 型硅相接触；（b）形成 p-n 结；（c）电位变化；（d）电子势能变化；
（e）电荷分布；（f）电场分布；（g）载流子浓度分布；（h）p-n 结能带结构

图 4.41　平衡 p-n 结的电性图

n_i 小，V_D 也大。

　　势垒宽度就是空间电荷区宽度，在平衡的 p-n 结中，电偶层两边分别带有等量异号电荷。设图 4.41(b)中的半导体具有单位截面积，则有

$$N_D x_n = N_A x_p$$

其中：x_n 为 n 区中空间电荷层厚度；x_p 为 p 区中空间电荷层厚度。

　　利用泊松方程

$$\frac{d^2 V(x)}{dx^2} = \begin{cases} -\dfrac{qN_D}{\varepsilon_r \varepsilon_0} & x_n \leqslant x \leqslant 0 \\[2mm] -\dfrac{qN_A}{\varepsilon_r \varepsilon_0} & x_p \geqslant x \geqslant 0 \end{cases}$$

其中：$V(x)$ 为 x 处的静电势；ε_r，ε_0 分别为材料的相对介电系数和真空介电系数。

　　对泊松方程两边积分，并代入边界条件，即得 p-n 结中最大电场强度为

$$\varepsilon_{max} = \frac{qN_D x_n}{\varepsilon_r \varepsilon_0} = \frac{qN_A x_p}{\varepsilon_r \varepsilon_0}$$

如图 4.41(f)所示，静电势总变化量等于电场强度分布的总面积，即等于

$$V_D = \frac{1}{2}\varepsilon_{max}(x_p + x_n) = \frac{1}{2}\varepsilon_{max} W$$

p-n 结耗尽区总宽度 $W = x_p + x_n$ 与结上静电势变化总量的函数关系为

$$W = \sqrt{\frac{2\varepsilon_r \varepsilon_0}{q} \frac{N_A + N_D}{N_A N_D} V_D}$$

　　通常在 n^+/p 或 p^+/n 太阳电池中，p-n 结两边浓度差很大（$N_A \gg N_D$），即可以把它当作单边 p-n 结近似。当有外电压 V 存在时

$$W = \sqrt{\frac{2\varepsilon_r \varepsilon_0}{qN_A}(V_D - V)} \tag{4.22}$$

太阳电池的 W 值见表 4.4。

4.3.2　非平衡 p-n 结

　　在平衡 p-n 结中，由内建电场 V_D 作用下形成的漂移电流等于由载流子浓度差形成的扩散电流，而使 p-n 结中净电流为零。外加电场将打破该平衡使 p-n 结处于非平衡状态。

　　若 p 区接正，n 区接负，则外加电压 V_F 与 V_D 反向，V_F 称为正向电压。这种状态简称正偏。正偏时，p-n 结势垒高度减低至 $q(V_D - V_F)$，于是 n 区中有大量电子扩散到 p 区，p 区也有大量空穴扩散到 n 区，形成由 p 指向 n 的可观的扩散电流，也称正向电流。随着正向电压的增加，p-n 结中扩散电流大大超过由 p-n 结中剩余的电势 $V_D - V_F$ 作用下形成的漂移电流，于是得到如图 4.42 中第一象限所示的

正向电流电压特性,又称正向伏安特性。

若 p 区接负,n 区接正,则外加电压 V_R 与 V_D 同向,V_R 称为反向电压。这种状态简称反偏。反偏时,势垒高度增加至 $q(V_D+V_R)$,势垒宽度也增加。于是 n 区中的电子及 p 区中的空穴都难于向对方扩散。相反,却增强了少子的漂移作用,把 n 区中的空穴驱向 p 区,而把 p 区中的电子拉向 n 区。这样,在结中形成了由 n 指向 p 的反向电流。因少子数目较少,所以反向电流一般都很小。图 4.42 中第三象限示出了 p-n 结的反向电流电压特性,也称反向伏安特性。p-n 结正、反向导电性悬殊的差别即是 p-n 结的整流特性。

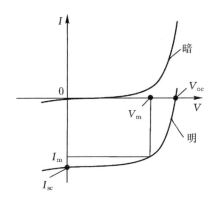

图 4.42　p-n 结的整流特性和太阳电池的明暗特性
（p-n 结的整流特性和太阳电池的明暗特性相同,
受照明时暗特性曲线下移,成为明特性曲线）

1. 外加反向偏压

在图 4.43 中依次把 n 区、耗尽区、p 区分别设为①、②、③区。反偏时,因耗尽区内电子、空穴浓度小而电阻大,故可以认为反偏电压 V_R 全部降落在②中。①及③中载流子浓度大而电阻小,可认为是无电场作用的中性区,而总的反向电流为各区电流密度之和

$$J_R = (J_1+J_3) + J_2 \tag{4.23}$$

讨论 J_2。若反偏电压 $V_R \gg \dfrac{kT}{q}$,则②中存在 V_D+V_R 的电势,致使载流子浓度远远低于其平衡状态的浓度,即 $n \cdot p \ll n_i^2$。由于一部分载流子已被扫出耗尽区（空穴扫至 p 区,电子扫至 n 区）。载流子浓度的降低,使得通过复合中心发生的四个复合-产生过程只有两个发射过程是重要的,另两个俘获过程可以忽略。因为它们的速率正比于自由载流子浓度。自由载流子浓度反偏时,在耗尽区内是很少的。

在稳态情况,这两个发射过程能够起作用的唯一途径是交替进行,于是耗尽区

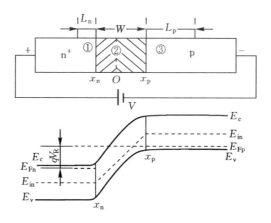

图 4.43　反偏 p-n 结及其能带图

内的复合中心交替地发射电子和空穴,这时电子-空穴对产生率可以容易地由式(4.17)当 $n \cdot p \ll n_i^2, E_i = E_t, \sigma = \sigma_p = \sigma_n$ 时得到

$$U = -\frac{1}{2}\sigma v_t N_t n_i = -\frac{n_i}{2\tau_0}$$

有效寿命 τ_0 为

$$\tau_0 = \frac{1}{\sigma v_t N_t}$$

与式(4.17)比较,知反向偏压区有效寿命与中性区相同。

　　每产生一个电子-空穴对,就立即被势场扫出耗尽区,从而对外电路提供一个电子电荷。假设耗尽区截面积均为单位面积,宽度为 W,则耗尽区体积为 $W \cdot 1$,由于耗尽区内产生而出现的 J_2 称为产生电流密度

$$J_2 = q|U|W = \frac{1}{2}q\frac{n_i}{\tau_0}W \tag{4.24}$$

可见反向偏压愈大,W 愈宽,其中包含的复合中心愈多,产生电流密度 J_2 就愈大。当复合中心能级在禁带中线时,τ_0 与温度无关,但 J_2 因为正比于 n_i,与 n_i 一样与温度 T 有关。

　　在区域①或③,少数载流子仅仅是通过扩散而运动。如果在耗尽区边界 x_n 附近的 n 区内有电子-空穴对产生,则通过扩散而到达 x_n 的空穴立即被耗尽层中的电场扫向 p 区;与此相反,从 p 区扩散到耗尽区边界 x_p 的电子将被扫向 n 区。J_1、J_3 称为 n 区、p 区扩散电流密度。

　　可以认为,只有那些在耗尽区边界以外、一个扩散长度距离以内产生的那些少数载流子,才能到达耗尽区的边界而被电场扫到耗尽区的另一端去,对扩散电流作

出贡献。那些在离耗尽区边界一个扩散长度距离以外的中性区中产生的电子-空穴对则复合掉了。于是得到扩散电流密度分量

$$J_1 = q[\text{n 区单位体积净产生率}] \times [\text{n 区少子扩散长度}]$$

$$J_3 = q[\text{p 区单位体积净产生率}] \times [\text{p 区少子扩散长度}]$$

显然耗尽区边界处的少子浓度低于区内，$p_n \ll p_{n0}$，$n_p \ll n_{p0}$，于是这个区域内热平衡时单位体积净产生率为

$$U = \frac{p_n - p_{n0}}{\tau_p}$$

寿命为　　$\tau_p = \dfrac{1}{\sigma v_t N_t}$

则有　　　$J_1 = q \dfrac{p_{n0}}{\tau_p} L_p = q D_p \dfrac{p_{n0}}{L_p}$

类似有　　$J_3 = q \dfrac{n_{p0}}{\tau_n} L_n = q D_n \dfrac{n_{p0}}{L_n}$

总的反偏扩散电流分量 J_0 为

$$J_0 = J_1 + J_3 = q\left(D_p \frac{p_{n0}}{L_p} + D_n \frac{n_{p0}}{L_n}\right) \tag{4.25}$$

由此可见，扩散电流密度的表达式是不含有外加电压的，所以只要有足够大外加电压 $V_R \gg kT/q$，扩散电流就是饱和的，故 J_0 也称为反向饱和电流密度，它对温度的依赖关系与 n_i^2 一样。将式(4.24)、式(4.25)代入式(4.23)可得总的反向电流密度

$$J_R = q\left(D_p \frac{p_{n0}}{L_p} + D_n \frac{n_{p0}}{L_n}\right) + \frac{1}{2} q \frac{n_i}{\tau_0} W$$

2. 外加正向偏压

当 p-n 结处于正偏时，仍可认为 n 区、p 区电阻较小，耗尽区电阻大，正向压降主要降落在耗尽区上。当大量电子从 n 区越过耗尽区界面 x_p 后，即成为 p 区的过剩的少子，以 p 区少子的扩散方式在 p 区继续扩散，在几个扩散长度范围内复合。这些 n 区来的电子在 p 区形成一个扩散层。同理，从 p 区来到 n 区的空穴也在 n 区内形成了一个扩散层。在这两个扩散层中间夹着一个耗尽区，电子和空穴在这三个区域中不断地因复合而消失，而损失的电子和空穴将分别通过 n 区和 p 区上的接触电极从电源得到补充。可以说，正向电流即为各区中单位时间由电子-空穴对的复合引起的。在图 4.44 中，设上述三个区域为①、②、③区，则正向电流密度 J_D 可表示为

$$J_D = (J_1' + J_3') + J_2' \tag{4.26}$$

中性区内的复合电流分量 J_1'、J_3' 称为扩散电流，耗尽区的电流分量 J_2' 称为

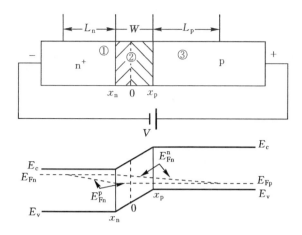

图 4.44　正偏 p−n 结及其能带图

复合电流。

　　稳态情况下,在 n 区的扩散层中,小注入时可不考虑电场的影响,那么电子扩散方程为

$$D_n \frac{\mathrm{d}^2 n_p(x)}{\mathrm{d}x^2} - \frac{n_p(x) - n_{p0}}{\tau_n} = 0$$

考虑边界条件:①在 $x = x_p$ 处,电子浓度 $n_p(x)\big|_{x_p} = n_p(x_p)$;②在远离 x_p 边界处,电子浓度等于 p 区电子平衡浓度,即 $n_p(\infty) = n_{p0}$,其解为

$$n_p(x) = n_{p0} + [n_p(x_p) - n_{p0}]\mathrm{e}^{\frac{x_p - x}{L_n}}$$

其中 L_n 为电子扩散长度,它与电子扩散系数 D_n 及寿命 τ_n 满足

$$L_n = \sqrt{D_n \tau_n}$$

这时,进入 p 区的电子流提供的扩散电流分量 J_3' 为

$$J_3' = -qD_n \frac{\mathrm{d}n_p}{\mathrm{d}x}\bigg|_{x_p} = qD_n \frac{n_p(x_p) - n_{p0}}{L_n}$$

同理可得

$$p_n(x) = p_{n0} + [p_{n0} - p_n(x_n)]\mathrm{e}^{\frac{x_n - x}{L_p}}$$

$$J_1' = -qD_p \frac{p_n(x_n) - p_{n0}}{L_p} \tag{4.27}$$

其中 L_p 为空穴扩散长度,它与空穴扩散系数 D_p 及空穴寿命 τ_p 满足

$$L_p = \sqrt{D_p \tau_p}$$

　　在非平衡的半导体中,需要利用准平衡条件,即利用电子的准费密能级 E_F^n 和

空穴准费密能级 E_F^p 代替平衡费密能级 E_F 后,即可写出非平衡时的电子浓度及空穴浓度

$$
\left.
\begin{aligned}
n &= n_i e^{\frac{E_F^n - E_i}{kT}} \\
p &= n_i e^{\frac{E_i - E_F^p}{kT}}
\end{aligned}
\right\}
\tag{4.28}
$$

小注入时,多子的准费密能级几乎和平衡费密能级相同;少子的准费密能级则从平衡费密能级分裂开了。

因为正偏时耗尽区宽度较小,可认为电子越过耗尽区时浓度不发生变化,电子准费密能级为直线,自 x_n 面延伸到 x_p 面,对空穴也类同。在图 4.44 中,E_F^n、E_F^p 即为电子和空穴的准平衡费密能级,在正偏空间电荷区中,满足

$$E_F^n - E_F^p = qV_F$$

于是由 n 区到达 p 区边界 x_p 处的电子浓度 $n_p(x_p)$ 即等于 n 区中的电子浓度 n_{n0},而到达 x_n 处的空穴浓度 $p_n(x_n)$ 也等于 p 中的空穴浓度 p_{p0},即

$$n_p(x_p) = n_{n0} = n_i e^{\frac{E_F^n - E_i}{kT}} = n_{p0} e^{\frac{qV_F}{kT}}$$

$$p_n(x_n) = p_{p0} = n_i e^{\frac{E_i - E_F^p}{kT}} = p_{n0} e^{\frac{qV_F}{kT}}$$

在正偏的单边 p-n 结中(即常规硅太阳电池的结构),由于 $n_{p0} = n_i^2/N_A$,$p_{n0} = n_i^2/N_D$,将这两式代入式(4.27)、式(4.28)则得

$$
\left.
\begin{aligned}
J_1' &= qD_n \frac{n_i^2}{N_A L_n}(e^{\frac{qV_F}{kT}} - 1) \\
J_3' &= qD_p \frac{n_i^2}{N_D L_p}(e^{\frac{qV_F}{kT}} - 1)
\end{aligned}
\right\}
\tag{4.29}
$$

耗尽区内的复合电流分量正比于复合率

$$J_2' = -q\int_0^w U dx \tag{4.30}$$

由于 U 与电子浓度 n 和空穴浓度 p 有关,而 n 和 p 均与距离 x 有复杂的关系,故这一积分就变得很繁杂。但是,如果作适当的近似,则可得到比较有意义的结论。

如在反偏时考虑过的那样,现在仍然假设耗尽区中的复合中心都是靠近禁带中线附近的最有效的复合中心,即满足 $E_t = E_i$,$\sigma_p = \sigma_n = \sigma$,此时净复合率 U 可表示为

$$U = \sigma v_t N_t \frac{pn - n_i^2}{n + p + 2n_i}$$

利用式(4.28),即认为整个耗尽区内电子和空穴浓度之积为

$$pn = n_{\mathrm{i}}^2 \mathrm{e}^{\frac{qV_{\mathrm{F}}}{kT}}$$

于是净复合率 U 为

$$U = \sigma v_{\mathrm{t}} N_{\mathrm{t}} \frac{n_{\mathrm{i}}^2 (\mathrm{e}^{\frac{qV_{\mathrm{F}}}{kT}} - 1)}{n + p + 2n_{\mathrm{i}}}$$

对于给定的正偏压 V_{F}，耗尽区中 $(n+p)$ 值最小时，U 有最大值。既然 pn 和 $(n+p)$ 都为常量，这个极小条件可写为

$$\mathrm{d}p = -\,\mathrm{d}n = \frac{pn}{p^2}\mathrm{d}p$$

或　　　　$p = n$

在耗尽区内的 p-n 结的理想结面上，上述条件成立，这时载流子浓度

$$p = n = n_{\mathrm{i}}\mathrm{e}^{\frac{qV_{\mathrm{F}}}{2kT}}$$

于是 U 的最大值为

$$U_{\max} = \sigma v_{\mathrm{t}} N_{\mathrm{t}} \frac{n_{\mathrm{i}}^2 (\mathrm{e}^{\frac{qV_{\mathrm{F}}}{kT}} - 1)}{2n_{\mathrm{i}}(\mathrm{e}^{\frac{qV_{\mathrm{F}}}{2kT}} + 1)}$$

$$\approx \frac{1}{2}\sigma v_{\mathrm{t}} N_{\mathrm{t}} n_{\mathrm{i}} (\mathrm{e}^{\frac{qV_{\mathrm{F}}}{2kT}} - 1)$$

代入式(4.30)可得复合电流 J_2'

$$J_2' = \frac{1}{2}q \frac{n_{\mathrm{i}}}{\tau_0} W (\mathrm{e}^{\frac{qV_{\mathrm{F}}}{2kT}} - 1) \tag{4.31}$$

将式(4.29)、式(4.31)代入式(4.26)可得 p-n 结被外电压 V_{F} 正向偏置时总的正向电流密度 J_{D}

$$J_{\mathrm{D}} = \left(qD_{\mathrm{n}}\frac{n_{\mathrm{i}}^2}{N_{\mathrm{A}}L_{\mathrm{n}}} + qD_{\mathrm{p}}\frac{n_{\mathrm{i}}^2}{N_{\mathrm{D}}L_{\mathrm{p}}}\right)(\mathrm{e}^{\frac{qV_{\mathrm{F}}}{kT}} - 1) + \frac{1}{2}q\frac{n_{\mathrm{i}}}{\tau_0}W(\mathrm{e}^{\frac{qV_{\mathrm{F}}}{2kT}} - 1) \tag{4.32}$$

由此可见，当 $V_{\mathrm{F}} \gg kT/q$ 时，复合电流正比于 $\mathrm{e}^{\frac{qV_{\mathrm{F}}}{2kT}}$，扩散电流正比于 $\mathrm{e}^{\frac{qV_{\mathrm{F}}}{kT}}$。

若不考虑耗尽区 J_2' 的影响，则 p-n 结的正向电流密度 J_{D} 可简化成

$$J_{\mathrm{D}} = \left(qD_{\mathrm{n}}\frac{n_{\mathrm{i}}^2}{N_{\mathrm{A}}L_{\mathrm{n}}} + qD_{\mathrm{p}}\frac{n_{\mathrm{i}}^2}{N_{\mathrm{D}}L_{\mathrm{p}}}\right)(\mathrm{e}^{\frac{qV_{\mathrm{F}}}{kT}} - 1)$$

令 J_0 为忽略 p-n 结耗尽区影响时的反向饱和电流密度，同式(4.25)一样

$$J_0 = \frac{qD_{\mathrm{n}}n_{\mathrm{i}}^2}{L_{\mathrm{n}}N_{\mathrm{A}}} + \frac{qD_{\mathrm{p}}n_{\mathrm{i}}^2}{L_{\mathrm{p}}N_{\mathrm{D}}}$$

则　　　$J_{\mathrm{D}} = J_0(\mathrm{e}^{\frac{qV_{\mathrm{F}}}{kT}} - 1)$

这就是著名的肖克莱方程，它反映了理想情况下，p-n 结的正偏电流密度与偏

压、反向饱和电流密度及温度的关系。

考虑了复合电流 J_2' 后，正向电流可以写成

$$J_D = J_0(e^{\frac{qV_F}{AkT}} - 1) \tag{4.33}$$

A 称为二极管曲线因子。当 $A=1$ 时，扩散电流为主；$A=2$ 时，复合电流为主；当两种电流相近时，A 在 $1\sim2$ 之间。

4.3.3　p-n 结电容

如前所述，p-n 结的空间电荷区内存在着正、负电荷数精确相等的电偶层，在外电场作用下，电偶层的宽度 W 将随外界电压变化，因而电偶层中的电量也随外加电压变化。根据电容的定义 $C=\Delta Q/\Delta V = dQ/dV$，可求出 p-n 结的电容。如果用平行板电容器类比，则单位面积的结电容为

$$C = \frac{\varepsilon_r\varepsilon_0}{W}$$

这是在小注入条件下，对任意杂质分布都适用的一种很好的近似，在反偏时符合得更好。将式(4.22)代入上式，则得

$$C = \sqrt{\frac{q\varepsilon_r\varepsilon_0 N_A}{2(V_D + V_R)}}$$

或写成　$\dfrac{1}{C^2} = \dfrac{2}{q\varepsilon_r\varepsilon_0 N_A}(V_R + V_D)$

显然，测出不同反偏时的 C 值，并以 $\dfrac{1}{C^2}$、V_R 分别作为纵、横坐标作图，则直线的斜率给出衬底杂质浓度 N_A，截距给出自建电压 V_D，并由此可算出耗尽区的宽度 W。另外，通过测量反偏电压和电容的关系，再作适当的微分变换，还可以直接求出杂质分布。

测量 p-n 结结电容，可为硅电池提供一些必要的参数。在硅电池用作光伏发电时，结电容对工作特性并没有多大影响。但在作信号转换时，结电容与频率特性有密切的关系。

表 4.4 给出了 n^+/p 硅太阳电池的结电容和相应的耗尽区宽度的数值。

表 4.4　硅太阳电池结电容和相应耗尽区宽度

基区材料电阻率 （Ω·cm）	p-n 结电容 （μF/cm²）	耗尽区宽度 W （μm）
10	0.0145	0.75
1	0.038	0.28
0.1	0.106	0.098

4.3.4 p-n 结的光照特性

以硅材料的 p-n 结为例作一叙述。当 p-n 结受光照射时,能量大于硅禁带宽度的光子进入 p-n 结中。在 n 区、耗尽区和 p 区中激发出光生电子-空穴对。光生电子-空穴对在耗尽区中产生后,立即被内建电场分离,光生电子进入 n 区,光生空穴则进入 p 区。根据耗尽近似条件,耗尽区边界处的载流子浓度近似为零,即 $p=n=0$。在 n 区中,光生电子-空穴对产生以后,光生空穴便向 p-n 结边界扩散。一旦到达 p-n 结边界,便立即受到内建电场作用,被电场力牵引作漂移运动,越过耗尽区进入 p 区,光生电子(多子)则被留在 n 区。p 区中的光生电子(少子)同样地先因扩散后因漂移而进入 n 区,光生空穴(多子)留在 p 区。如此便在 p-n 结两侧形成了正、负电荷的积累,产生了光生电压,这就是"光生伏打效应"。当光电池接上负载构成电回路后,光电流便从 p 区经负载流至 n 区,负载中得到功率输出。

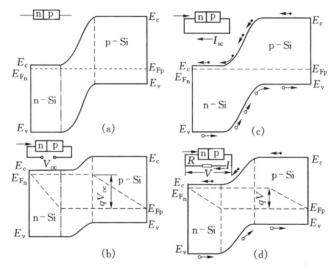

(a)无光照射;(b)有光照开路时;(c)有光照短路时;(d)有光照有负载时

图 4.45　不同状态下 p-n 结的能带图

图 4.45 为不同状态下 p-n 结的能带图。其中

(1) 无光照时,处于热平衡状态 p-n 结的能带图,有统一的费密能级。势垒高度为 $qV_D = E_{Fn} - E_{Fp} = q(V_{Fn} + V_{Fp})$。

(2) 稳定光照、p-n 结开路状态时,p-n 结处于非平衡状态。光生载流子积累出现光电压,使 p-n 结处于正偏,费密能级发生分裂。因 p-n 结处于开路状态(未接负载),故费密能级分裂的宽度等于 qV_{oc},剩余的结势垒高度为 $q(V_D - V_{oc})$。

(3) 稳定光照、p-n 结处于短路状态时,原来在 p-n 结两端积累的光生载流子通过外电路复合,光电压消失,势垒高度为 qV_D。各区中的光生载流子被内建电场分离,源源不断地流进外电路,形成短路电流 I_{sc}。

(4) 有光照、有外接负载　一部分光电流在负载上建立电压 V,另一部分光电流与 p-n 结在电压 V 的正向偏压下形成的正向电流抵消。费密能级分裂的宽度正好等于 qV,而这时剩余的结势垒高度为 $q(V_D-V)$。

4.4　太阳电池分类

图 4.46 所示是一常见的单晶硅太阳电池及其结构。

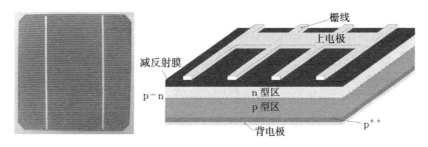

图 4.46　常见太阳电池结构

太阳电池可以分成许多不同的族或类型。目前即使对于大批量生产的太阳电池也还没有国家标准。以下按一些惯用的方式分类。

1. 按采光形式分类

目前实际使用的太阳电池大致分为:

(1) 平板型电池

直接利用太阳光的照射而进行工作。

(2) 聚光型电池

通过光学系统把太阳光集中后,射入太阳电池而进行工作。

2. 按结构分类

(1) 同质结电池

由同一种半导体材料构成一个或多个 p-n 结的电池,如硅太阳电池、砷化镓太阳电池等。

(2) 异质结电池

用两种不同的半导体材料,在相接的界面上构成一个异质结的太阳电池。如氧化铟锡/硅电池、硫化亚铜/硫化镉电池等。如果两种异质材料晶格结构相近,界面处的晶格匹配较好,则称为异质面电池,如砷化铝镓/砷化镓电池。

（3）肖特基结电池

用金属和半导体接触组成一个"肖特基势垒"的电池，也称 MS 电池。现已发展成金属-氧化物-半导体电池（MOS）和金属-绝缘体-半导体电池（MIS）。这些又总称为导体-绝缘体-半导体（CIS）电池。

（4）光电化学电池

用浸于电解质中的半导体电极构成的电池，又称液结电池。

3. 按材料分类

（1）硅太阳电池

以硅材料为基体的太阳电池，包括单晶、多晶电池。

（2）硫化镉太阳电池

以硫化镉单晶或多晶为基体材料的电池，如硫化亚铜/硫化镉、碲化镉/硫化镉电池等。

（3）砷化镓太阳电池

以砷化镓为基体的太阳电池，如同质结砷化镓电池、异质结砷化铝镓/砷化镓电池。

（4）无定形材料太阳电池

如以无定形硅为基体的 MIS 太阳电池、pin 太阳电池等。

以上材料可以是元素半导体、化合物半导体或有机半导体等。太阳电池的种类及其材料见表 4.5。

表 4.5　太阳电池的种类及其材料

太阳电池的种类		半导体材料		
硅太阳电池	结晶态	单晶硅　　多晶硅		
	非晶态	$\alpha - Si$		
		$\alpha - SiC$	$\alpha - SiN$	
		$\alpha - SiGe$	$\alpha - SiSn$	
化合物半导体太阳电池	Ⅲ－Ⅴ	GaAs	AlGaAs	InP
	Ⅱ－Ⅵ	CdS	CdTe	Cu_2S
	其他	$CuInSe_2$	$CuInS_2$	
湿式太阳电池		TiO_2　　GaAs　　InP　　Si		
有机半导体太阳电池		酞菁		
		羟基角鲨烯		
		聚乙炔		

4.5　硅太阳电池特性参数

4.5.1　光电流

光生载流子的定向运动形成光电流。如果投射到电池上的光子中，能量大于 E_g 的光子均能被电池吸收，而激发出数量相同的光生电子-空穴对也均可被全部收集，则光电流密度的最大值为

$$J_{L(max)} = qN_{ph}(E_g)$$

式中 $N_{ph}(E_g)$ 为每秒投射到电池上的能量大于 E_g 的总光子数。

考虑光的反射、材料的吸收、电池厚度以及光生载流子的实际产生率以后，光电流密度表示为

$$\begin{aligned}
J_L &= \int_0^\infty \left\{ \int_0^H q\Phi(\lambda)Q[1-R(\lambda)]\alpha(\lambda)e^{-\alpha(\lambda)x}dx \right\}d\lambda \\
&= \int_0^\infty \int_0^H qG_L(x)dxd\lambda
\end{aligned} \tag{4.34}$$

式中，$G_L(x) = \Phi(\lambda)Q[1-R(\lambda)]\alpha(\lambda)e^{-\alpha(\lambda)x}$；$\Phi(\lambda)$ 为投射到电池上的波长为 λ、带宽为 $d\lambda$ 的光子数；Q 为量子产额，即一个能量大于 E_g 的光子产生一对光生载流子的几率，通常可令 $Q \approx 1$；$R(\lambda)$ 为与波长有关的反射因数；$\alpha(\lambda)$ 为对应波长的吸收系数；dx 为距电池表面 x 处厚度为 dx 的薄层；H 为电池总厚度。$G_L(x)$ 表示在 x 处光生载流子的产生率。

这个表达式认为，凡是在电池中产生的光生载流子均可对光电流有贡献，因而是光电流的理想值。

从光电流形成过程可知，如图 4.47 所示简化的太阳电池结构图中：①太阳电池的 n 区、耗尽区、p 区中均能产生光生载流子；②各区中的光生载流子必须在复合之前越过耗尽区，才能对光电流有贡献，所以求解实际的光生电流必须考虑到各区中的产生和复合、扩散和漂移等各种因素。为简单起见，先讨论波长为 λ、带宽为 $d\lambda$、光子数为 $\Phi(\lambda)$ 的单色光照射太阳电池的情况。

类似 p-n 结正偏，在单位面积的太阳电池中把 $J_L(\lambda)$ 看作为各区贡献的光电流密度之和。

$$J_L(\lambda) = J_n(\lambda) + J_c(\lambda) + J_p(\lambda) \tag{4.35}$$

其中 $J_n(\lambda)$、$J_c(\lambda)$、$J_p(\lambda)$ 分别表示 n 区、耗尽区和 p 区贡献的光电流密度。在考虑各种产生和复合机构以后，即可求出每一区中光生载流子的总数和分布，从而求出电流密度。

先讨论 J_n 和 J_p，根据肖克莱关于 p-n 结的理论模型，假设如图 4.47 的太阳电池满足：

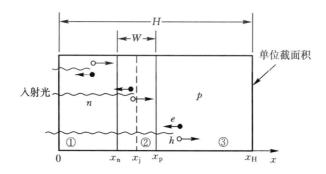

图 4.47　计算光电流时所用的太阳电池结构

① 光照时太阳电池各区均满足 $pn>n_i^2$，即满足小注入条件。

② 耗尽区宽度 $W<$ 扩散长度 L_p，并满足耗尽近似。

③ 其区少子扩散长度 $L_p>$ 电池厚度 H，结平面为无限大，不考虑周界影响。

④ 各区杂质均已电离。

参考 4.1.6 和 4.1.7 节，可列出在一维情况下，太阳电池工作状态的基本方程：

对 n 区

$$J_p = q\mu_p p_n \varepsilon_n - qD_p \frac{\mathrm{d}p_n}{\mathrm{d}x} \tag{4.36}$$

$$\frac{\mathrm{d}p_n}{\mathrm{d}t} = G_L - U_n - \frac{1}{q} \frac{\mathrm{d}J_p}{\mathrm{d}x} \tag{4.37}$$

对 p 区

$$J_n = q\mu_n p_p \varepsilon_p + qD_n \frac{\mathrm{d}n_p}{\mathrm{d}x} \tag{4.38}$$

$$\frac{\mathrm{d}n_p}{\mathrm{d}t} = G_L - U_p + \frac{1}{q} \frac{\mathrm{d}J_n}{\mathrm{d}x} \tag{4.39}$$

以及　　$$\frac{\mathrm{d}\varepsilon}{\mathrm{d}x} = \frac{q}{\varepsilon_r \varepsilon_0}(N_D - N_A + p + n) \tag{4.40}$$

以上五个方程中各符号的物理意义及单位：J_n，J_p 为电子、空穴电流密度，$C/(cm^2 \cdot s)$；n_n，n_p 为 n 区电子、空穴浓度，cm^{-3}；p_n，p_p 为 p 区电子、空穴浓度，cm^{-3}；μ_n，μ_p 为电子、空穴的迁移率，$\mu m^2/(s \cdot V)$；D_n，D_p 为电子、空穴的扩散系数，cm^2/s；L_n，L_p 为电子、空穴的扩散长度，$\mu m/s$；τ_n，τ_p 为电子、空穴的寿命，μs；N_D，N_A 为施主、受主的浓度 cm^{-3}；q 为单位电荷电量 C；ε_n，ε_p 为 n 区、p 区电场强

度,c/cm^2;ε_r,ε_0 为材料的相对、绝对介电系数;G_L 为光生载流子产生率,$1/(cm^3 \cdot s)$;U_n,U_p 为电子、空穴复合率,$1/(cm^3 \cdot s)$。

方程(4.36)称为电流密度方程,它表示 n 区中的空穴决定的电流密度等于空穴的漂移分量与扩散分量的代数和。方程(4.37)称为连续性方程,它表示在单位时间单位体积的半导体中,空穴浓度的变化量等于净产生率(产生率减去复合率)与空穴流密度梯度的代数和,其中末项前的负号分别表示扩散流的方向和空穴浓度梯度方向及电流密度方向均相反。方程(4.38)、(4.39)分别为 p 区中由电子决定的电流密度方程和连续性方程。式(4.40)称为泊松方程,它表示半导体中电势的空间分布和空间分布电荷的关系。

1. 均匀掺杂

对于一个 p-n 结太阳电池,只需把实际参数代入以上方程,即可求出光电流来。但是实际操作有时太复杂。为简化起见,通常为分析光电流与半导体材料特性参数之间的关系,可以假设一些特定条件,以达到简化方程,求得解析解。如假定在图 4.46 所示的太阳电池中,p-n 结为突变结,p 区和 n 区都为均匀掺杂,空间电荷区外不存在电场,迁移率 μ_n、μ_p 和扩散系数 D_n、D_p 均和距离无关。于是当电池被一束光强为 $\Phi(\lambda)$ 的单色光($\lambda > \lambda_0$)稳定照射时,电池中任一部分的载流子浓度不随时间变化,即 $\frac{\partial n_p}{\partial t} = 0$,$\frac{\partial p_n}{\partial t} = 0$,于是方程(4.37)、(4.39)变为

$$G_{Ln} - U_n - \frac{1}{q} \frac{\partial J_p}{\partial x} = 0 \tag{4.41}$$

$$G_{Lp} - U_p + \frac{1}{q} \frac{\partial J_n}{\partial x} = 0$$

(1) n 区 用式(4.38)对 x 求导,因 ε_n 为 0,故

$$\frac{\partial J_p}{\partial x} = q D_p \frac{\partial^2 p_n}{\partial x^2} \tag{4.42}$$

据式(4.34),考虑光生电子-空穴对的产额为 1 时,n 区中在 x 处的光产生率为

$$G(x)_n = \Phi(\lambda) \alpha (1-R) e^{-\alpha x} \tag{4.43}$$

根据肖克莱-里德-霍尔-萨支唐的模型,如式(4.16),n 区的复合率 U_n 为

$$U_n = \frac{\sigma_n v_t N_t (p_n n_n - n_i^2)}{n_n + p_n + 2n_i \mathrm{ch} \dfrac{E_t - E_i}{kT}} \approx \frac{p_n - p_{n0}}{\tau_p} \tag{4.44}$$

将式(4.42)、(4.43)、(4.44)代入式(4.41),则得

$$D_p \frac{\partial^2 p_n}{\partial x^2} - (1-R)\Phi(\lambda)\alpha e^{-\alpha x} + \frac{p_n - p_{n0}}{\tau_p} = 0$$

这是一个二阶常微分方程,其通解为

$$(p_n - p_{n0}) = A\mathrm{ch}\left(\frac{x}{L_p}\right) + B\mathrm{sh}\left(\frac{x}{L_p}\right) - \frac{\alpha\Phi(1-R)\tau_p}{\alpha^2 L_p^2 - 1}\mathrm{e}^{-\alpha x} \tag{4.45}$$

为了求出通解中的常数 A 和 B，需利用 n 区的两个边界条件：

① 在电池表面 $x=0$ 处，复合率正比于表面复合速率 s_p，即

$$D_p \frac{\mathrm{d}(p_n - p_{n0})}{\mathrm{d}x}\bigg|_{x=0} = s_p(p_n - p_{n0})$$

② 在靠近 p-n 结空间电荷区边缘 x_n 处，空穴浓度差为 0，即

$$p_n - p_{n0} = 0 \quad (x = x_n)$$

将这两个边界条件代入式(4.44)以后得

$$p_n - p_{n0} = \frac{\alpha\Phi(1-R)\tau_p}{\alpha^2 L_p^2 - 1}$$

$$\times \left[\frac{\left(\frac{s_p L_p}{D_p} + \alpha L_p\right)\mathrm{sh}\frac{x_n - x}{L_p} + \mathrm{e}^{-\alpha x_n}\left(\frac{s_p L_p}{D_p}\mathrm{sh}\frac{x}{L_p} + \mathrm{ch}\frac{x}{L_p}\right)}{\frac{s_p L_p}{D_p}\mathrm{sh}\frac{x_n}{L_p} + \mathrm{ch}\frac{x_n}{L_p}} - \mathrm{e}^{-\alpha x}\right]$$

于是，到达 p-n 结边缘的空穴电流密度为

$$J_p = \frac{q\Phi(1-R)\alpha L_p}{\alpha^2 L_p^2 - 1}$$

$$\times \left[\frac{\left(\frac{s_p L_p}{D_p} + \alpha L_p\right) - \mathrm{e}^{-\alpha x_n}\left(\frac{s_p L_p}{D_p}\mathrm{ch}\frac{x_n}{L_p} + \mathrm{sh}\frac{x_n}{L_p}\right)}{\frac{s_p L_p}{D_p}\mathrm{sh}\frac{x_n}{L_p} + \mathrm{ch}\frac{x_n}{L_p}} - \alpha L_p\mathrm{e}^{-\alpha x_n}\right]$$

（2）p 区　　对 p 区可作同样处理，只是 p 区的二个边界条件不同。

① 在 p-n 结耗尽区边缘电子浓度差为 0，即

$$n_p - n_{p0} = 0, \quad x = x_n + W$$

② 在背表面处

$$D_n \frac{\mathrm{d}(n_p - n_{p0})}{\mathrm{d}x}\bigg|_{x=H} = s_n(n_p - n_{p0})$$

设 H' 为 p 区总厚度，$H' = H - x_n - W$，于是得到

$$n_p - n_{p0} = \frac{\alpha\Phi(1-R)\tau_n}{\alpha^2 L_p^2 - 1}\mathrm{e}^{-\alpha(x_n + W)} \times \left[\mathrm{ch}\frac{x - x_n - W}{L_n}\mathrm{e}^{-\alpha(x - x_n - W)}\right.$$

$$\left. - \frac{\frac{s_n L_n}{D_n}\left(\mathrm{ch}\frac{H'}{L_n} - \mathrm{e}^{-\alpha H'}\right) + \mathrm{sh}\frac{H'}{L_n} + \alpha L_n\mathrm{e}^{-\alpha H'}}{\frac{s_n L_n}{D_n}\mathrm{sh}\frac{H'}{L_n} + \mathrm{ch}\frac{H'}{L_n}}\mathrm{sh}\frac{x - x_n - W}{L_n}\right] \tag{4.46}$$

以及

$$J_{\mathrm{n}}=\frac{q\Phi(1-R)\alpha L_{\mathrm{n}}}{\alpha^2 L_{\mathrm{p}}^2-1}\mathrm{e}^{-\alpha(x_{\mathrm{n}}+W)}$$

$$\times\left\{\alpha L_{\mathrm{n}}-\left[\frac{\dfrac{s_{\mathrm{n}}L_{\mathrm{n}}}{D_{\mathrm{n}}}\left(\mathrm{ch}\,\dfrac{H'}{L_{\mathrm{n}}}-\mathrm{e}^{-\alpha H'}\right)+\mathrm{sh}\,\dfrac{H'}{L_{\mathrm{n}}}+\alpha L_{\mathrm{n}}\mathrm{e}^{-\alpha H'}}{\dfrac{s_{\mathrm{n}}L_{\mathrm{n}}}{D_{\mathrm{n}}}\mathrm{sh}\,\dfrac{H'}{L_{\mathrm{n}}}+\mathrm{ch}\,\dfrac{H'}{L_{\mathrm{n}}}}\right]\right\} \tag{4.47}$$

（3）耗尽区　在 p-n 结耗尽区中存在着较强的漂移电场，且宽度 W 又很小，可以认为在耗尽区中产生的光生载流子均可被电场分离，所以

$$J_{\mathrm{c}}(\lambda)=\int_0^W q\Phi(1-R)\mathrm{e}^{-\alpha x}\,\mathrm{d}x\approx q\Phi(1-R)\mathrm{e}^{-\alpha_{\mathrm{n}}}(1-\mathrm{e}^{-\alpha W}) \tag{4.48}$$

单色光稳定照射时，太阳电池中的光电流只需将式（4.46）、（4.47）、（4.48）代入式（4.35）相加。因为太阳光是复色光源，总的光电流密度还需参照式（4.34）对所有波长积分，即

$$J_{\mathrm{L}}=\int_0^\infty J_{\mathrm{L}}(\lambda)\,\mathrm{d}\lambda$$

2. 非均匀掺杂，电场为常数

任意一个 p-n 结太阳电池都远较这种模型复杂，例如 n 区或 p 区的杂质由表面向体内杂质浓度减小，可以是高斯分布、余误差分布或更为复杂的分布，因而 n 区中存在着漂移电场（见图 4.42），故扩散系数、少子寿命等都不是常数。为简单起见，假设 n 区或 p 区中存在恒定电场，并设扩散系数、少子寿命在 n 区中仍为常数以后，式（4.41）中的 $\dfrac{\partial J_{\mathrm{p}}}{\partial x}$ 应当用下式代入：

$$\frac{\partial J_{\mathrm{p}}}{\partial x}=q\mu_{\mathrm{n}}\varepsilon_{\mathrm{n}}\frac{\partial J_{\mathrm{p}}}{\partial x}-qD_{\mathrm{p}}\frac{\partial^2 p_{\mathrm{n}}}{\partial x^2}$$

所得微分方程：

$$D_{\mathrm{p}}\frac{\partial^2 p_{\mathrm{n}}}{\partial x^2}-q\mu_{\mathrm{n}}\varepsilon_{\mathrm{n}}\frac{\partial J_{\mathrm{p}}}{\partial x}+\alpha\Phi(1-R)\mathrm{e}^{-\alpha x}-\frac{p_{\mathrm{n}}-p_{\mathrm{n}0}}{\tau_{\mathrm{p}}}=0 \tag{4.49}$$

利用在 $x=0$ 处，$D_{\mathrm{p}}\dfrac{\partial p_{\mathrm{n}}}{\partial x}-\mu_{\mathrm{p}}p_{\mathrm{n}}\varepsilon_{\mathrm{n}}=S_{\mathrm{n}}(p_{\mathrm{n}}-p_{\mathrm{n}0})$，及在 $x=x_{\mathrm{n}}$ 处 $p_{\mathrm{n}}-p_{\mathrm{n}_0}=0$ 的边界条件，由式（4.49）解得 n 区存在均匀电场 ε_{n} 时的光电流表达式：

$$J_{\mathrm{p}}=\frac{q\Phi(1-R)\alpha L_{\mathrm{p}}^*}{(\alpha+E_{\mathrm{p}}^*)^2 L_{\mathrm{p}}^{*2}-1}\left\{\frac{(\alpha+E_{\mathrm{p}}^*)L_{\mathrm{p}}^*\,\mathrm{e}^{E_{\mathrm{p}}^*\,x_{\mathrm{n}}}-\mathrm{e}^{x_{\mathrm{n}}/L_{\mathrm{p}}^*}\,\mathrm{e}^{-\alpha x_{\mathrm{n}}}}{\left(\dfrac{S_{\mathrm{p}}L_{\mathrm{p}}^*}{D_{\mathrm{p}}}+E_{\mathrm{p}}^*L_{\mathrm{p}}^*\right)\mathrm{sh}\,\dfrac{x_{\mathrm{n}}}{L_{\mathrm{p}}^*}+\mathrm{ch}\,\dfrac{x_{\mathrm{n}}}{L_{\mathrm{p}}^*}}\right.$$

$$\left.+\frac{\left(\dfrac{S_{\mathrm{p}}L_{\mathrm{p}}^*}{D_{\mathrm{p}}}+E_{\mathrm{p}}^*L_{\mathrm{p}}^*\right)(\mathrm{e}^{E^*\,x_{\mathrm{n}}}-\mathrm{e}^{x_{\mathrm{n}}/L_{\mathrm{p}}^*}\,\mathrm{e}^{-\alpha x_{\mathrm{n}}})}{\left(\dfrac{S_{\mathrm{p}}L_{\mathrm{p}}^*}{D_{\mathrm{p}}}+E_{\mathrm{p}}^*L_{\mathrm{p}}^*\right)\mathrm{sh}\,\dfrac{x_{\mathrm{n}}}{L_{\mathrm{p}}^*}+\mathrm{ch}\,\dfrac{x_{\mathrm{n}}}{L_{\mathrm{p}}^*}}-\left[(\alpha-E^*)L_{\mathrm{p}}^*-1\right]\mathrm{e}^{-\alpha x_{\mathrm{n}}}\right\} \tag{4.50}$$

利用在 $x = x_n + w$ 处 $n_p - n_{p0} = 0$,及在 $x = H$ 处 $D_n \dfrac{\partial n_p}{\partial x} + \mu_n n_p \varepsilon_p = -S_n(n_p - n_{p0})$ 的
边界条件,类似地可得到 p 区中有均匀电场 ε_p 存在时的光电流表达式:

$$J_n = \frac{q\Phi(1-R)\alpha L_n^* \, e^{-E_n^* x_n} e^{\alpha w}}{(\alpha - E_n^*)^2 L_n^{*2} - 1}$$

$$\times \{ [(\alpha - E_n^*)L_n^* - 1]e^{-(\alpha - E_n^*)x_n} + e^{-(\alpha - E_n^*)(H-W)} \}$$

$$\times \left\{ \frac{\beta - \left(E_n^* + \dfrac{S_n}{D_n}\right)L_n^* \left(e^{-H'/L_n^*} e^{(\alpha - E_n^*)H'} - 1\right)}{\left(E_n^* + \dfrac{S_n}{D_n}\right)L_n^* \, \mathrm{sh}\, \dfrac{H'}{L_n^*} + \mathrm{ch}\, \dfrac{H'}{L_n^*}} \right\} \tag{4.51}$$

$$\beta = e^{-H'/L_n^*} e^{(\alpha - E_n^*)/L_n^*} - (\alpha - E_n^*)L_n^*$$

其中,$E_p^* = \dfrac{q\varepsilon_n}{2kT}$,$E_n^* = \dfrac{q\varepsilon_p}{2kT}$ 为 n 区及 p 区中分别存在的电场 ε_n、ε_p 归一化后的电

场,而 $L_p^* = \dfrac{1}{\sqrt{E_p^{2*} + (1/L_p)^2}}$,$L_n^* = \dfrac{1}{\sqrt{E_n^{*2} + (1/L_n)^2}}$ 分别为 n 区中空穴及 p 区中

电子的有效扩散长度;$H' = H - (x_n - w)$ 为基区厚度;S_p,S_n 分别为空穴和电子的
表面复合速度。

耗尽区中光电流的表达式仍然可用式(4.48)。如将式(4.50)、(4.51)和
(4.48)相加,再对光谱中所有波长积分,即可得总光生电流的表达式。

以上这些电流的表达式,都在一定程度上进一步反映了太阳电池中各参数和
光电流之间的内在联系。而要比较彻底的弄清各参数之间的关系,求出最佳的配
合,还要依靠微观测量手段的发展和计算机的应用。

从式(4.46)、(4.47)、(4.48)的表达式可以看出,太阳电池各区对光电流的贡
献不同,实验也已经证实。如图4.48顶区产生的光生电流对紫光区敏感,约占总
光生电流的 5%～12%(随顶区厚度而变);空间电荷区的光生电流对可见光敏感,
约占 2%～5%;基区产生的光生电流对红外光灵敏,占 90% 左右,是总光生电流的
主要组成部分,在图4.48所示 n^+/p 硅太阳电池的收集效率随波长变化的关系中
可以看出。当然,电池的结构不同各区的贡献也不同。

3. 短路电流

受照射的太阳电池被短路时,p-n 结处于零偏压,这时,短路电流密度 J_{sc} 等于
光生电流密度 J_L,而正比于入射光强,即

$$J_{sc} = J_L \propto N_{ph} \propto \Phi$$

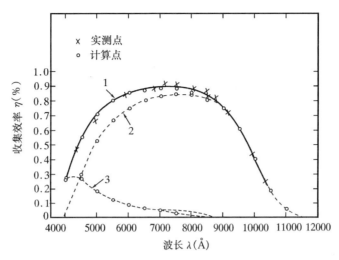

图 4.48　n$^+$/p 电池的收集效率随波长变化曲线

1—总的光电流(实测);2—基区贡献的光电流(计算值);3—扩散层贡献的光电流(计算值)

4.5.2　光电压

由于光照射而在电池两端出现的电压称为光电压,它类似外加于 p-n 结的正偏压,与内建电场方向相反。光电压减低了势垒高度,而且使耗尽区变薄。太阳电池在开路状态的光电压称开路电压。

有光照时,内建电场所分离的光生载流子形成由 n 区指向 p 区的光电流 J_L,而太阳电池两端出现的光电压即开路电压 V_{oc} 却产生由 p 区指向 n 区的正向结电流 I_D。在稳定光照时,光电流恰好和正向结电流相等($J_L = J_D$)。p-n 结的正向电流可由式(4.33)表示 $J_D = J_0(e^{-qV/AkT} - 1)$,于是有

$$J_L = J_0(e^{qV_{oc}/AkT} - 1)$$

两边取对数整理后,当 $A \to 1$ 时得

$$V_{oc} = \frac{AkT}{q} \ln\left(\frac{J_L}{J_0} + 1\right)$$

在 AM1 条件下,$\dfrac{J_L}{J_0} \gg 1$,所以

$$V_{oc} = \frac{AkT}{q} \ln \frac{J_L}{J_0} \tag{4.52}$$

显然 V_{oc} 随 J_L 增加而增加,随 J_0 增加而减小。A 因子的增加,也与 J_0 的增加有关,总之 A 因子的电池开路电压不大。在略去产生电流影响时,据式(4.30)反向饱和电流密度为

$$J_0 = qD_n \frac{n_i^2}{N_A L_n} + qD_p \frac{n_i^2}{N_D L_p}$$

因为 $\quad n_i^2 = N_A N_D e^{-qV_D/kT}$

故

$$J_0 = \left(qD_n \frac{N_D}{L_n} + qD_p \frac{N_A}{L_p}\right) e^{-qV_D/kT} = J_{00} e^{-qV_D/kT} \qquad (4.53)$$

其中 $\quad J_{00} = qD_n \dfrac{N_D}{L_n} + qD_p \dfrac{N_A}{L_p}$；$V_D$ 为最大 p-n 结电压，等于 p-n 结势垒高度。

把式(4.53)代入式(4.52)，当 $A=1$ 时可得

$$V_{oc} = V_D - \frac{kT}{q} \ln \frac{J_{00}}{J_L} \qquad (4.54)$$

在低温和高光强时，V_{oc} 接近 V_D，V_D 越高 V_{oc} 也越大。因 $V_D \approx \dfrac{kT}{q} \ln \dfrac{N_D N_A}{n_i^2}$，故 p-n 结两边掺杂度愈大，开路电压也愈大。通常把 V_{oc} 和 E_g 之比称为电压因子$(V \cdot F)$，以描述开路电压与禁带宽度的关系，电压因子$(V \cdot F)$可表示为

$$(V \cdot F) = \frac{V_{oc}}{E_g} = \frac{AkT}{qE_g} \ln\left(\frac{J_L}{J_0} + 1\right)$$

4.5.3　漂移电场的作用和背电场(BSF)电池

当导电类型相同而掺杂浓度不同的两块半导体紧密接触时，高浓度一侧的多子将越过界面向低掺杂浓度区扩散，于是高浓度一侧出现的电离杂质和进入低浓度区的多子形成电偶层，出现了自建电场，同时在界面附近建立了势垒，这种势垒称为浓度结或梯度结。以 p 型半导体为例，浓度结的能带图示于图 4.49，假设其中 p 及 p⁺ 区都均匀掺杂，自建电场方向由 p 指向 p⁺。类同于 p-n 结，可求得热平衡时 p-p⁺ 界面处的接触势垒高度 qV_g：

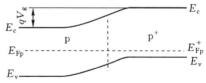

图 4.49　p-p⁺ 浓度结能带图

$$qV_g = E_{Fp} - E_{Fp+} = \frac{kT}{q} \ln \frac{N_A^+}{N_A} \qquad (4.55)$$

显然，把 p-p⁺ 结与 n⁺-p 结叠加在一起以后，在 n⁺-p⁺ 结之间的总内建电场 V_B 为式(4.21)与式(4.55)之和：

$$V_B = V_D + V_g = \frac{kT}{q} \ln \frac{N_D^+ N_A}{n_i^2} + \frac{kT}{q} \ln \frac{N_A^+}{N_A} = \frac{kT}{q} \ln \frac{N_D^+ N_A^+}{n_i^2}$$

可见总势垒高度增加了。

当 p-p$^+$ 结受到光照射时,p 区中的光生电子若向 p$^+$ 区运动,将被 p-p$^+$ 结势垒反射回去,而 p$^+$ 区中的光生电子则因势能较高,可顺着 p-p$^+$ 结势垒流向 p 区。这些光生电子进入 p 区后,在 p-p$^+$ 结两侧出现与自建电场相反的光电压,因而在 n$^+$-p-p$^+$ 的太阳电池中,在 p-p$^+$ 结处的光电压与 n$^+$-p 结相同,p-p$^+$ 结增加了电池的总开路电压,而开路电压的极大值 $(V_{oc})_{max}$ 就是 V_B。另外,p$^+$ 区的少子浓度低于 p 区,所以在 n$^+$-p 电池中加进 p-p$^+$ 结以后,便减少从基区到 n$^+$ 区的注入电流,即减少了暗电流。从式(4.54)知,暗电流的减少将使电流实际开路电压增加。

在 n$^+$-p 电池基区的背面附加一个 p-p$^+$ 结的电池称为背电场(BSF)电池。实际背电场电池的杂质分布和能带结构示于图 4.50。测出各区杂质浓度分布以后,用泊松方程

$$\frac{\mathrm{d}^2 V(x)}{\mathrm{d}x^2} = -\frac{N(x)}{\varepsilon_r \varepsilon_0}, \quad \frac{\mathrm{d}\varepsilon}{\mathrm{d}x} = \frac{N(x)}{\varepsilon_r \varepsilon_0}$$

及相应的边界条件可求出 n$^+$、p、p$^+$ 区的电场强度及电势随 x 的变化曲线。然后利用类似于 4.5 节的方法,由式

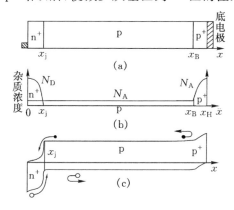

(a)剖面图;(b)杂质分布;(c)能带结构

图 4.50 背电场电池的杂质分布和能带结构

(4.36)至式(4.40)等方程组可解得各区光电流及暗电流的解析式。显然各区中漂移电场在不发生高掺杂效应时,具有的显著优点是:①加速光生少子输运,增加了光电流。②由于少子复合下降而减少暗电流,背电场还可把向背表面运动的光生少子反射回去重新被收集。当然,背电场对薄电池和材料电阻较高时适用。实验发现,当基区厚度大于一个电子扩散长度时,背电场就不起作用,因为被反射回去的少子在到达 p-n 结前即被复合了。③可以增加开路电压,但实验发现基体材料电阻率低于 0.5 Ωcm($N > 10^{17}/\mathrm{cm}^3$)时,背电场已不起作用。④改善了金属和半导体的接触,减少了串联电阻,整个电池的填充因子也得到改善。

4.5.4 等效电路、输出功率和填充因子

1. 等效电路

等效电路是描述太阳电池特性的一种方法。当受照射的太阳电池外接负载时,光生电流流经负载,并在负载两端建立起端电压,这时的太阳电池工作情况可用图 4.51 所示的等效电路来描述。太阳电池可看成由以下四个元件和电流通路

组成的等效电路：①能稳定地产生光电流 I_L 的电流源（只要光源稳定）；②与电流源并联且处于正偏压下的二极管；③一个并联电阻 R_{sh}；④串联电阻 R_s。这是因为：除了光产生的电流源 I_L 外，太阳电池是 p-n 结构成的二极管器件，对应于一定的工作电压必然会产生一定的二极管电流 I_d；另外，在 p-n 结形成的不完全的部分，还会产生漏电流 I_{sh} 和反应太阳电池的体电阻、电极电阻等的串联电阻 R_s。

显然，二极管的正向电流 $I_d = I_0(e^{\frac{qV}{AkT}} - 1)$ 和旁路电流 I_{sh} 都要靠 I_L 提供，剩余的光电流经过串联电阻 R_s 流出太阳电池而进入负载 R_L。对于实际的太阳电池，应当把它看成由很多个具有这种等效电路结构的电池单元（也称子电池）并联而成。[23]

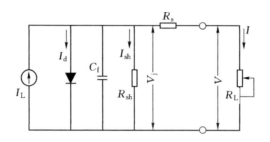

图 4.51　太阳电池的等效电路

2. 输出功率

当流进负载 R_L 的电流为 I，负载的端电压为 V 时，则由图 4.51 可得

$$I = I_L - I_d - I_{sh} = I_L - I_0(e^{\frac{q(V-IR_s)}{AkT}} - 1) - \frac{I(R_s + R_L)}{R_{sh}}$$

$$V = IR_L$$

$$P = IV = [I_L - I_0(e^{\frac{q(V-IR_s)}{AkT}} - 1) - \frac{I(R_s + R_L)}{R_{sh}}]V$$

$$= [I_L - I_0(e^{\frac{q(V-IR_s)}{AkT}} - 1) - \frac{I(R_s + R_L)}{R_{sh}}]^2 R_L$$

式中 P 是当太阳电池受照射时，在负载 R_L 上得到的输出功率。

当负载 R_L 从零变到无穷大时，则可画出图 4.52 所示的太阳电池负载特性曲线。曲线上的任一点都称为工作点，工作点和原点的连线称为负载线，负载线的斜率的倒数即等于 R_L，与工作点对应的横、纵坐标即为工作电压和工作电流。当调节负载电阻 R_L 达到某一值时，在曲线上得到一点 M，该点所对应的工作电流 I_m 和工作电压 V_m 之积最大。

$$P_m = I_m V_m$$

对于满足这样条件的点 M，称之为太阳电池的最大功率点（或称最佳工作点），称

I_m 为最佳工作电流,V_m 为最佳工作电压,R_m 为最佳负载电阻,P_m 为最大输出功率。

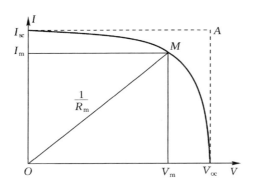

图 4.52 太阳电池的负载特性曲线

3. 填充因子

为了评价太阳电池 I-V 曲线的优劣,可采用最大输出功率 P_m 与开路电压 V_{oc} 和短路电流 I_{sc} 的乘积之比作为评价指标,这个比值称为填充因子(Fill Factor,缩写为 F.F)或曲线因子(Curve Factor,缩写为 C.F),其表达式:

$$F.F(C.F) = \frac{P_m}{I_{sc} \times V_{oc}} = \frac{I_m \times V_m}{I_{sc} \times V_{oc}}$$

填充因子也就是图 4.52 中四边形 $OI_m MV_m$ 与四边形 $OI_{sc} AV_{oc}$ 面积之比。它是衡量太阳电池输出特性优劣的重要指标之一。在一定光强下,F.F 愈大,曲线愈"方",输出功率也愈大。F.F 与入射光的辐照度、反向饱和电流、A 因子、串联电阻、并联电阻密切相关。

4.6 太阳电池效率

4.6.1 太阳电池效率及其分析

太阳电池受到光的照射时,其输出的电功率与入射的光功率之比 η 称为太阳电池的效率,也称光电转换效率。

$$\eta = \frac{P_m}{A_t P_{in}} = \frac{I_m V_m}{A_t P_{in}} = \frac{(F.F) I_{sc} V_{oc}}{A_t P_{in}}$$

$$= \frac{(F.F)(V.F) I_{sc} E_g}{A_t \int_0^\infty \Phi(\lambda) \frac{hc}{\lambda} d\lambda} \tag{4.56}$$

其中，A_t 为包括栅线图形面积在内的太阳电池总面积；$P_{in} = \int_0^\infty \Phi(\lambda) \dfrac{hc}{\lambda} d\lambda$ 为单位面积入射光功率。

在式(4.56)的效率表达式中，如果把 A_t 换为有效面积 A_a(也称活性面积)，即从总面积中扣除栅线图形面积，从而算出的效率要高一些，在阅读有些文献时应特别注意这一点。

用前面已经导出的 I_{sc}、(F.F)、(V.F)表达式代入(4.56)，然后作不同程度的近似处理，可以得到太阳电池效率的理论值。图4.53显示出了一组太阳电池在阳光下最大效率 η_{max} 与材料禁带宽度的关系。在阳光下，短路电流随 E_g 增加而减少，开路电压随 E_g 增加而增加，在 $E_g = 1.4$ eV 附近出现效率的最大值。也就是说，碲化镉、砷化镓、磷化铟、锑化铝等可能是比硅更为优越的光电材料。砷化镓电池的效率已经做到了23%。图4.53还显示出不同工作温度对效率的影响，可见随温度升高，各种太阳电池的效率均要下降。

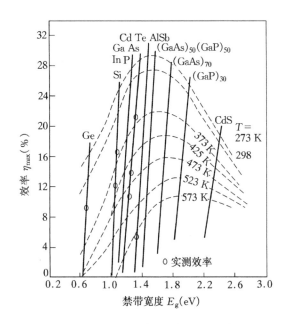

图4.53　不同温度时最大效率 η_{max} 与材料禁带宽度的关系

美国的普林斯(Prience)最早算出硅太阳电池的理论效率为 21.7%。20世纪70年代，华尔夫(M. Wolf)又作了详尽的讨论，也得到硅太阳电池的理论效率在AM0条件下为 20%～22%，不久又把它修改为在AM1条件下是25%。

计算太阳电池的理论效率，必须把从入射光能到输出电能之间的所有可能发生的损耗都考虑在内。其中有些是与材料及工艺有关的损耗,而另一些则是由基本物理原理所决定的。考虑了所有的损耗以后,可得出如表 4.6 和图 4.54 所示的损耗分类,在方框图中每一个方块表示一种损耗。

表 4.6 太阳电池的各种能量损耗

各种损失	考虑该损失能量利用率 %	考虑该损失后剩余能量 %
A 可供能量转换的入射光能	100	100
B 反射损失 3%	97	97
C 长波损失:$\lambda > 1.1\ \mu m$ 的光($h\upsilon < E_g$)透过电池,23%	77	74
D 被电池吸收的光未能产生光生载流子。理论计算时视为 0	100	74
E 短波损失:一个 $h\upsilon > E_g$ 的光子激发出光生载流子以后,多余的能量不能被利用,43%	57	42
F 光生空穴-电子对在各区复合。在前表面和背表面靠表面复合,其他均靠复合中心复合,16%	84	35
G 光生载流子被 p-n 结分离时,产生结区损失,包括产生声子和微等离子效应;结电流损失以及少子复合损失等,以势垒高度损失为主,35%	65	22.7
H 串、并联电阻损失,3%	97	22
I 在最佳负载上得到的电功率		22

4.6.2 影响效率的因素及提高效率的途径

从 4.6.1 节和式(4.56)中不难看出,提高太阳电池效率,应提高开路电压 V_{oc}、短路电流 I_{sc} 和填充因子 $F.F$ 这三个基本参量。而这三个参量之间往往是互相牵制的,如果单方面提高其中一个参量,可能会因此而降低另一个,以致于总效率没有提高或反而有所下降。因而在选择材料、设计工艺时必须全盘考虑,力求使三个参量的乘积最大。

无论对于空间应用或地面应用的硅太阳电池,一些影响效率的因素是共同的。主要有:①基片材料;②暗电流;③高掺杂效应;④串、并联电阻的影响等。对于基片材料和串、并联电阻的影响在以后章节中论述,在此详细讨论暗电流和高掺杂时对电流的影响,并介绍几种提高硅太阳电池效率的途径。

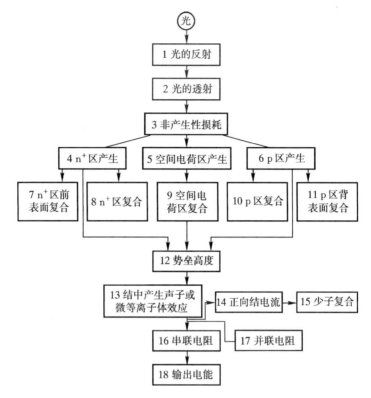

图 4.54　n^+/p 硅太阳电池能量损耗分类（AM1）

1. 暗电流

当 p-n 结处于正偏状态时,忽略串联电阻的影响,在负载上得到的电流密度 J $=J_L-J_d$,J_d 称为光电池的暗电流,也就是前面推导的 p-n 结正向电流。在开路电压的表达式(4.52)中,显然它消耗光电流,降低开路电压,所以减小暗电流是提高太阳电池效率的重要方面。对于均匀掺杂的 p-n 结硅太阳电池,根据式(4.32)有

$$J_D=\left(qD_n\frac{n_i^2}{N_AL_n}+qD_p\frac{n_i^2}{N_DL_p}\right)(e^{\frac{qV}{kT}}-1)+\frac{1}{2}q\frac{n_i}{\tau}W(e^{\frac{qV}{2kT}}-1)$$

式中前一项称为注入电流,也就是 p 区和 n 区的扩散电流。显然 p 区、n 区掺杂浓度 N_A、N_D 愈大,少子寿命愈长,扩散长度愈长,暗电流中的注入电流分量就愈小。后一项称为复合电流,它与耗尽区宽度 W 成正比,与耗尽区中的载流子平均寿命 τ 成反比。要减少暗电流中的复合电流分量,需要减少耗尽区宽度,减少耗尽区中的复合中心,并把载流子的寿命维持在高水平上。

在考虑到 p-n 结存在高掺杂时,暗电流还包含第三个量——隧穿电流 J_t。

$$J_t = K_1 N_t e^{BV}$$

其中，K_1 是包含电子的有效质量 m^*、内建电场、掺杂浓度、介电常数、普朗克常数等的系数；N_t 是能够为电子或空穴提供隧道的能态密度；而

$$B = \frac{8\pi}{3h} \sqrt{m^* \varepsilon_0 \varepsilon_r N_{D \cdot A}}$$

其中，$N_{D \cdot A}$ 为 p-n 结区的平均掺杂浓度；m^* 为载流子的有效质量。B 是一个与温度无关的系数。

　　n 区的电子因为有 p-n 结势垒的阻挡，一般不能穿过结势垒，但有少数靠近 p-n 结；原来在 n 区导带中的电子却可以通过禁带中的深能级（这些深能级由其他杂质或缺陷构成）隧穿过 p-n 结势垒与价带中的空穴复合，这种过程称为隧道效应。那些靠近 p-n 结原来在价带中的空穴也可以类似地隧穿复合。由隧道效应产生的电流称隧穿电流，隧穿电流主要在高掺杂的 p-n 结区附近发生。

　　J_t 与温度无关，即使在极低温度时也可测出。在零偏压附近由 $1\sim10\ \Omega \cdot cm$ 材料制作的硅太阳电池，注入电流为 $10^{-9}\ A/cm^2$，复合电流约为 $10^{-5}\ A/cm^2$，在低电压时复合电流要小一个数量级。所以对于宽禁带的材料或在低温、低光强时，注入电流的影响特别重要。而对于窄禁带材料或在高温、高光强时，复合电流变得更为主要。

　　用式(4.33)表示的一般太阳电池的暗电流中

$$J_D = J_0 (e^{\frac{qV}{AkT}} - 1)$$

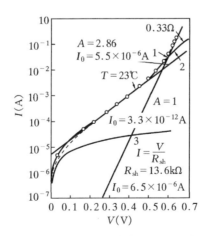

1—伏安特性曲线；2—正向二极管特性；3—反向二极管特性

图 4.55　硅太阳电池的伏安特性和正向、反向二极管特性曲线

式中 J_0 应当包括复合电流、隧穿电流中的非指数项。曲线因子 A 与工艺有关，在品质优良的太阳电池上，$A \approx 1$；而在劣质电池中 $A \approx 2$ 以至更大。图 4.55 为 $\lg I$-

V 特性曲线。可以较清楚地看到,在电压小于 0.1 V 的一段是由旁路电阻 R_{sh} 引起的;0.2 V 到 0.5 V 的一段是由 $A=1$ 和 $A=2.86$ 两种指数函数交叠的结果,偏低电压处以 $A=2.86$ 为主,偏高电压处以 $A=1$ 为主;在 0.5 V 以上的曲线是受串联电阻的影响。假设电池的短路电流为 30 mA/cm² 时,就会有 30 mV 损失在 1 Ω 的串联电阻上。这可以从电池的等效电路图上看出。

减少暗电流和 A 因子的办法有:①减少空间电荷区的复合能级(包括隧道态),为此必须减少重金属杂质以及其他能够作为复合中心的杂质、缺陷等出现在空间电荷区。②抑制高掺杂效应。③增加各区少子寿命。④加强漂移场减少表面复合等。

2. 高掺杂效应

参照 4.6.2 节,按开路电压公式

$$V_{oc} = \frac{AkT}{q}\ln\left(\frac{I_L}{I_0}+1\right) = V_D - \frac{AkT}{q}\ln\frac{I_{00}}{I_L}$$

于是预测:基区和扩散区的掺杂浓度越高,开路电压越高,用 0.01 Ω·cm 的硅片可以做出 V_{oc} 高于 0.7 V 的电池。但是在实验中始终未能得到,其原因即是存在"高掺杂效应"。硅中杂质浓度高于 $10^{18}/m^3$ 称为高掺杂,由于高掺杂而引起的禁带收缩、杂质不能全部电离和少子寿命下降等现象统称为高掺杂效应。

1) 禁带收缩。造成禁带收缩的主要原因是:①硅的能带边缘出现了一个能带尾态,于是禁带缩小到两个尾态边缘间的宽度。②随着杂质浓度的增加,杂质能级扩散为杂质能带,并且有可能和硅的能带相接(或称简并,杂质能带和硅能带简并),而使硅的能带延伸到杂质能带的边缘,禁带也就变小。③高浓度的杂质使晶格发生宏观应变(畸变),从而造成禁带随空间变化而使禁带缩小。这三种原因用图 4.56 定性表示。

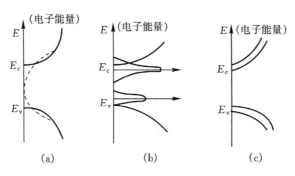

(a)能带尾态;(b)杂质能带;(c)晶格应变

图 4.56 有效禁带收缩的三种定性表示

2) 载流子寿命下降。少子寿命对于太阳电池效率极为敏感,各区中的光激发出的过剩少数载流子必须在它们通过扩散和漂移越过 p-n 结之前不复合,才能对输出电流有贡献。因此,希望扩散层及基区中的少子寿命都足够地长。少子寿命长,不仅可以增加光电流,而且会减少复合电流,增加开路电压,从而对效率有双重影响。一般要求扩散层及基区中少子寿命必须保证少子扩散长度大于各区厚度。

据肖克莱-里德-霍尔和萨的复合理论,p 区和 n 区中的少子寿命 τ_n 及 τ_p 由式(4.16)决定,与复合中心密度成反比而与掺杂浓度无关。但对硅寿命实测结果表明,可能达到的最大寿命与掺杂浓度有一定的关系。图 4.57 示出了扩散长度和杂质浓度的关系,虽然有些离散,但仍可看到两种趋势:①扩散长度(因而寿命)随掺

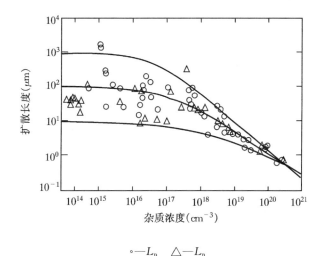

○—L_p　△—L_n

图 4.57　实测扩散长度和杂质浓度的关系

杂浓度增加而减少。②n 型材料的实测值 L_p 高于 p 型材料的 L_n(在高掺杂时),两者同时急剧减少。其原因是:a. 高掺杂引起晶体缺陷密度增加。林特霍姆(F. A. Lindholm)指出,高掺杂引起缺陷密度按浓度的四次方增加。由前面的分析知,缺陷增加意味着载流子寿命下降。b. 由于禁带变窄和耗尽区收缩,通过隧道效应的复合增加,尤其是通过深能级上的隧穿复合增加,减少了载流子的寿命。c. 由于表面层中多子密度很高,通过晶格碰撞而发生的俄歇电子复合增多,也使得载流子寿命变小。在电阻率小于 0.1 Ω·cm,少子寿命受俄歇复合限制而与掺杂浓度有关。

$$\tau_{俄} = \frac{1}{C_n N_A^2}$$

式中 $C_n = 1.2 \times 10^{-31}$ cm^6/s,称为俄歇复合常数。实测的 $\tau_{俄}$ 与上式符合的很好。

3) 杂质不能全部电离,使有效掺杂浓度下降,从而使开路电压下降。若高掺

杂发生在扩散区顶部,还有更坏的影响。以图 4.58 中的曲线 3 为例,结深 $x_j =$

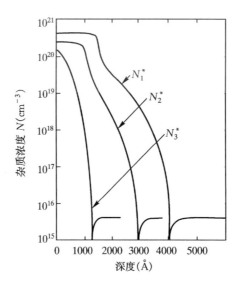

N* —杂质积分表面浓度

$N_1^* = 4 \times 10^{14}/cm^2$, $N_2^* = 2 \times 10^{15}/cm^2$, $N_3^* = 6 \times 10^{15}/cm^2$

图 4.58   磷在三个不同深度的扩散层中的浓度分布

0.4 μm,表面处浓度约为 $5 \times 10^{20}/cm^3$,浓度分布的曲线形状严重偏离高斯分布或余误差分布。在靠近表面宽约 1.5 μm 的一薄层内杂质浓度很高,且不随距离而变化,称之为"死层"、"非活性层"。在死层中,存在着大量的填隙磷原子、位错和缺陷,少子寿命极短(远远低于 1 ns 以下),光在死层中激发出的光生载流子都无为地复合掉了。

进一步的分析指出,死层区就是高掺杂区。高掺杂区中只有部分杂质原子能够电离,已电离的杂质浓度称为有效杂质浓度 N_{eff}

$$N_{eff} = \frac{N_D}{1 + 2e^{\frac{\Delta E_D}{kT}}}$$

式中,N_D 为施主杂质浓度,ΔE_D 为施主杂质电离能。

当 $N_D \leqslant 10^{18}/cm^3$ 时,$N_D \approx N_{eff}$;

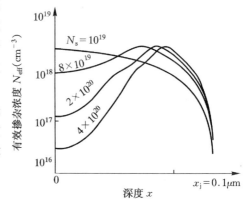

(具有不同表面浓度时均有实际的高斯分布)

图 4.59   0.1 $\Omega \cdot cm$ 太阳电池扩散层中
的有效杂质分布

当 $N_D > 10^{18}/cm^3$ 时，$N_D > N_{eff}$。图 4.59 示出了几种高掺杂情况的有效杂质浓度分布。由图可见，表面浓度大于 $10^{19}/m^3$ 时，在掺杂区的近表面处出现了一个倒向（与正常的杂质分布相反）的电离杂质分布。这种倒向分布形成一个阻止少子向 p-n 结边缘扩散的倒向电场，从而增加了少子的复合。可以认为，这个倒向电场的边缘即为"死层"的边缘。由图还可看出，$N_s = 10^{19}/cm^3$ 的高斯分布还不至于使掺杂区出现倒向电场，也可以把 $10^{19}/cm^3$ 看成是表面浓度的上限。

表 4.7 显示，照射在硅上的短波长太阳光（例如蓝光-紫光），在近表面约 $2~\mu m$ 处就几乎全被吸收，而长波部分则约需 $500~\mu m$ 厚才基本上被吸收完。因为任何波长的光强都是靠近表面处最强，因而表面层中吸收的光子总数，总是大于体区中同样厚度一层硅中吸收的光子总数，故表面层对任何光电池都是极为重要的。p-n 结的结深在 $0.25 \sim 0.5~\mu m$ 之间，恰好表面层就是掺杂层。所以死层对于电池的性能影响很大。

表 4.7　太阳光谱在单晶硅中的穿透深度

波长间隔 $\Delta\lambda$ (10^{-8}cm)		中心波长 λ (10^{-8}cm)	吸收系数 $\alpha(x)$ (cm^{-1})	穿透深度 x(10^{-4}cm)	
				$\dfrac{I(x)}{I_0}=0.5$	$\dfrac{I(x)}{I_0}=0.01$
3725	紫外光区 4249	4000	6.0×10^4	0.12	0.77
4250	紫光 4749	4500	2.2×10^4	0.31	2.1
4750	青光 5249	5000	1.2×10^4	0.58	3.8
5250	绿光 5749	5500	6.8×10^3	1.0	6.8
5750	黄光 6249	6000	4.1×10^3	1.7	11
6250	橙光 6749	6500	3.0×10^3	2.3	15
6750	红 7249	7000	2.0×10^3	3.5	23
7250	光 7749	7500	1.5×10^3	4.6	31
7750	红 8249	8000	1.2×10^3	5.8	38
8250	8749	8500	9.2×10^2	7.5	50
8750	外 9249	9000	6.4×10^2	11	72
9250	9749	9500	4.5×10^2	15	100
9750	光 10249	10000	2.4×10^2	29	190
10250	10749	10500	8.2×10	85	560
10750	区 11249	11000	1.0×10	690	4600

禁带收缩减小开路电压,使本征载流子浓度增加,从而增加反向饱和电流;寿命缩短又使表面层和空间电荷区中复合电流变大,加上死层的影响,都使短路电流及效率下降。高掺杂效应的影响如图 4.60 所示。这是在给定扩散区杂质浓度以后,体区掺杂浓度与开路电压的关系。实线为未考虑高掺杂效应时的理论值,虚线为考虑高掺杂效应后的理论值,圆圈为实测到的最大值。

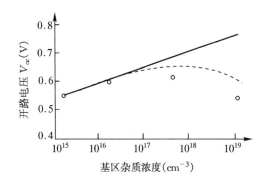

——简单理论曲线;----高掺杂理论曲线;。实测点

图 4.60　实测和预测开路电压和基区杂质浓度关系

如果基区掺杂浓度在 $10^{17}/cm^3$ 以下($>0.1\ \Omega \cdot cm$),那么只有扩散层中存在高掺杂($10^{19} \sim 5 \times 10^{20}/cm^3$),这样就会使得表面层和空间电荷区中产生的暗电流成为整个暗电流的主要部分,从而影响开路电压和短路电流,这是电池制作中应当重视的。

目前对于高掺杂效应的理论和实验研究正在进行中,人们希望在这方面的深入研究能为太阳电池效率的提高带来新的突破。

3. 提高效率的途径

近几年来,科研技术人员在改进硅太阳电池效率方面作了许多努力;其中一些取得了一定的进展和成果,还有一些则显示了成功的希望。目前提高太阳电池效率主要有以下几种途径。

(1)紫光电池　采用 $0.1 \sim 0.15\ \mu m$ 浅结和 30 条/cm 精细密栅的紫电池,克服了死层,提高了电池的蓝紫光响应,AM1 效率曾达到 18%。但因光刻密栅技术的难度而未能大规模推广。

(2)绒面电池　依靠表面金字塔形有方锥结构对光进行多次反射,不仅减少了反射损失,而且改变了光在硅中的前进方向并延长了光程,增加了光生载流子的产量;曲折的绒面又增加了 p-n 结面积,从而增加对光生载流子的收集率,使短路电流增加 5% ~ 10%,并改善电池的红光响应。

(3)背表面的光子反射层　在电池的背面使用光滑表面的金属底电极,可以反射到达底表面的红光,增加电池的红光响应和短路电流。

(4) 优质减反射膜的选择 可提高短路电流(详细内容参见有关参考文献)。

(5) 退火和吸杂 采用适当的热退火、氢退火、激光退火或杂质吸附的办法,可以提高各区的少子寿命,从而提高光电流和光电压。但在俄歇复合的高掺杂区内,寿命受热处理的影响较小。

(6) 正面高低结太阳电池 背面高低结(BSF)电池业已投入工业生产。萨支唐等人详细叙述了在常规 n^+-p 电池的扩散层引入一个 n^+-n 高低结构成 n^+np 电池以及 n^+npp^+ 电池的工作特性,并且指出:引入 n^+-n 正面高低结之后,开路电压和效率均有大幅度提高。曾有人用外延的方法先做 $n-p$ 结,再用扩散或离子掺杂法做成 n^+np 高低结太阳电池,在 AM1 条件下,开路电压已达 636 mV。

(7) 理想化的硅太阳电池模型 考虑到绒面技术、背表面场技术和光学内反射等方面所取得的成绩,以对重掺杂材料中俄歇复合和能带变窄效应的进一步了解,材料掺杂和工艺水平的提高(少子寿命的提高,表面复合速率降低),华尔夫在新的理想化的太阳电池模型下作了新的计算,预言在 AM1 的光谱(99.3 mW/cm^2)条件下,有希望获得约 25% 的最高效率。

理想化的电池模型假设有一个厚的表面层($2\sim4\ \mu m$)、窄的耗尽区($0.05\sim0.06\ \mu m$)和薄的基区($50\sim100\ \mu m$),表面层和基区中均无静电场,表面复合均为零,正面有绒面结构,背面存在着光学内反射。为了获得高的 V_{oc} 和 V_m 值,新电池 p 区和 n 区的掺杂浓度均低于产生高掺杂效应的极限浓度,这样就可获得最高的效率。

4.6.3 硅太阳电池的温度特性和光电特性

图 4.61(a)所示为硅太阳电池的温度特性。开路电压随温度升高而下降,短路电流随温度升高而升高,电池的输出功率随温度升高而下降,每升高 1℃,损失约为 0.35%~0.45%,也就是说,在 20℃ 工作的硅太阳电池的输出功率要比在 70℃ 工作时高 20%。

地面应用的硅太阳电池一般工作在 $-40\sim+70℃$ 之间,空间应用的硅太阳电池可在 $-135\sim+125℃$ 条件下工作。用于探测地内行星(如地球轨道内侧的金星、水星等)的宇宙飞船要求太阳电池在高温和高光强下工作;而探测地外行星(如木星、土星等),要求太阳电池在低光强和低温下能正常工作,所以太阳电池的温度特性和光电特性对空间应用更为重要。

硅太阳电池的光电特性如图 4.61(b)所示。短路电流随光强增加而增加,强光时线性很好,因而对光谱作适当修正后,硅太阳电池可作照度计使用。开路电压随光强增加而呈指数上升,弱光时增加很快,强光下趋于饱和。利用曲线的迅速上升部分,太阳电池可作弱光的光强测量。

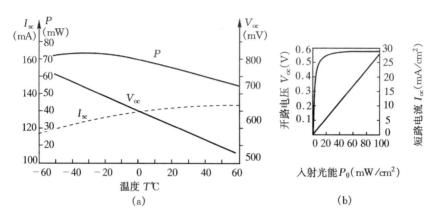

图 4.61　硅太阳电池的温度特性和光电特性

思 考 题

1. 能带是如何形成的？何谓多子？何谓少子？
2. 试述费密能级的意义。
3. 试描述载流子的产生、输运、复合过程。
4. 直接跃迁与间接跃迁有何差异？
5. 平衡 p-n 结和非平衡 p-n 结电性图有何变化？
6. 叙述"光生伏打效应"。
7. 简述硅太阳电池的温度特性和光电特性。

第5章　太阳电池材料和工艺

不同材料、不同种类的太阳电池有不同的工艺,同一种结构的太阳电池也有不同的工艺。本章重点介绍晶体硅太阳电池,同时简要地、介绍其他材料太阳电池的特点。[24]~[30]

5.1　晶体硅太阳电池

在太阳电池的实际应用中,晶体硅电池是最成熟、工业化程度最高、应用面最广和产量最大的太阳电池。图 5.1 是晶体硅 PV 产业链。

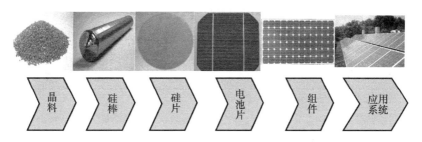

图 5.1　硅 PV 产业链

5.1.1　材料提纯

太阳能级使用的晶硅材料纯度应达 6 N 以上,需要经过硅砂、冶金硅、多晶提纯几个过程才能制得。

硅是地球外壳第二丰富的元素。冶炼硅的原材料是 SiO_2,它是砂子的主要成分。然而,在目前工业提炼工艺中,采用的是 SiO_2 的结晶态,即石英岩(优质石英砂),也称硅砂,我国山东、江苏、湖北、云南、内蒙、海南等地都有分布。材料提纯工艺流程大致如下:

$$硅砂 \xrightarrow{焦碳} 硅铁(冶金硅) \xrightarrow{盐酸} 三氯氢硅 \xrightarrow{纯化} 精馏除杂 \xrightarrow{H_2} 多晶硅$$

冶金硅与半导体级硅

硅砂用电弧炉冶炼出冶金硅,其反应式

$$SiO_2 + 3C \rightleftharpoons SiC + 2CO$$
$$2SiC + 3SiO_2 \rightleftharpoons 3Si + 2CO$$

这种方式得到的是多晶状态的硅。通常纯度为 $95\% \sim 99\%$，称为冶金硅或金属硅。全世界每年生产数百万吨冶金硅，主要用于炼钢和炼铝工业，因此又可称其为工业硅。这种多晶硅材料对于半导体工业而言，含有过多的杂质，主要为 C、B、P 等非金属杂质和 Fe、Al 等金属杂质。需要采用物理或化学方法对冶金硅进行再除杂提纯。2005 年，高纯多晶硅全世界产能约 30000 t，主要集中在少数几家大公司。

化学提纯是指通过化学反应将硅转化为中间化合物，再利用精馏除杂等技术提纯中间化合物，使之达到高纯度，然后再将中间化合物还原成硅。这样的高纯硅为多晶状态。根据中间化合物的不同，化学提纯有不同的技术路线，其共同的特点是：中间化合物容易提纯。目前，在工业中应用的技术有：三氯氢硅氢还原法、硅烷热分解法和四氯化硅氢还原法。主要是前两种技术。经过化学提纯的半导体级高纯多晶硅的基硼浓度小于 0.05×10^{-9}，基磷浓度小于 0.15×10^{-9}，碳浓度小于 0.1×10^{-6}，金属杂质的浓度小于 1.0×10^{-9}。

三氯氢硅氢还原法　该法是德国西门子(Siemens)公司于 1954 年发明的，又称西门子法，是广泛采用的高纯多晶硅制备技术，国际主要大公司均采用该技术，包括瓦克(Wacher)、海姆洛克(Hemlock)和德山(Tokoyama)公司。这种方法主要是利用冶金硅和氯化氢反应，生成中间化合物三氯氢硅，其化学反应式为

$$Si + 3HCl \rightleftharpoons SiHCl_3 + H_2$$

反应除了生成中间化合物三氯氢硅以外，还有附加的化合物，如 $SiCl_4$、SiH_2Cl_2 气体，以及 $FeCl_3$、BCl_3、PCl_3 等杂质氯化物，需要精馏化学提纯。经过粗馏和精馏两道工艺，三氯氢硅中间化合物的杂质含量可以降到 $10^{-10} \sim 10^{-7}$ 数量级。

将置于反应室的原始高纯多晶硅细棒(直径约 5 mm)通电加热至 1100℃ 以上，通入中间化合物三氯氢硅和高纯氢气，发生还原反应，采用化学气相沉积技术生成的新的高纯硅沉积在硅棒上，使硅棒不断长大，直到硅棒的直径达到 $150 \sim 200$ mm，制成半导体级高纯多晶硅。其反应式为

$$SiHCl_3 + H_2 \rightleftharpoons Si + 3HCl \quad 或 \quad 2(SiHCl_3) \rightleftharpoons Si + 2HCl + SiCl_4$$

或者将高纯多晶硅粉末置于加热流化床上，通入中间化合物三氯氢硅和高纯氢气，使生成的多晶硅沉积在硅粉上，形成颗粒高纯多晶硅。瓦克公司最近建立的太阳电池用颗粒多晶硅生产线就是利用流化床技术。

德山公司提出了新的气液沉积技术(vapor liquid deposition, VLD)，即在加热的垂直的高纯石墨管中通入三氯氢硅和高纯氢气，直接形成硅液滴，最后凝固成高

纯多晶硅。

硅烷热分解法　用硅烷作为中间化合物具有特别的优点,首先是硅烷宜于提纯,硅中的金属杂质在硅烷的制备过程中,不易形成挥发性的金属氢化物气体,硅烷一旦形成,其剩余的主要杂质仅仅是 B 和 P 等非金属,相对易去除;其次是硅烷可以热分解直接生成多晶硅,不需要还原反应,而且分解温度相对较低。但是,硅烷法制备的多晶硅虽然质量好,其综合生产成本偏高。

制备硅烷有多种方法,一般利用硅化镁和液氨溶剂中的氯化铵在 0℃ 以下反应。这是由日本小松电子公司(Komatsu)发明的,具体反应式为

$$Mg_2Si + 4NH_4Cl \Longrightarrow 2MgCl_2 + 4NH_3 + SiH_4$$

另一种重要的硅烷制备技术是美国联合碳化物公司(Union Carbide)提出的,利用四氯化硅和金属硅反应生成三氯氢硅,然后三氯氢硅岐化反应生成二氯二氢硅,最后二氯二氢硅催化岐化反应生成硅烷,其主要反应式为

$$3SiCl_4 + Si + 2H_2 \Longrightarrow 4SiHCl_3$$
$$2SiHCl_3 \Longrightarrow SiH_2Cl_2 + SiCl_4$$
$$3SiH_2Cl_2 \Longrightarrow SiH_4 + 2SiHCl_3$$

生成的硅烷可以利用精馏技术提纯,然后通入反应室,细小的多晶硅硅棒通电加热至 850℃ 以上,硅烷分解,生成的多晶硅沉积在硅棒上,化学反应为

$$3SiH_4 \Longrightarrow Si + 2H_2$$

同样,硅烷的最后分解也可以利用流化床技术,能够得到颗粒高纯多晶硅。

四氯化硅氢还原法　这是早期最常用的技术,但材料利用率低、能耗大,现在已很少采用。该方法利用冶金硅和氯气反应,生成中间化合物四氯化硅,其反应式为

$$Si + 2Cl_2 \Longrightarrow SiCl_4$$

同样采用精馏技术对四氯化硅进行提纯,然后利用高纯氢气在 1100~1200℃ 还原,生成多晶硅,反应式为

$$SiCl_4 + 2H_2 \Longrightarrow Si + 4HCl$$

太阳能级多晶硅　太阳电池用硅材料的原材料可以分为固体和气体两类。直拉单晶硅、浇铸多晶硅和带状多晶硅是利用高纯多晶硅等固体硅原料;而薄膜多晶硅和薄膜非晶硅则是利用高纯硅烷等气体原料。直拉单晶硅、铸造多晶硅和带状多晶硅可以利用半导体级高纯多晶硅作为原料。但是,用作太阳电池的硅材料对杂质的要求比半导体器件要低得多,但比冶金硅高。半导体级多晶硅用作太阳电池显得成本太高。通常仅使用微电子工业单晶硅材料废弃的头尾料和废材料,以及质量较低的电子级高纯多晶硅。因此,太阳能光伏产业迫切需要纯度高于冶金硅又低于半导体级硅,并且成本远远低于半导体级硅的太阳电池专用太阳能级硅

材料。制备太阳能级多晶硅一个好的途径是将冶金硅进行低成本提纯,把冶金硅升级到可以用于太阳电池级别,而不采用电子级高纯多晶硅精细化学提纯工艺。重要的是将冶金硅中的高浓度杂质降低到 5×10^{16} 个/cm^3 以(1×10^{-6})以下。在冶金硅中,杂质含量通常在 0.5% 以上,其中 B 和 P 杂质的浓度为($20\sim60$)$\times10^{-6}$,金属杂质 Fe 的浓度为($1600\sim3000$)$\times10^{-6}$,Al 的浓度($1200\sim4000$)$\times10^{-6}$,Ti 的浓度为($150\sim200$)$\times10^{-6}$,Ca 的浓度 600×10^{-6}。

专业人员正在探索提纯冶金硅的方法有:真空定向凝固,利用化学反应使杂质形成挥发性物质,利用化学反应使杂质形成炉渣,等等。但还没有一种技术能够投入大规模工业应用。

5.1.2 拉单晶

制造硅太阳电池不仅需要较高纯度的硅,而且应是晶体结构中基本没有缺陷的单晶硅。多年来,工业生产普遍使用制作单晶硅的方法是,直拉工艺(Cz 法,Czochralski process)和区熔工艺。

高纯多晶硅需要进行掺杂才能得到所需导电类型和电阻率的硅材料,选择掺杂剂要考虑以下几点:①杂质导电类型;②固溶度;③分布性;④与晶格匹配度;⑤电离度。为了防止掺杂剂在掺杂过程中大量升华损失,往往事先将掺杂剂做成含量稳定的母合金再行熔化。

1. 直拉法

直拉单晶硅晶体生长炉如图 5.2 所示。单晶炉最外层是保温层,里面是石墨加热器。在炉体下部有一石墨托,固定在支架上,可以上下移动和旋转,在石墨托上放置圆柱形的石墨坩埚,在石墨坩埚中置有石英坩埚,在坩埚上方,悬空放置籽晶轴,同样可以自由上下移动和转动。所有石墨件和石英件都是高纯材料,以防止对单晶的污染。在晶体生长时,通常通入低压的氩气作为保护气,有时也可以有氮气,或氮气和氩气的混合气作为直拉晶体硅生长的保护气。

制备单晶过程大致为:将多晶硅在石英坩埚中加热熔化,用一小块称作籽

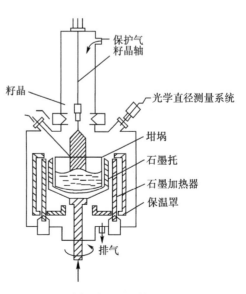

图 5.2 直拉单晶硅晶体生长炉示意图

晶的单晶体硅(结晶源)与熔融硅接触,然后一面旋转一面从熔体中拉出,使液体硅沿籽晶这个结晶中心和结晶方向生长出完整的单晶体。生产工艺一般包括:准备、装料、熔化、种晶、引晶、缩颈、等径生长和收尾,如图 5.3 所示。

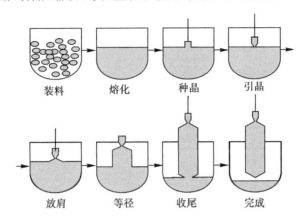

图 5.3　直拉单晶硅生产工艺图

　　连续加料拉单晶　如图 5.4 所示,多晶硅原料在熔料炉中熔化并加入适量的掺杂剂,控制液态硅缓缓地经过熔融硅液输送管进入生长炉。保持生长炉中硅液面基本不变,晶硅生长的热场条件也几乎不变。这样,单晶硅可以连续生长。当一根单晶硅生长完成后,移出炉外,装上另一根籽晶,重新开始单晶硅的生长。这种方式可以减少能耗,节约大量时间。

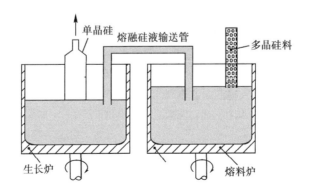

图 5.4　连续加料硅单晶生长

2. 区熔法
利用分凝现象,在没有坩埚盛装的情况下,高频感应加热多晶硅棒的局部产生一个熔区,并使这个熔区定向移动,由此来提纯、掺杂,并获得单晶硅,如图 5.5 所示。区熔法的特点是纯度很高,减少含氧量及晶体缺陷,电学性能均匀。但直径小,机械加工性差,生产成本高。

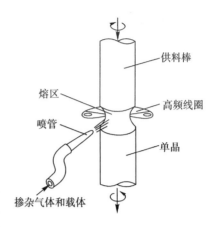

除了把高纯多晶硅拉单晶制作电池外。近年,利用多晶硅锭制做太阳电池发展迅速。多晶硅锭是一种柱状晶,通过定向凝固过程实现晶体生长垂直向上,即在结晶过程中,通过控制温度场的变化,在纵向形成温度梯度,横向要求无温度梯度,从而形成垂直生长的柱状晶。多晶硅锭定向凝固生长

图 5.5　区熔单晶硅示意图

主要有四种方法:布里曼法、热交换法、电磁铸锭法和浇铸法。

5.1.3　制作硅片

由直拉工艺生产出的单晶硅棒要制成硅片,通常采用切断、滚圆、切片和化学腐蚀等加工工艺。

1. 切断(割断)

在晶体生长完成后,沿垂直于晶体生长的方向切去晶体硅头部的籽晶和放肩部分以及尾部的收尾部分。

2. 滚圆(切方)

太阳电池用单晶硅片分圆形和方形。欲得圆形硅片,在切断晶硅后,利用金刚石砂轮磨削晶硅表面,使得整根单晶硅棒的直径一致并达到预定值。欲得方形硅片则在切断晶体后,进行切方加工。切方是沿着硅棒的纵向或晶体的生长方向,使用外圆切割机把硅棒切成一定尺寸的准长方形,该长方形的截面积为准正方形,通常尺寸为 100 mm×100 mm,125 mm×125 mm,156 mm×156 mm 等。

3. 切片

经过滚圆或切方后的单晶硅棒要制成薄片还需进行切片加工。切片主要方法有:①外圆切割;②内圆切割;③多线切割;④激光切割等。因为硅的硬度为 7,所以除激光切割外,其他切割工具都要有金刚砂刀口或金刚砂作为切割磨料。精度较高的是内圆切割。

单晶或多晶硅片厚度一般为 0.2～0.3 mm。切片损失可达 40%。

为了使硅片厚度尽量变薄、减少切割时的刀口损失以提高材料利用率,目前国

际先进水平是采用如图 5.6 所示的线锯切割。

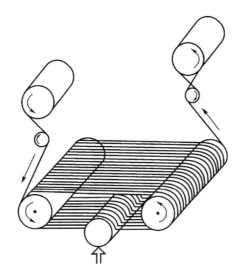

图 5.6　硅片线切割示意图

线锯在切割硅棒过程中,会把大量研料等物质残留在切成的硅片上,需要清洗,以备后用。

5.1.4　电性选择

1. 导电类型

在两种导电类型的半导体硅中,p 型硅通常用硼为掺杂元素,用以制成 n^+/p 型硅太阳电池;n 型硅用磷或砷作掺杂元素,用以制成 p^+/n 硅太阳电池。这两种太阳电池的各项性能参数大致相当。但 n^+/p 型电池的耐辐射性能优于 p^+/n 型电池,更适合于空间应用。并且 n^+/p 这种材料易得,故多采用此种材料。

2. 电阻率

硅的电阻率与掺杂浓度有关。硅材料电阻率的范围相当宽广,约 $0.1\sim50\ \Omega\cdot cm$。应考虑其对开路电压和短路电流的影响。在一定范围内,电池的开路电压随着基体电阻率的下降(即掺杂浓度的增加)而增加。图 5.7 给出了各种基体电阻率材料制成的 n^+/p 型电池的开路电压。材料电阻率较低(即掺杂杂质浓度较高)时,可得到较高的开路电压,短路电流则略低,总的转换效率较高。所以,地面应用倾向于采用零点几至 $5\ \Omega\cdot cm$ 的材料,以获得较高的转换效率。更低的电阻率,反而使开路电压降低,并且导致填充因子下降;而且,当电阻率小于 $0.3\ \Omega\cdot cm$ 时,短路电流有很快下降的趋势。电阻率较高的硅片(通常为 $10\sim20\ \Omega\cdot cm$)制成带背

表面电场的 $n^+/p/p^+$ 或 $p^+/n/n^+$ 型电池,则可以获得与低阻电池相似的开路电压。这种高阻加背场的制法已在高效硅太阳电池中经常采用。

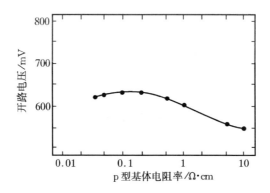

图 5.7　n^+/p 型硅太阳电池开路电压与基体电阻率的关系

3. 晶向、位错、寿命

一般要求单晶沿(1 1 1)晶向生长,切割下的硅片表面与(1 1 1)单晶平行。除了某些特殊情况外,晶向要求不十分严格。制造绒面太阳电池需要晶向为(1 0 0)的单晶硅片。在不要求太阳电池有很高转换效率的场合下,位错密度和少子寿命不作严格要求。制造高效率太阳电池所用材料要求较严。

5.1.5　制作电池

1. 硅片表面准备

在切片过程中会使晶片表面产生一层损伤层,形成晶格高度扭曲和一个较深的弹性变形层,它将对电池性能造成不良影响。硅片的表面准备包括硅片的化学清洗和表面腐蚀。化学清洗是为了除去沾污在硅片上的各种杂质;表面腐蚀是为了除去硅表面的切割损伤,同时获得适合制结要求的硅表面。制结前硅表面的性质和状态对结特性影响很大,直接影响成品太阳电池的性能。

(1)化学清洗

硅片表面污染物一般分三类:

①　油脂、松香、蜡等有机物质;

②　金属、金属离子及各种无机化合物;

③　尘埃以及其他可溶性物质。

常用清洗剂主要有:高纯水、硫酸、王水、酸性和碱性过氧化氢溶液、高纯中性洗涤剂等。

（a）高纯水。高纯水通常用电阻率来表征纯水的纯度：

高纯水 2～20 MΩ

超高纯水 >20 MΩ

由蒸馏水经过阴、阳离子交换树脂的过滤，水值可达 2～5 MΩ 不等，再经过超滤装置，水值可达 15～20 MΩ。用高纯水蒸馏可得双蒸馏水，再行处理可得超高纯水。用自来水作水源，往往需要先经过砂滤，经电渗析-离子交换柱交换后才能获得高纯水。直接从自来水或井水通入离子交换系统，容易使树脂失效。失效的树脂需分别经过 10.2 当量的 HCl 和 NaCl 溶液再生处理后使用。

硅片高温处理前须经过严格的清洗，高纯水的质量对工艺质量的保证起着极为重要的作用，否则所有的精心操作都会变为徒劳。

（b）硫酸。热的浓硫酸对有机物有强烈的脱水碳化作用，除了能溶解许多活泼金属及其氧化物外，还能溶解不活泼的铜，并能与银作用，生成微溶于水的硫酸银，但是不能与金作用。

（c）王水。王水具有极强的氧化性、腐蚀性和强酸性，在清洗中主要利用它的强氧化性。王水不仅能溶解活泼金属、氧化物等，而且几乎能溶解所有不活泼金属，如铜、银以及金、铂等。

王水能溶解金等不活泼金属是由于王水溶液中生成了氧化能力很强的初生态氯[Cl]和氯化亚硝酰 NOCl：

$$HNO_3 + 3HCl \Longrightarrow NOCl + 2[Cl] + 2H_2O$$

（d）酸性和碱性过氧化氢溶液。碱性过氧化氢清洗液是由去离子水、含量 30% 的过氧化氢和含量为 25% 的浓氨水混合而成，它们的体积比：水∶双氧水∶氨水=5∶1∶1～5∶2∶1。酸性过氧化氢清洗液是由去离子水、30% 过氧化氢和 37% 浓盐酸按比例混合而成，它们的体积比：水∶双氧水∶盐酸=6∶1∶1～8∶2∶1。酸性和碱性过氧化氢溶液一般在 75～85℃ 温度下进行清洗，时间为 10～20 min，然后用去离子水冲洗干净。

（2）表面腐蚀

采用机械方式切割加工的硅片，其表面除了有高低不平的刀痕外，还有如图 5.8 所示的损伤。其中 a 层为非晶、多晶层；b 层为有微裂纹的损伤层；c 层为机械应力层。这些损伤总厚度约 15～30 mm，对电池性能影响较大，必须通过化学腐蚀予以去除。化学腐蚀的作用是去除切片机械损伤，暴露出晶格完整的硅表面。腐蚀后还须清洗。

腐蚀液分酸性和碱性两类。

① 酸腐蚀法。硝酸和氢氟酸混合液是腐蚀硅最广泛采用的腐蚀液。浓硝酸和氢氟酸的体积比一般为 10∶1～10∶2。硝酸的作用是使单质硅氧化为二氧化

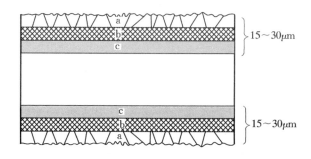

图 5.8　硅片表面损伤

硅,其反应如下:

$$3Si + 4HNO_3 == 3SiO_2 + H_2O + 4NO\uparrow$$

硅表面被氧化后形成非常致密的 SiO_2 薄膜,并对硅起保护作用。腐蚀液中由于氢氟酸的存在,使 SiO_2 溶解,其反应如下:

$$SiO_2 + 6HF == H_2[SiF_6] + 2H_2O$$

生成的络合物六氟硅酸是溶于水的,这样硅就被腐蚀了。硅的腐蚀速度与硝酸和氢氟酸的配比、腐蚀液的温度、搅拌与否、硅片放置方式等因素有关。为了均匀腐蚀,通常保持一定转速。为了控制腐蚀速度,并使硅表面光亮,可以在腐蚀液中加入醋酸作缓冲剂。常用的酸性腐蚀液配方有:

$$HNO_3 : HF : CH_3COOH == 5 : 3 : 3、5 : 1 : 1 \ or \ 6 : 1 : 1$$

实验表明,在各种情况下,对于电阻率为 $0.05\sim78$ $\Omega\cdot cm$ 的 p 型和 n 型硅,腐蚀速度没有差别。

② 碱腐蚀法。硅与 $NaOH$、KOH 等碱性溶液发生反应,生成硅酸盐并放出氢气。因此,碱性溶液也可以用作硅的腐蚀液,反应式如下:

$$Si + 2NaOH + H_2O == Na_2SiO_3 + 2H_2\uparrow$$

出于经济上的考虑,通常用较廉价的 $NaOH$ 溶液。为了加快腐蚀速度,须将碱溶液加热煮沸或接近沸点。图 5.9 给出了 100℃下不同浓度的 $NaOH$ 对(1 0 0)晶向硅的腐蚀速率。

由于各向异性作用,(1 1 1)面比(1 0 0)面腐蚀速度小,(1 1 1)晶向硅片采用碱腐蚀须注意这一点。实践证明,选择合适的浓度和腐蚀温度,增加腐蚀时间,对于(1 1 1)硅片也能取得满意的结果。

碱腐蚀的硅片表观虽然没有酸腐蚀的硅片光亮平整,但制成的电池性能完全相同。碱腐蚀的优点是成本较低和对环境的污染小。碱腐蚀亦可以用于硅片的减薄技术,制造薄型硅太阳电池。

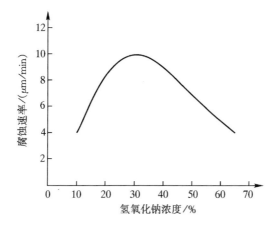

图 5.9 硅片在不同浓度 NaOH 溶液中的腐蚀速率(两面)

(3) 绒面制备

绒面状的硅表面是利用硅的各向异性腐蚀,在每平方厘米硅表面形成几百万个四面方锥体,如图 5.10 所示。由于入射光在表面的多次反射和折射,增加了光的吸收,提高电池的短路电流和转换效率。这种表面的反射率很低,表面呈黑色,故绒面电池也可称为黑电池。图 5.11 所示为绒面制作完成后,硅片表面的反射率随波长的变化。

图 5.10 绒面硅表面

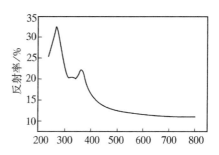

图 5.11 绒面硅片表面反射率与波长关系

各向异性腐蚀是指腐蚀速度随单晶主要的不同结晶方向而变化。一般而言,晶面间的共价键密度越高,则该晶面簇的各晶面连接越牢,也就越难被腐蚀。因此,在该晶面簇的垂直方向上腐蚀速度就越慢。反之,晶面间的共价键密度越低,则该晶面越容易被腐蚀。由于(100)面的共价键密度比(111)面低,所以(100)面比(111)面的腐蚀速度快。对于硅而言,如果选择合适的腐蚀液和腐蚀温度,(100)面可比(111)面腐蚀速度大数 10 倍以上。因此,(100)硅片的各向异性腐蚀最终导致在表面产生许多密布的表面为(1 1 1)面的四面方锥体,形成绒面状的硅表面。由于腐蚀过程的随机性,方锥体的大小不等,以控制在 2～4 μm 为宜。除了高浓度掺硼的硅以外,硅各向异性腐蚀对于电阻率和掺杂元素的类型关系不大。

　　硅的各向异性腐蚀液通常用热的碱性溶液,可用的碱有 NaOH、KOH、LiOH、联氨和乙胺等。大多使用廉价的 NaOH 稀溶液(浓度约为 1%)来制备绒面硅,腐蚀温度为 80～90℃。为了获得均匀的绒面,还应在溶液中酌量添加醇类(常用乙醇和异丙醇)作为络合剂,用碱性或酸性腐蚀液蚀去约 20～25 μm;在腐蚀绒面后,进行一般的化学清洗。

　　经过表面准备的硅片都不宜在水中久存,以防沾污,应尽快扩散制结。

2. 制结

　　制做 p-n 结的过程就是在一块基体材料上生成导电类型不同的扩散层。它是电池制造过程中的关键工序之一。制 p-n 结的方法有多种,如热扩散、离子注入、外延、激光、高频电注入法等。现介绍热扩散法及离子注入法。

　　(1) 扩散制结

　　① 扩散微观过程　在太阳电池工艺中,可将硼加到直拉工艺的熔料中,从而生产出 p 型硅片。为了制造太阳电池,必须掺入 n 型杂质,以形成 p-n 结。热扩散制 p-n 结法是用加热方法使 V 族杂质掺入 p 型硅片。磷是常用的 n 型杂质。常见的工艺如图 5.12 所示,载气通过液态磷酰氯(POCl₃),混入少量的氧后通过排放到有硅片的加热炉管。这样,硅片表面就生成含磷的氧化层。在规定的炉温

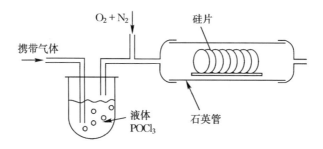

图 5.12　磷扩散工艺

(800～900℃)下,磷从氧化层扩散到硅中。约 20 分钟之后,靠近硅片表面的区域,磷杂质超过硼杂质,从而制得一薄层重掺杂的 n 型区。磷(或硼)等掺杂原子在高温硅片表面依靠分子热运动由表及里不断推进;表面杂质浓度往往要比基体杂质浓度高几个数量级。在扩散杂质(如磷原子)浓度等于基体中固有杂质浓度的地方

即形成 p-n 结。p-n 结到硅片表面的距离 X_j 称为结深,如图 5.13。

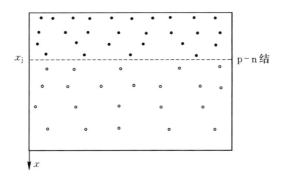

图 5.13 扩散制 p-n 结

② 扩散方程 垂直于表面的 x 方向,固体中的扩散过程表达为:

$$\frac{\partial P(x,t)}{\partial t} = -D \frac{\partial^2 P(x,t)}{\partial x^2}$$

式中:$P(x)$ 为硅片中距表面 x 处的扩散杂质原子浓度,负号表示沿 x 方向浓度减少;D 为扩散系数;x 为距离;t 为时间。

经研究,扩散系数 D 可表示为:

$$D = D_0 e^{-E_a/kT}$$

式中,D_0 为扩散常数,与材料有关;E_a 为激活能,表征硅原子离开原位的能量,硅的 E_a 约为 4 eV;K 为玻尔兹曼常数;T 为绝对温度。

杂质原子在硅的晶格中有位替式(即杂质原子取代硅原子占据了格点位置)和填隙式(即杂质原子占据了晶格间隙位置)等扩散方式。后一种方式对晶格损伤较大。

③ 杂质分布 利用不同边界条件,可以求解扩散方程。当存在恒定表面源时,杂质分布为补余误差函数,若表面为恒定杂质总量,则杂质分布满足高斯分布。

因为 X_j 结深与太阳电池的特性有密切的关系,所以常常利用如下关系:

$$X_j = \sqrt{Dt}$$

式中 D、t 含义同上。即当选定材料和温度时,可调节扩散时间来控制结深 X_j。

④ 杂质的分凝系数 实际扩散过程比较复杂。在高温条件下,硅表面与 O_2、N_2、P、B 等发生高温化学反应,在表面生成磷(或硼)硅玻璃,而作为扩散源的磷(或硼)必须先进入磷(或硼)硅玻璃,然后进入硅。随着扩散原子向硅中推进,表面的磷(或硼)硅玻璃层也增厚。以磷涂源扩散为例,磷源采用 P_2O_5 的水溶液,涂复在硅片上烘干后脱水生成 P_2O_5。

在高温下

$$P_2O_5 + 5Si \longrightarrow 4P + 5SiO_2$$

所以磷硅玻璃实际上是一种富磷的 SiO_2。当扩散结束硅片降温时,各种杂质将在 SiO_2 和 Si 的界面处发生分凝现象。据测定,磷的分凝系数是 10,硼的分凝系数是 0.3;于是就在 SiO_2 中发生"吸硼排磷"的现象。即在降温时,在磷硅玻璃下的硅一侧将富磷,在硼硅玻璃下的硅一侧将欠硼。

⑤ **扩散方法**　硅太阳电池所用的扩散方法主要有:气相扩散、涂源扩散、固态源扩散。

(a) **气相扩散**　用含有磷(硼)源的气体通入石英管,在高温硅片周围形成一个充满磷(或硼)的原子气氛,让磷(或硼)原子通过硅面向内部扩散。磷扩散气体源通常用三氯氧磷($POCl_3$)或磷烷(PH_4),扩散温度 850~950℃。扩散时间约 8~30 min。硼扩散气体源通常用硼酸三甲酯或硼烷(BH_3)。气相扩散法制结均匀,重复性好。

(b) **涂源扩散**　用磷源(或硼源)涂复在硅片表面送入石英管进行扩散。其步骤是:用一二滴五氧化二磷或三氧化二硼在水(或乙醇)中的稀溶液,预先滴涂于 p 型或 n 型硅片表面作杂质源,在氮气氛中进行扩散。在扩散温度下,涂布杂质源与硅反应,生成磷硅或硼硅玻璃。沉积在硅表面的杂质元素在扩散温度下向硅内部扩散,形成重掺杂扩散层,因而形成 p-n 结。常用的源有:乳胶源、水源、乙醇源。涂复方法有:喷涂、刷涂、印制、浸涂、旋涂等。涂源扩散法成本低廉,适宜于大批量生产且毒性小。

(c) **固态源扩散**　用含磷(或硼)固体源片与硅片一起送入扩散炉。在高温下,固体源片放出磷(或硼)原子向硅中扩散,常用磷源片有高纯磷源陶瓷片、碱硅微玻璃等;硼源片有高纯硼源陶瓷片、氮化硼片、硼硅微晶玻璃片等。固态源扩散同样具有操作方便,质量均匀等优点。但固态源片价格较贵。

总之,对扩散要求是获得适合太阳电池 p-n 结需要的结深和扩散层方块电阻。浅结死层小,电池短波响应好,但浅结引起方块电阻加大。为保持电池有低的串联电阻,需要增加上电极的栅线数目,但电极制造困难。两者是矛盾的,实际上要兼顾双方。常规硅太阳电池结深 0.3~0.5 μm,方块电阻约 20~70 $\Omega/\square$。

(2) **离子注入掺杂**

① **离子注入原理与退火处理**　离子注入技术是把杂质原子电离并用强电场加速,然后直接打入到作为靶的半导体基体材料中去的一种掺杂技术。

离子注入掺杂技术的优点有:能在室温下注入,不沾污背面;通过质量分析器选取单一杂质离子,保证注入杂质的纯度,注入深度和掺杂浓度可分别由注入离子的能量和剂量准确地控制,适合于制作结深 0.2 μm 以下的大面积浅结;可获得适

应于常规栅线设计的较低方块电阻,有较好的均匀性、重复性和较高的成品率;
p-n结结面平整,可在掩蔽膜(如二氧化硅膜)下形成,不易沾污,可以大批量自动
化连续生产。

把杂质原子电离成带电离子便获得离子源。在强电场作用下,这些离子被加
速到几万至几十万电子伏特的能量,经过聚焦,质量分析等过程成为纯的杂质离子
束。用离子束扫描使离子大面积均匀地注入到太阳电池基体的单晶硅片靶中。这
就是离子注入的掺杂过程。上述全部过程在真空中进行,靶室的真空度约 10^{-6}
Torr 数量级。注入深度与注入离子的能量有关。以此控制结深。注入离子的剂
量可以控制掺杂浓度,所谓剂量就是单位面积包含杂质离子数目,它与注入离子流
的电流密度(通常称束流密度)大小及注入时间长短有关。

当离子束轰击硅靶片进入硅体时,高能量杂质离子使一部分处于晶格上的硅
原子发生位移。进入硅中的杂质离子一般不会处在原来硅原子的位置上,被位移
的硅原子还可以依次与其他晶格原子碰撞,结果形成一系列空位-间隙原子对,这
样引起的缺陷是一种辐射损伤。对这种状态的注入区域常称为微观损伤区,要使
这部分受损伤的晶体恢复到原来状态,通常是在真空或氮气气氛中使硅片在一定
温度下保持一段时间使损伤的晶格复原。习惯上把这种热处理称为“退火”。

退火不仅能消除辐射损伤,而且能恢复注入杂质的电活性。因为注入到硅中
的杂质原子往往处于间隙位置,不能提供载流子,是所谓非电活性的。退火后,可
使杂质原子进入替代硅原子的晶格位置,从而起施主或受主作用,即成为电活性
的。注入硅中杂质离子成活率因杂质类型而异,对于磷和硼,成活率接近100%,
而砷只有50%左右。

退火的作用还使原来很高的表面方块电阻(约 $10^3 \sim 10^5$ Ω/□)降到 10^2 Ω/□
以下,能适应常规的上电极栅线设计。

热退火温度和离子注入剂量有关。对于 10^{14} 个离子/cm² 以下的注入剂量,硅
片的退火温度约为 400~500℃。但是,硅太阳电池制结所用的注入剂量都是大于
10^{14} 个离子/cm² 的重掺杂,这种情况的损伤区会形成一层非晶层。为了使这层非
晶层恢复单晶状态,需要采取较高的退火温度才能活化注入的离子及恢复载流子
寿命,通常采用的温度为 600~1000℃。

须指出,热退火处理并不能使损伤缺陷全部消除,会影响电池转换效率的提
高,这是离子注入掺杂技术的一个缺点。

图 5.14 显示杂质在硅体内的分布、有 SiO₂ 掩蔽膜时的注入分布、热退火前后
杂质分布。图 5.14(a)表示,扩散法杂质分布的浓度最大值在硅表面;而离子注入
法的杂质分布,其浓度最大值并不在硅表面而是深入到硅体内一段距离。这段距
离的大小与注入能量的大小有关。在一般情况下,杂质浓度最大值约在离表面

100 nm 或几十纳米处。形成此种分布的原因是,由于杂质离子受电场加速注入硅片之后,受到硅原子阻挡使其动能完全耗尽后才停留在硅体内。实际上,杂质离子的能量是按几率分布的,各个杂质离子的动能并不相同,能量大的和能量小的离子都是小数,而能量居中的离子数最多。能量的大小决定了离子在硅体内的射程,于是便形成了图 5.14(a)中所示的杂质分布。在有介质掩蔽膜存在的情况下,离子注入的杂质分布近似于扩散法的高斯分布。其近似程度取决于掩蔽膜的厚度及注入离子能量的大小。图 5.14(b)示出了 SiO_2 作注入掩蔽膜时,注入杂质在硅内高斯分布的情况,分布的峰值在硅的表面。与图 5.14(a)所示分布峰值埋入硅内部的情况相比,这种分布对电池性能是有益的。但是,制作掩蔽膜将使电池制造工艺复杂化。图 5.14(c)表示了退火前后硅中杂质的分布情况。

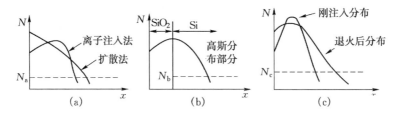

(a)杂质在硅体内的分布;(b)有 SiO_2 掩蔽膜时的注入分布;(c)退火前后的杂质分布
图 5.14　离子注入杂质在硅体内的分布情况

退火处理不仅与退火温度有关,也与退火时间、硅片基体性质(如电阻率、晶向)、注入离子的能量和剂量等有关。这些影响主要表现在退火后表面方块电阻的差别。因此,应根据不同情况选择合适的退火条件。

②　简易低成本离子注入法和激光退火　通常的离子注入技术,设备复杂而且价格昂贵。常规注入机的束流密度低,生产效率不高;所以,制造成本高,不能应用于大规模的电池生产。

为实现低成本的离子注入,可采用图 5.15 所示的这种小型离子注入机的结构。在离子注入后,紧接着激光退火,此法易于实现自动化连续大规模的生产。小型离子注入机的结构非常简单,它包括离子源和离子加速两个部分。离子源由辉光放电的玻璃钟罩组成,在其中引入杂质源气体(BF_3 或 PF_5 等,压力为 $10^{-1} \sim 10^{-2}$ Torr),在 6000 eV 直流高压下形成等离子体,在能量为 $2 \times 10^4 \sim 8 \times 10^4$ eV 下这些离子被提取并加速,直接冲击到硅靶片上。全部离子源可以垂直偏转到大面积衬底上。由于没有用质量分析,束流密度可高达 1 mA/cm²。这种离子束中不仅有杂质离子,也包含有速度较低的较重的分子离子,后者在硅中的射程较短。因而,注入后获得的杂质分布不是如图 5.14(a)所示那种埋入硅内部的高斯分布,强掺杂发生在非常近表面的高斯分布峰值处。所以,表面薄层的方块电阻也将降低,这些对太阳电池性能都是有利的。另外,由于没有质量分析,要用高纯度杂质源气体。注入条件是:室温下注入,用 BF_3 气时能量约 2.5×10^4 eV,用 PF_5 气时能量约 4.5×10^4 eV,剂量都超过 10^{16} 个离子/cm^2。由于低速度重分子离子会产生强辐射损伤,导致轰击区的完全非晶化,因此退火处理尤为重要。在高真空(10^{-6} Torr)中 950℃保持 30 min,并以 100℃/h 的速率降温,可以得到良好结果。

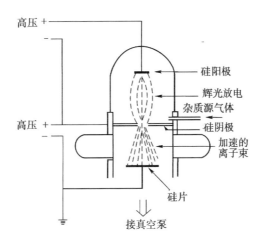

图 5.15　小型离子注入机结构示意图

离子注入后的退火方式,除了加热退火法以外,还可以采用脉冲激光退火和电子束退火等方法。现仅简单介绍激光退火。

激光退火是在室温下,用激光束扫描经过离子注入的硅片,消除微观损伤。其优点是可以提高注入层和注入层下的少子寿命,可以避免长时间高温下热退火时缺陷迁移形成的更复杂、更稳定的新缺陷。激光退火法也容易与小型离子注入机相结合,实现自动化连续性生产。图 5.16 是激光退火和上述小型简易离子注入机形成的组合设备示意图。注入和退火都在真空中进行。此法有可能达到很高的生产速度。以图中所示的单孔离子源为例,预计生产能力为 2 m²/hr。若设计成多孔离子源,生产能力更大。

选择合适的激光器要考虑它能否提供足够的功率,在能量和速度上能使损伤区退火,以及激光器必须具有合适的波长,使激光束穿入硅中的深度适应于所要求的退火深度。可供选择的激光器有红宝石激光器、掺钕的钇铝石榴石激光器(Nd:YAG)和 Nd:YAG/SHG 激光器(即 Nd:YAG 和二次谐波发生器相结合

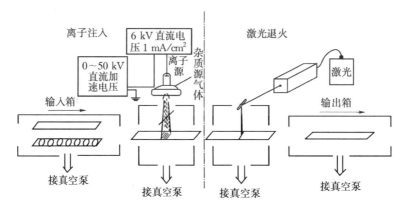

图 5.16　小型离子注入-激光退火组合设备示意图

的一种激光器)。这些激光器的波长分别为 0.6943 μm, 1.064 μm 和 0.532 μm。

3. 去背结

在掺杂制结过程中,往往在电池侧面及背面也形成了 p-n 结。所以在后续工序要去掉电池侧面、背面的结和表面的氧化层。

去除背结可用:化学腐蚀、磨砂(或喷砂)和蒸铝烧结等方法。

(1) 化学腐蚀　化学腐蚀除去背结是掩蔽前结后,用腐蚀液去除其余部分的扩散层。因此可以省去制作电极后腐蚀周边的工序,得到图 5.17 的结构。腐蚀后背面平整光亮,适合于制作真空蒸镀的电极。

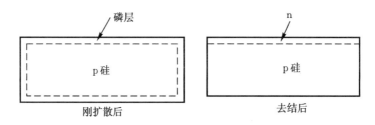

图 5.17　除去背结

掩蔽前结一般用涂黑胶并烘干的方法。黑胶是用真空封蜡或质量较好的沥青溶于甲苯、二甲苯、松节油或其他溶剂制成。为了使用方便,可以先配制浓黑胶液,使用时再适当稀释。腐蚀液一般用酸性溶液,例如:

$$HNO_3 : HF : CH_3COOH \Longrightarrow 3 : 3 : 1 \text{ or } 5 : 3 : 3$$

硅片蚀去背结后用溶剂溶去真空封蜡,再经浓硫酸或清洗液煮沸清洗,去离子水洗净后烤干备用。

（2）磨片除去背结　　磨片法是用金刚砂（M10）将背结磨去，也可以用压缩空气携带砂粒喷射到硅片背面以除去背结。磨片后在硅片背面形成一个粗糙的表面，适用于化学镀镍制造的背电极。磨片前应先掩蔽硅片正面，以防损伤前结。掩蔽前结的方法同化学腐蚀法。磨片可在玻璃板上用金刚砂加水操作。注意须将整个背面磨糙，不要留下未磨的边、角。磨后用水冲洗去砂或用水超声清洗，但要严防砂粒或超声时损伤正面边、角的 p-n 结。洗后进行背面化学镀镍。

为了操作的方便和合理，磨片法除去背结工序应安排在制作上电极和底电极之间。

（3）蒸铝烧结　　前两种除去背结的方法，对于 n^+/p 型和 p^+/n 型电池都是适用的。蒸铝烧结除去背结的方法仅适用于 n^+/p 型太阳电池。

蒸铝烧结是在扩散硅片背面真空蒸镀一层铝，加热到铝-硅共溶点（557℃）以上烧结合金。经过合金化以后，随着降温，液相中的硅将重新凝固出来，形成含有少量铝的再结晶层。实际上是一个对硅掺杂的过程，它补偿了背面 n^+ 层中的施主杂质，得到以铝为受主的 p 层，达到消除背结的目的，习惯上称"烧穿"。由硅-铝二元相图可知，随着合金温度的上升，液相中硅的比率增加，所用的铝可以减少。因此提高烧合金的温度和增加硅片背面蒸镀的铝量有助于背结的消除。在足够的铝量和合金温度下，背面甚至能形成与前结方向相同的电场，称为背面场，从而提高电池的开路电压和短路电流。此法用于制造高效率硅太阳电池。在常规电池制造中，蒸铝烧结的目的仅是除去背结，并减小底电极的接触电阻。有时对开路电压也有少量增加（约几毫伏）。

典型的蒸铝烧结工艺条件是在背面真空蒸镀厚度为 $0.1\sim0.5\ \mu m$ 铝层，蒸镀前扩散硅片须预先用 HF 除去背面的磷硅玻璃。然后在氮或氩气氛中烧结，烧结温度为 600～750℃，烧结时间 8～10 min。烧结后用王水或酸性清洗液煮沸，除去背面残余铝，再用去离子水洗净后烤干并检验。

腐蚀和磨片除去背结的质量检验可用简单的目视观察法。蒸铝烧结法则需要用热探针逐片检验或抽样检验背面是否已呈 p 型，以防废品和次品。

背结能否被烧穿与下述因素有关：基体材料的电阻率（即掺杂浓度），背面扩散层的掺杂浓度和厚度，背面蒸镀的铝层厚度，烧结的温度和时间。当材料电阻率较低、背面掺杂较轻、铝层较厚、烧结温度较高和时间较长时，背结就较容易烧穿。对该工序，基体材料和背面掺杂的情况已经确定，烧结时间 8～10 min 已足够，主要变化因素是铝层厚度和烧结温度。确定工艺条件时要兼顾这两个参数，正常生产时须注意每次蒸镀的铝层厚度。

磨片除去背结后与化学镀镍底电极工序是紧接的。经腐蚀和蒸铝烧结除去背结的硅片可以存放较长时间。

4. 腐蚀周边

经扩散的硅片,在硅片边沿或侧面可能有不同程度的掺杂,形成扩散层。周边扩散层若不去掉,将会使电池的上、底电极形成短路。周边上存在任何微小的局部短路都会使电池并联电阻下降,以至成为废品。

在制造电池工艺流程中,通常在制得电极后腐蚀周边。上电极和底电极都是真空蒸镀的,在钎焊焊锡后腐蚀周边,否则在腐蚀周边之后才钎焊。有的周边扩散层已在腐蚀除去背结的同时一起除去,可省去这一工序。少数有局部短路现象的电池仍需要腐蚀周边以恢复输出特性。

腐蚀周边比较简单,把硅片两面掩蔽好,用硝酸、氢氟酸和醋酸组成的腐蚀液腐蚀半分钟至一分钟。腐蚀后用水洗净,再移去掩蔽,即告完成。

5. 制减反射膜

硅片经扩散到腐蚀周边工序后,已具备光电转换能力。但是,由于光在硅表面的反射使光损失约1/3,即使经绒面处理的硅表面,损失仍约为11%。为减少反射损失,根据薄膜干涉原理,在电池表面制作一层减反射膜,使电池短路电流和输出增加。

硅电池波长响应峰值在 $0.5\sim$ $0.9~\mu m$之间,在该波段区间硅片反射系

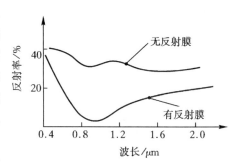

图 5.18　有无减反射比较

数约30%。采用减反射层以降低表面的反射,而不增大表面复合速度可以显著提高电池转换效率。图 5.18 显示纯净硅表面的反射光谱曲线与采用减反射层的硅表面的反射光谱曲。由图可见,镀层以后反射率显著下降。此时,太阳电池片的短路电流和转换效率约可提高20%左右。

(1) 光学要求　减反射层在光学性能上须满足下列二个条件:

① $\quad n_1 \cdot n_2 = n_2^2$

② $\quad n_2 d = \dfrac{1}{4}\lambda(2L-1)$

式中,L 为正整数;n_1 为覆盖层的折射率;n_2 为减反射层折射率;n_3 为电池折射率;λ 为波长。

如图 5.19 所示,当 d 为介质波长整数倍时,从硅表面反射出来的光,在 $n_1 n_2$ 界面处是最大幅值,再次从界面反射回硅表面,增加光子吸收。

若无覆盖层,表面是空气 $n_1=1$。对硅电池,$n_3=3.4\sim4.0$。由条件①得减反射层折射率是:

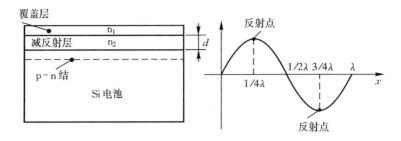

图 5.19　减反射层及反射

$1.8 \leqslant n_2 \leqslant 20$

若取太阳光谱波长为 $0.4 \sim 1.1\ \mu m$，把 n_2 及波长代入条件②得到减反射层厚度为：

$d \geqslant 800 \overset{\circ}{\mathrm{A}}$

（2）常用材料　　减反射层材料可选：TiO_x、ZrO_2、ThO_2、SnO_2、SiO_2、SiN_x、MgF_2 等。

（3）减反射膜基本要求

① 折射率匹配；②散射和吸收小；③透射光谱与电池吸收光谱匹配；④稳定性好；⑤易制作；⑥价廉。

（4）制备方法

① 化学气相沉积（CVD）；②等离子增加化学气相沉积（PECVD）；③喷涂热解；④溅射；⑤蒸发等。

选择减反射材料应考虑如下因素。

(a)需要降低反射率的波段内，薄膜应该是透明的；

(b)应能很好地粘附在基体上，热膨胀系数与基体材料接近；

(c)应具有较高的机械强度；

(d)不受高能粒子、温度交变和化学腐蚀的影响；

(e)不应增加电池表面的复合速度。

$TiO_x(x \leqslant 2)$ 是晶硅电池常用的减反射膜，该膜具有较高的折射率（$2.0 \sim 2.7$），透明波段中心与太阳光中可见光谱波段匹配良好（550 nm）。是一种理想的太阳电池减反射膜。TiO_x 制备可以利用氮气携带含有钛酸异丙酯的水蒸气，喷射到加热后的硅片表面上，发生水解反应，生成非晶 TiO_x 薄膜。其化学反应为

$$Ti(OC_3H_7)_4 + 2H_2O = TiO_2 + 4(C_3H_7)OH$$

SiN_x 是另一种常用的晶硅电池减反射膜。由于氮化硅薄膜具有良好的绝缘性、致性、稳定性和对杂质离子的掩蔽能力，其作为一种高效器件表面的钝化层已被广泛应用于半导体工艺中。氮化硅也有好的光学性能，$\lambda = 632.8$ nm 时，折射率

在 1.8~2.5 之间；在氮化硅制备过程中，还能对硅片产生氢钝化作用以改善硅电池的转换效率。氮化硅采用 PECVD 制备薄膜用在多晶硅电池上，具有沉积温度低，对多晶硅中少子寿命影响小，而且生产能耗较低，沉积速度较快，生产效率高、薄膜质量好，均匀且缺陷密度较低。如图 5.20 所示，在 600~800 nm 范围内，具有氮化硅减反射薄膜的硅片表面的反射率低于 5%。

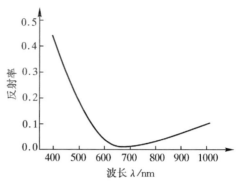

图 5.20　氮化硅减反膜硅片的反射光谱

　　PECVD 制备氮化硅减反射膜的反应温度一般在 300~400℃，反应气体为硅烷和高纯氨气，其反应式为

$$3SiH_4 + 4NH_3 \Longrightarrow Si_3N_4 + 12H_2$$

4. 制作上电极、底电极

　　制作电极也是制造太阳电池的关键工序之一。为了使硅太阳电池的电能输出，必须在电池上制作正、负两个电极，以使其产生的电能可汇集流出。在常规 p-n 结电池中，电极与半导体之间必须是欧姆接触，这样才能有较高的导电率。与 p 型区接触的电极是电流输出的正极，与 n 型区接触的电极是电流输出的负极。习惯上把制作在电池迎光面的电极称为上电极，把制作在电池背面的电极称为底电极或背电极。上电极通常制成窄细的栅线状以克服扩散层的电阻，并由一条较宽的母线来收集电流；底电极则布满电池背面的全部或者绝大部分，以减小电池的串联电阻。

　　n^+/p 型硅太阳电池的上电极是负极，底电极是正极；在 p^+/n 型的太阳电池中正好相反。

　　制作电极的一些要求.

　　(1) Ω 电极的要求　①接触电阻小；②收集效率高；③遮蔽面积小；④接触牢固；⑤稳定性好；⑥宜加工；⑦成本低；⑧易引线，可焊性好；⑨材料体电阻小。

　　(2) Ω 接触的基本类型　①高复合接触；②低势垒接触；③高掺杂接触。

　　(3) 电极图形与设计计算　电极图形的设计原则是使电池的输出最大。设计要兼顾两个方面。一方面使电池的串联电阻尽可能小；另一方面使电池受光照射面积尽可能大。电池的总串联电阻可用下式表示：

$$R_s = r_m + r_{c1} + r_t + r_b + r_{c2}$$

式中，r_m 为上电极金属栅线的电阻；r_{c1} 为金属栅线和前表面间的接电阻；r_t 为前表面（扩散层）薄层的电阻；r_b 为基区电阻；r_{c2} 为底电极与半导体的接触电阻。

一般情况下，r_m、r_{c1}、r_t、r_b、r_{c2} 都比较小，r_t 是串联电阻的主要部分。对于图5.21所示的长条平行栅线

$$r_t \propto \frac{R_\square \left(\dfrac{L}{W} \right)}{m^2}$$

式中 m 为栅线条数，可以看出欲降低 r_t，需增加栅线条数，但增加栅线条数将使电池受光面积减少。对于相邻的两条平行栅线，由于扩散层的方块电阻使短路电流在它上面产生的电压降为

$$\Delta V = J_{sc} \cdot R_\square \cdot d^2 / 12$$

式中，J_{sc} 为短路电流密度；$R_\square$ 为扩散层的方块电阻；d 为栅线间距。

如果该电压降小于热电压 kT/q，可以认为它对电池性能无大的影响，则有

$$d < \sqrt{\frac{12kT}{qJ_{sc}R}}$$

于是可由栅线间距求得栅线条数。对于常规硅太阳电池，扩散层的方块电阻约 $20 \sim 70\ \Omega/\square$，相应的栅线条数取 $2 \sim 4$ 条/cm。上电极挡住一部分入射到电池的光，因此，图形要做得窄细。一般上电极占电池面积的 $6\% \sim 10\%$，图形由金属遮挡掩模形成。利用光刻技术可以制作精细栅线，上电极占面积可降

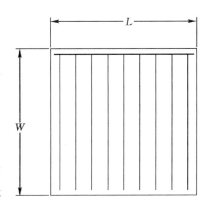

图 5.21　平行栅线电池

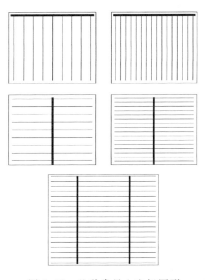

图 5.22　几种常见上电极图形

到 3%。图 5.22 列出了几种上电极图形。在聚光电池设计中应充分注意上电极的图形。

对于底电极的要求是尽可能布满背面，覆盖面积一般应达 97% 以上。实验证明，覆盖面积不足 90% 时，将引起填充因子下降。但对于背面已全部蒸铝烧结除去背结的表面，这种影响将不如腐蚀的背面那样显著。

（4）制备方法

① 真空蒸镀　用上电极图形掩模模具板蒸镀电极，掩模由线切割机、光刻或

激光加工的不锈钢箔或铍铜箔制成。如果镀膜机是带有电极模具板翻转机构的,上电极、底电极可以一次形成,否则需要两步抽真空分别蒸镀。镀膜电极材料可选:Al—Ag、Ti—Pd—Ag、Ti—Ag。牢固度分析主要因素有:清洁度、返油率、真空度、操作程序、衬底温度、蒸发量和时间。

② 丝网印刷　选材料:Al、Ag 浆配方,质量分析:温度时间控制、可焊性、牢固度、结特性影响。

③ 丝网印刷化学镀镍　主要事项:镀 Ni 前处理、镀镍液配方、丝网制作、操作、退火、质量分析(牢固度、可焊性、结特性等)。

④ 其他制电极方法　透明电极、电冲击等。

5.1.6　电池生产线

硅电池生产线有手工、半自动和自动线几种。在手工线中,操作人员技能和情绪对产品性能影响很大,质量不够稳定,且电池平均转换效率偏低,采用者愈来愈少。在半自动和自动线中,当工艺参数确定后,设备对电池性能和质量起到关键作用,并且产品的性能质量较好、生产稳定、产量大、成本低。因此,近年新上硅电池生产线多为半自动线和自动线,这些线主要由清洗、制绒、扩散、丝印、烧结及辅助设备等构成。图 5.23 所示为新的硅电池生产线布局,其工艺流程按顺时针进行。这种布局一般按产能 25 MW 或 30 MW 为一条线设置。图 5.24 是晶硅电池生产工艺主要流程图。

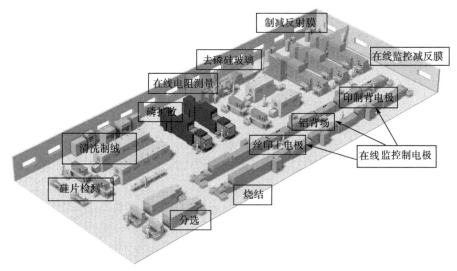

图 5.23　晶硅电池生产线布局

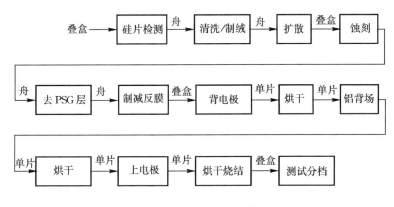

图 5.24　晶硅电池生产流程

5.1.7　多晶硅电池

多晶硅太阳电池的制造方法,几乎与单晶硅太阳电池相同,即将硅锭或硅砖切成硅片、清洗、扩散、减反射膜、制上电极、底电极等。但因材料为多晶硅,工艺细节将不相同,如扩散时杂质将沿晶粒间界深入扩散等,对电池性能有影响。其制绒工艺也与单晶硅片存在差异。

多晶硅太阳电池的开路电压与单晶硅太阳电池的开路电压相等,填充因子相仿,但短路电流较低。原因估计是晶界复合和杂质复合,而以晶界复合为主,杂质则偏析在晶界之间。

为了尽量减小晶界的活性界面态密度,使多晶硅太阳电池的效率提高,可采取以下方法:

(1) 生长条件要满足能生长柱式晶粒、各晶粒互相定向排列的要求;

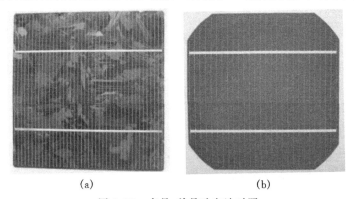

(a)　　　　　　　　　　　(b)

图 5.25　多晶、单晶硅电池对照

（2）采用纯度合理的材料；

（3）寻找生长大晶粒的条件；

（4）采用钝化晶界的技术。

近年来，由于多晶浇铸炉快速推广应用，使得多晶硅片成本大幅下降，多晶硅电池成为国际主流电池；而国产多为单晶硅电池。工业化生产的多晶硅电池比单晶硅电池的光电转换效率大约低 1%。图 5.25(a)是多晶硅太阳电池实物照，图 5.25(b)是单晶硅太阳电池实照。

5.2　晶硅电池组件

上节讲述了晶体硅太阳电池的制造过程。太阳电池作为电源应用时，采用单体电池的情况极其罕见。为满足某些场所要求，总是预先将若干单体电池串联、并联或串、并联连接起来，或是将已经串、并联连接起来的单元进行组合以达到目的要求，为使这些组合体能经受严酷的自然环境的考验，将它们组装成由各种封装保护的单元结构。这样的单元结构称作太阳电池组件或晶硅 PV 组件。

近年由于太阳电池应用的迅猛发展，许多厂商根据市场需求按一定规范制造出一系列的晶硅 PV 组件产品。

1. 构造晶硅组件

硅太阳电池作为电源使用需将若干个电池片串联、并联连接并严密封装成组件。其理由如下：

（1）电池片是由硅单晶或多晶材料制成，薄而脆，不能经受较大的力的撞击。硅电池片的破坏应力，经测试约为 12×10^{-2} kg/cm²。使用时若不加保护则极易破碎。

（2）电池的正、负电极，尽管在材料和制造工艺上不断改进，使它能承受一些潮湿、腐蚀，但还是不能长期裸露使用。大气中的水份和腐蚀性气体缓慢地锈蚀电极，逐渐使电极脱落，使电池寿命终止，必须将电池片与大气隔绝。

（3）硅电池片的最佳工作电压约 0.45～0.5 V，远不能满足一般用电设备的电压要求。这是硅元素自身性质所决定的。硅电池的尺寸受到材料尺寸的限制，输出功率很小。目前实际应用的最大尺寸的单体太阳电池已超过 156 mm × 1560 mm，其峰值功率超过 3 W。

基于上述原因需将若干片电池组合成一个单元即上述的晶硅组件。对晶硅 PV 组件要求可以归纳如下几点。

（1）有一定的标称工作电压、电流和输出功率；

（2）使用寿命长　组件可正常工作至少 15 年以上。因此要求 PV 组件使用

的材料、零件及结构,在使用寿命上互相一致,避免因一处损坏而使整个组件失效;

（3）有足够的机械强度,能经受在运输、安装和使用过程中发生的冲击、振动及其他应力;

（4）组合引起的电性能损失小;

（5）制造成本低。

2. 晶硅 PV 组件结构形式与封装材料

1）晶硅 PV 组件的构造多种多样,下面仅图示几例。

① 平板式组件,见图 5.26。

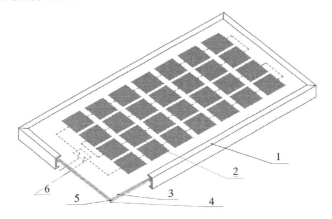

1—边框;2—电池片;3—上盖板;4—底板;5—粘接剂;6—电极线

图 5.26　平板式电池组件

② 胶封式组件,见图 5.27。

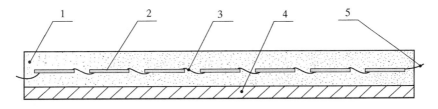

1—封胶;2—电池片;3—互连条;4—底板;5—电极引线

图 5.27　全胶密封式电池组件

③ 建材型组件,见图 5.28。

2）封装材料　图 5.26 所示的硅 PV 组件占据了市场的主要份额。其封装材

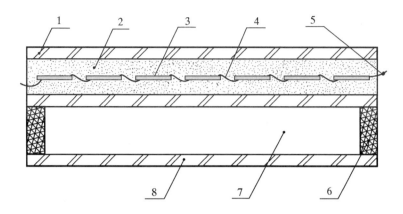

1—上盖板;2—粘接剂;3—电池片;4—串焊条;5—电极引线;6—密封;7—真空;8—玻璃板

图 5.28　建筑集成组件

料的优劣决定了组件寿命长短。现对一些常用材料分述如下。

① 上盖板　覆盖在硅 PV 组件的迎光面上。构成组件的最外层,既要求它透光率高,又要坚固、起到长期保护电池的作用。

作上盖板的材料有:钢化玻璃、聚丙烯酸类树脂、氟化乙烯丙烯、透明聚酯、聚碳酯等。目前低铁钢化玻璃为最普遍使用的上盖板材料。

② 粘结剂　主要有:室温固化硅橡胶、氟化乙烯丙烯、聚乙烯醇缩丁醛、透明双氧树酯、聚醋酸乙烯等。一般要求:

·在可见光范围内具有高透光性;

·具有弹性;

·具有良好的电绝缘性能;

·能适用自动化组件封装。

③ 底板　可用材料:TPT、铝合金、有机玻璃、钢化玻璃等。一般要求:

·具有良好的耐气候性能;

·层压温度下不起任何变化;

·与粘接材料结合牢固。

④ 边框　边框作用是保护组件和组件与方阵的连接固定。边框为粘结剂构成对组件边缘的密封。主要材料:不锈钢、铝合金、橡胶、增强塑料等。

3. 晶硅 PV 组件生产

近年太阳光伏发电利用有了突飞猛进的发展,晶硅 PV 组件占据着 95% 以上的市场份额。世界著名大公司纷纷介入光伏行业,进一步促进产业规模化进程。晶硅 PV 组件生产绝大多数是以生产线形式组织加工的。生产线分手工线、半自动线、自动线几种形式。手工线成品率高但产量小、质量不够稳。自动线生产率高、质量亦较稳定,但碎片率较大。随着硅电池片愈来愈薄的趋势,其碎片率是需解决的重要问题。

图 5.29 是国际某公司早期的晶硅 PV 组件生产线布局图。

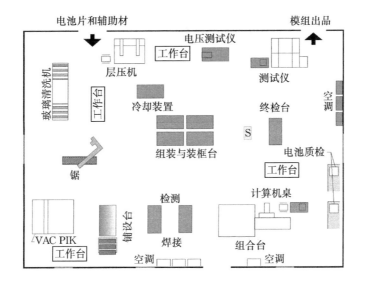

图 5.29　晶硅组件生产线布局

图 5.30 所示是国际先进水平晶硅组件标准生产线工艺流程图。

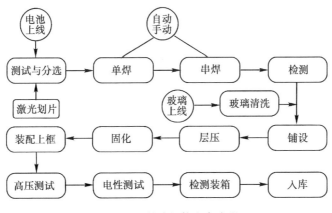

图 5.30　晶硅组件生产流程

5.3 非晶硅太阳电池

非晶硅（amorphous Si，简写成 a – Si）亦称无定形硅。非晶硅太阳电池是一种薄膜太阳电池。由于其材料消耗少，易于大规模生产而受到重视。

5.3.1 a – Si 的性质及其电池特点

从微观结构观察，晶体硅（单晶和多晶硅）的结构是典型的金刚石结构。它的晶格是由排列得十分规则的晶胞组成。在晶体硅中，硅原子的排列称为长程有序。而 a – Si 是一种无序材料。它没有完整的晶胞和由晶胞组成的晶体，存在着大量的结构上和键结上的缺陷。由原子排列可知它是一种"长程无序"而"短程有序"的连续无规网络结构，其中包含有大量的悬挂键、空位等缺陷。这些缺陷反映到电子能带图上，就是能带边不是那么锐利，而是带有"尾巴"，如图 5.31 所示。导带和价带被迁移率边分成载流子运动的扩展态和定域态。当载流子位于扩展态时，它可以在整个固体中作共有化运动；当载流子位于定域态时，它只能在较小的范围内做定域运动，即通过与晶格振动的相互作用交换能量，从一个定域态跳跃到另一个定域态。因此，非晶半导体的电导率随温度变化的关系可综合为

$$\sigma = \sigma_0 e^{-\frac{E}{kT}} + \sigma_1 e^{-\frac{E_1}{kT}} + \sigma_2 e^{-\frac{E_2}{kT}}$$

式中，第一项为扩展态的电导率；第二项为带尾定域态的电导率；第三项为禁带中定域态的电导率。其中定域态对非晶半导体的导电性质起着重要作用。

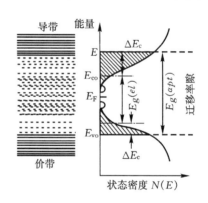

图 5.31 a – Si 半导体的能带模型及状态密度与能量的关系

由于 a – Si 结构中含有大量的悬挂键等缺陷，使得迁移率隙（相当于晶体中的禁带）中有很高的状态密度（$> 10^{20}$ cm^{-3} · eV^{-1}），因而掺杂比较困难。费密能级好像被"钉死"在固定的位置上而不容易移动。因此，很纯的 a – Si 在技术上利用是十分困难的。而在技术上有实用价值的是 a – Si：H 合金。在这种合金膜中，因为掺杂的氢补尝了 a – Si 中的悬挂键，从而使得定域态密度大大地降低（10^{16} ~ 10^{17} cm^{-3} · eV^{-1}），掺杂才成为可能。如在硅烷辉光放电法制备的 a – Si：H 膜中，因沉积参数的不同，氢含量为 10% ~ 35%。氢在 a – Si 中的键合方式如图 5.32 所示，有 SiH、SiH$_2$ 及 (SiH$_2$)$_n$。对于 a – Si 太阳电池，希望膜中 SiH 占优势。

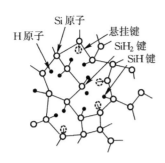

图 5.32 *a* - Si 膜的结构示意图

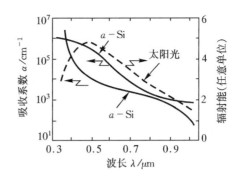

图 5.33 *a* - Si 和单晶硅的吸收光谱
及太阳辐射光谱

a - Si 太阳电池的优点：

① *a* - Si 具有较高的光学吸收系数，在 0.315～0.75 μm 的可见光波长范围内，此系数比单晶硅高一个数量级。因此，很薄（1 μm 左右）的 *a* - Si 太阳，就能吸收大部分的可见光如图 5.33。

② *a* - Si 的禁带宽度（1.5～2.0 eV）比硅（1.12 eV）大，所以与太阳光谱有较好的匹配。

③ 制备 *a* - Si 的工艺和设备简单，沉积温度低（300℃左右），耗能小。

同时，*a* - Si 太阳电池存在的问题主要有：

④ *a* - Si 中可能有孪生复合，机理尚未清楚；

⑤ 空穴扩散长度小且空穴迁移率低；

⑥ 最佳结构和工艺尚未确定，电池的填充因子较低；

⑦ 在使用中性能发生衰减。

5.3.2 *a* - Si 电池的制备、结构及特性

1. 制备

a - Si 的制造方法有辉光放电法、反应溅射法、低压化学气相沉积法、电子束蒸发法及热分解硅烷法等。图 5.34 是一 RF 辉光放电制备 *a* - Si 示意图。在一个抽真空的石英容器中，充入由氢气或氩气稀释的硅烷，射频电源用电容或电感耦合方式加在反应器外侧的电极上，使 SiH_4 电离，形成等离子体。*a* - Si：H 膜就沉积在被加热了的衬底上，若硅烷中混入适当比例的 PH_3 或 B_2H_6，便可得到 n 型或 p 型 *a* - Si 膜。衬底材料可用不锈钢或玻璃等。

辉光放电是一种在低真空（10^{-2}～几毫 torr）条件下的稳态放电，因为在放电

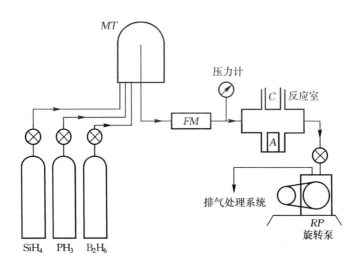

图 5.34　辉光放电制备 a - Si 示意图

过程中会出现特有的辉光,并按一定的规律分布,故称为辉光放电。在低真空下,残余气体中总有少量的带电粒子,如离子和电子,当外加电场出现时,这些粒子首先加速,获得能量,只要它的能量大于反应气体的电离电位并和气体分子发生第二类非弹性碰撞,发生内能的交换,使得气体分子电离成为离子,同时放出电子,这些电子和离子参加新的碰撞,使更多的气体被电离,形成稳定的放电。这一过程在很短时间内就可完成。人们将辉光放电空间分成二个基本区,一个是阴极位降区,另一个是等离子区,等离子由大量的带电粒子组成,它们的浓度可达 10^{10} 个/cm^3,是一种很好的导体,其中电子的能量可以从几个电子伏特到几十个电子伏特,如果用电子的温度来表示这一能量,相当于十倍或者一百倍反应气体的温度,足以使气体电离。用辉光放电法分解硅烷制备 a - Si。表 5.1 列出几种有关气体的电离电位。

表 5.1　几种气体的电离电位

气体种类	电离电位	气体种类	电离电位
硅烷 SiH₄	11.7 eV	氦气 He	20.86 eV
氩气 Ar	15.7 eV	汞 Hg	10.4 eV
氢气 H₂	11.1 eV		

　　a - Si 膜的光伏特性很大程度上取决于工艺条件,选择最佳的工艺参数才能制成性能良好的 a - Si 膜电池。

　　(1) 反应功率　反应功率是影响 a - Si 膜性能的关键因素,在气体流量和反应压力确定的情况下,选择合适的功率(直流或者射频)使放电区内电子的能量接近于将硅烷分解成合适的原子团。人们认为,SiH_2 和 SiH_3 原子团是有害的,SiH 原子团较理想。

目前普遍采用射频电源分解硅烷,而且频率高达 13.5 MHz。频率越高,放电空间内粒子的能量分布函数越稳定,有利于制备大面积均匀膜。如果放电空间中电子的能量被调整到 10.4 eV 左右,硅烷就被分解成 SiH 原子团;SiH 在合适的基本温度下离解成氢化硅,其中的氢原子足以补偿无序网络中的悬挂键。膜的电子性能较好。如电子能量太小,只能将 SiH_4 分解成 SiH_3 或者 SiH_2 原子团;它们的离解温度较高,往往形成聚合链,这是有害的深能级复合中心,对性能影响较大。另一方面,功率太高会使膜内氢含量减少,不足以补偿无序网络中的空位和悬挂键,同时使已沉积好的膜受到有害的轰击。一般辉光放电制备 a-Si 膜的功率约为 $10\sim20$ W,放电电流为几百 A/cm^2。可以将基体置于阴极处,它的沉积速率较高,可达 10 Å/s 到几十 Å/s;也可以将基体置于放电区外,沉积速率低到 $1\sim3$ Å/s,膜的性能较好。一般沉积速率和功率的平方根成正比。

(2) **基体温度**　基体温度是影响 a-Si 膜性能的另一个重要参数。SiH_4 分解成 SiH_3、SiH_2、SiH 原子团,在合适的基体温度下被解体成为氢化硅。分解 SiH 原子团的温度必须高于 175℃,分解 SiH_3 和 SiH_2 则需要更高的温度。但温度太高会降低膜内氢的成分,使电池开路电压变低;这是由于膜的带隙变窄的缘故。温度太低会使膜成为一种疏松的聚合物。因此,基体温度一般控制在 $220\sim300$℃ 为宜。

从电导的变化考虑,随着基体温度的升高,a-Si 膜的暗电导和光电导都增加,这可归结为温度能使本征硅膜内"拟施主"的成分增加。

基体温度的选择和基体材料性质有关,要防止膜和基体材料之间作用。如扩散形成低共熔合金。铝在 275℃ 时可以和 a-Si 形成合金,以至破坏硅膜。铜合金在更低的温度下可以和 a-Si 发生作用。银和 a-Si 膜的结合力差不宜作基体。铬、钛、钒、铌、钽和铜都是基体的良好材料。绝缘体(如石英、玻璃)也是良好的基体材料,但是有些玻璃含有碱金属,在沉积膜时会向膜内扩散。它们是一种施主杂质,会影响整个电池的性能,所以只可采用低碱玻璃。

(3) **反应压力和气体流量**　反应压力和放电空间内带电粒子的浓度有关。在放电功率一定的情况下,反应压力越高,每个粒子获得能量越小;反之,粒子的能量越大高能粒子对膜的轰击也越严重,这是不利的。通常可以将辉光放电工艺分成高压工艺和低压工艺。在电容耦合辉光放电工艺中,如反应气体的平均自由程大于两极之间距离,则被认为是低压工艺;如小于两个电极之间的距离,则被认为是高压工艺。用高压工艺制成的膜,具有良好的电子性能,适合于做太阳电池。如果高压工艺参数选择不好,会导致膜起皮或者发灰。提高反应气体流量可防止起皮和发灰。通常辉光放电在 10^{-1} ~ 几毛(torr)范围内进行。气体流量约为 30~100 ml/min。

高的反应压力可提高膜的暗电导和光电导,大的气体流量也有利暗电导和光电导的提高。目前尚不能完全解释这些现象,特别是流量对电导的影响。

(4)其他条件　辉光放电分解硅烷制备 a-Si 膜是一种较复杂的化学物理过程,涉及问题较多。初期人们常用氩气稀释硅烷,但发现氩原子在膜内的含量也影响膜的性能,于是开始采用氢气稀释硅烷。一般认为,用氢气的效果好一些,特别是用辉光放电制备微晶硅,用氢气稀释的效果明显变好,其晶粒大,电导高。从稀释气体原子直径对膜的特性的影响考虑,原子直径越小,制成膜的态密度越低。这可能和残留气体对微孔的影响有关。近来有些研究者采用氦气作稀释气体,据称结果较好。

为了提高沉积速率,可以采用纯硅烷作反应气体。进一步提高沉积速率可采用乙硅烷作反应气体。其优点是乙硅烷的电离电位较硅烷低,在同样的反应条件下分解速率高。目前的沉积速率可超过 30 Å/s。采用一些特殊工艺可达 60~90 Å/s,这对生产是非常有利的。

工艺参数影响 a-Si 膜的性能;反应装置的结构件,尤其电极材料的影响膜的性能的另一重要因素。电极材料必须能耐带电粒子的轰击,否则电极材料的溅散物会使膜沾污,改变膜的半导体特性。在常用金属材料中,它们的抗溅散能力按下列次序逐渐递增,Ag、Au、Cu、Pu、Pt、Ni、Fe、Al。

2. 结构

a-Si 电池是目前实际应用量较大的薄膜电池,其理论效率可达 18%~20%。考虑到工艺的限制等因素,实际效率可达 13%~15%。

a-Si 电池的发电原理及结构与晶体硅太阳电池的是不同的。晶体硅电池是图 5.35(a)那样的 p-n 结构,光生载流子由于扩散而移动。而 a-Si 太阳电池基本上是 pin 结构,光生载流子主要依靠电池内电场作用下的漂移运动如图 5.35(b)。

为提高 a-Si 电池效率,开发了图 5.36 所示结构。a-Si 电池内光载流子的生成主要在 i 层。入射光到达 i 层之前,一部分被掺杂层所吸收,它对于发电是无效的。对此,人们研究如何减少入射方向掺杂层对光的吸收以增加到达 I 层的光,从而提出了图 5.36(b)所示的用微晶硅(μc-Si)来做掺杂层的结构,以及图 5.36(c)所示用 p 型非晶碳化硅(a-SiC)来做掺杂层的结构。特别是后一种结构对 a-Si 电池的高效化是很有效的。采用这种结构的电池,其转换效率已能超过

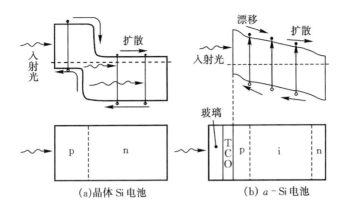

(a)晶体 Si 电池　　　　　　　(b) *a* - Si 电池

图 5.35　太阳电池的结构

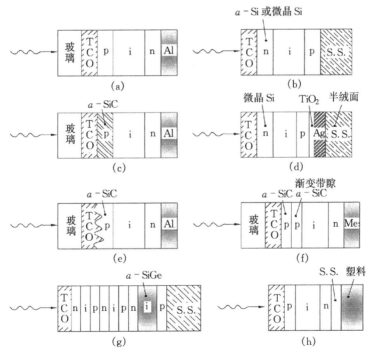

图 5.36　几种 a - *Si* 电池结构

11%。

图 5.36(g)是采用多层结构的 *a* - Si 太阳电池,其效率能超过单晶硅太阳电池。该结构是在电池的前面采用对短波长的光响的非晶碳化硅(*a* - SiC)或非晶氮

化硅(a-SiN)等,在后面采用对长波长的光响应的非晶硅锗(a-SiGe)或非晶硅锡(a-SiSn)等。这种结构如果能实现,如图 5.37 那样由于能有效地利用太阳光谱中更宽波长范围的光,预期将大幅度地提高转换效率。例如三层结构的太阳电池,其转换效率理论计算可达 24%。

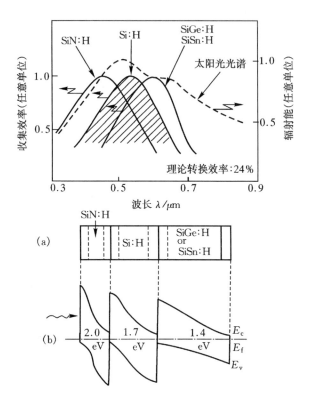

图 5.37　多带隙 a-Si 太阳电池结构和能带图

3. 特性

简单的 p-n 结 a-Si 电池性能很差。原因在于 n 型层和 p 型层内的载流子寿命极短,产生的光生载流子尚未来得及到达空间电荷区,便被复合掉了。在 p 层和 n 层之间生长一层本征 a-Si(i 层)作为吸收光的主体,用 pin 结代替 p-n 结;这是 a-Si 太阳电池和单晶硅太阳电池的一大区别。在本征层内,空穴扩散长度较大,一般电池可以达到 0.3 μm,好的电池可超过 0.5 μm。由于本征层两侧存在着高达 10^4/cm 的 pi 结、in 结电场,所以本征层内产生的光生载流子几乎都可以被电场分离而变成向外输出的光生电流。

（1）光电流

类似于 p–n 结单晶硅太阳电池，a–Si 太阳电池在受到复合光照射时，其表达式表示：

$$J_L = \int_0^\infty [J_n(\lambda) + J_p(\lambda) + J_i(\lambda)]\mathrm{d}\lambda$$

式中，J_L 为光生电流；$J_n(\lambda)$、$J_p(\lambda)$、$J_i(\lambda)$ 为 n 区、p 区、i 区提供的光生电流。

而 $J_n(\lambda)$ 和 $J_p(\lambda)$ 基本上是扩散电流；$J_i(\lambda)$ 主要是迁移电流（也称漂移电流）。a–Si 电池中，载流子的扩散长度都比较小。光生电子-空穴对主要靠强大的漂移电场分离。所以在单结 a–Si 太阳电池中漂移电流要比扩散电流大 4 个数量级，这与单晶硅电池中以扩散电流为主的情况完全不同。

与单晶硅太阳电池相比，a–Si 太阳电池的光生电流比较复杂。在恒定光照下，单晶硅的光生电流可以认为是一个常数，而 a–Si 的光生电流却与电池的开路或短路状态而有所不同。因为在短路时，空间电荷区具有最大的结电场和最大的漂移电流；而在开路时，空间电荷区的结电场最小，漂移电流减少。与此同时开路时空间电荷区变窄，也使得漂移电流减小。所以 a–Si 太阳电池从短路状态变到开路状态的过程中，光生电流会随之而减少。

（2）等效电路和开路电压

a–Si 电池仍然可以用类似于单晶硅太阳电池所采用的等效电路表示。

a–Si 的禁带宽度比单晶硅高，反向饱和电流 J_0 与本征载流子浓度的平方成正比。a–Si 的本征载流子浓度约为 $7 \times 10^7/\mathrm{m}^3$，比晶体硅小得多，所以 a–Si 电池的 J_0 比最好的单晶硅电池还要低（约 $10^{-12}\,\mathrm{A/m}^3$）。通常单结型 a–Si 太阳电池的开路电压可达 $0.6 \sim 0.8\,\mathrm{V}$，其理论极限可以超过 1 V。

a–Si 太阳电池的弱光响应比较好。例如在 1/1000 的标准太阳辐照度下，很好的单晶硅太阳电池的开路电压只有 100 mV 左右，而 a–Si 电池的开路电压可达 600m V。因此，a–Si 电池比较适合于光电计算器和光电钟表的电源。

（3）填充因子和伏安特性

a–Si 太阳电池的填充因子 $F \cdot F$ 表达如下：

$$F \cdot F = \frac{V_m I_m}{V_{oc} I_{sc}} \%$$

式中：V_m、I_m 分别为最大功率点处的最佳工作电压和最佳工作电流。

填充因子和电池的结特性及串、并联电阻有关。a–Si 太阳电池的填充因子可以达到 $75\% \sim 77\%$（单晶电池可达 82% 以上）。

a–Si 太阳电池和单晶硅电池的伏安特性如图 5.38 所示。从图中不难发现单晶硅电池的开路电压低、短路电流大。伏安特性比较"方"，即填充因子大。a–Si

电池开路电压高、短路电流小,曲线"软",
填充因子小,而且光电流逐渐随端电压增
加而减小。

（4）效率

a-Si 太阳电池的效率 η 的表达式如
下:

$$\eta = \frac{V_{oc} J_{sc} F \cdot F}{E_{in}}\%$$

式中,E_{in} 为入到电池上的辐照度。目前工
业生产的大面积单结 a-Si 太阳电池的效
率约 $6\% \sim 8\%$,小面积电池效率可达
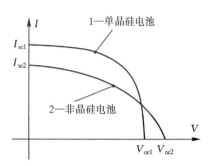

图 5.38　a-Si 和单晶硅太阳电池
伏安特性

12%。本征层的厚度、质量,透明电极的透光率、电导率等都对效率有重要影响。

（5）温度对电池性能的影响

温度对 a-Si 膜载流子迁移率的影响比较复杂,电流和温度的关系很特殊。
如图 5.39(a)所示短路电流与温度的关系。在 $160 \sim 350$ K 的范围内,短路电流随
温度逐渐增加。当温度在 160 K 以下时,电流变化十分大。原因在于低温下 a-Si
膜中的载流子迁移率很低,电导率也很低造成收集率下降。同时,在电流流过时,
内压降增加,也使得电流下降。图 5.39(b)为温度与开路电压的关系。在 $0 \sim$
350 K 之间,电池的温度系数为 -21 mV/K,具有良好的线性关系。

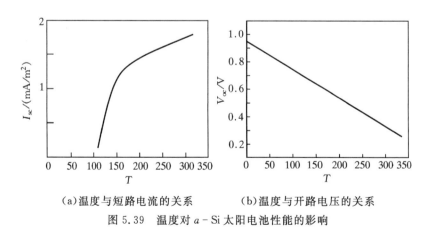

（a）温度与短路电流的关系　　（b）温度与开路电压的关系

图 5.39　温度对 a-Si 太阳电池性能的影响

5.4　其他太阳电池

除了硅太阳电池外,还有其他许多种结构和材料的太阳电池。本节仅对其特
点作简要介绍。

5.4.1　材料与结构

1. 材料选择

为了制造性能良好的太阳电池,必须对半导体材料的理化特性加以选择,尤其是对以下几个物理特性需着重考虑。

（1）能隙宽度

能隙宽度即禁带宽度 E_g,为了使入射阳光能激发出光生载流子,材料能隙宽度的最佳范围在 $1.0\sim1.7$ eV 之间。若能隙过大,则大部分阳光均不能激发出光生载流子。而能隙过小,则较多的光能被消耗,即没有转化成电能;因此光电转换效率很低。同时,能隙宽度又限制着太阳电池开路电压的上限。

（2）能隙类型

半导体材料的能隙分为直接能隙和间接能隙两种。制作太阳电池应尽可能选用直接能隙材料,这类材料对各种能量的光子均有较大的吸收系数。这类材料有 CaAs、Inp、Cds、Cu_2s、$CuInse_2$ 等。

（3）少子寿命（扩散长度）

材料的少子寿命或扩散长度直接影响收集效率。因而影响短路电流,为了提高收集效率,希望少子寿命长。

（4）迁移率和电导率

迁移率和电导率对太阳电池的内部串联电阻有直接影响,同时又影响电池的结深,因而对光谱响应有间接影响。

（5）光学吸收系数

吸收系数大的材料可以制成薄膜太阳电池,既省材料又轻便。

（6）光学折射率

材料的光学折射率与选择制作减反射膜的材料密切相关,从而影响太阳电池的短路电流和转换效率。

2. 结构

太阳电池的结构主要指 p-n 结的类型、形状尺寸,电极的形状尺寸以及减反射膜的材料和厚度等。

（1）基本结构

太阳电池的结构类型很多,但归纳起来不外乎在三种基本结构的基础上加以变化。这三种基本结构分述如下。

① 常规同质结

同质结是指用同一种半导体材料制作的 p-n 结。"常规"是指没有采用绒面、背场等特殊措施。因此常规同质结属于结构比较简单的 p-n 结。它的结平面和上、底电极平行,上电极呈栅状。最常见的常规单晶硅太阳电池即属此类。

② 异质结

用两种不同的半导体材料制作的结称为异质结。由于两种材料的能隙宽度不同,因此不仅可制作 p-n 结,也可制成 p-p 结或 n-n 结。前者称为反型结,例如 p-Cu₂s/n-CdS,后者称为同型结,例如 p-Si/p-GaP。

在异质结中,入射光首先通过的材料常称为窗口材料或顶区材料,其余则为基区材料。图 5.40 是一典型的异质结太阳电池的结构。

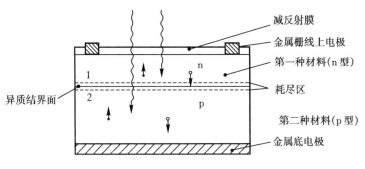

图 5.40　异质结太阳电池结构

从材料的选择考虑,希望窗口材料能隙大,只吸收高能短波光子。而基体材料的能隙应较小,以便尽量吸收从窗口透过来的各种能量的光子。

异质结的制造工艺通常比同质结简单。因此,异质结太阳电池的价格较低廉。但是异质结太阳电池的转换效率低于用窗口材料或基区材料制造的同质结电池。

异质结除了具有同质 p-n 结的整流特性及光生伏打效应外,还有如下一些特有的电子现象(异质结的特性)。

(a)在界面处出现能带的突起和凹谷。它可以促进电子和空穴的注入,也可以成为载流子的阻挡层。

(b)在界面处存在界面态密度、定域能级。它能成为穿透 p-n 结的电子的复合中心或俘获中心,以及对高电场产生的隧道电流起中间能级作用。

(c)异质结两侧的材料具有不同的禁带宽度,对窄能带材料而言,宽能带材料就可成为它的通光窗口。

(d)由于折射率不同,折射率小的材料成为折射率大的材料的反射层,使光闭锁于折射率大的材料中。

(e)在界面处主要是多子运输。由于没有少子的陷落过程,可作为高速开关元件。

(f)界面能级,在光激发过程中,可起激活能级作用。

③ 肖特基结(schottky 结)

肖特基结太阳电池依靠肖特基势垒(SB)的光生伏打效应而工作。近年来发展成一族 CIS 电池,其中 C 代表导体(包括金属"M"、高掺杂的半导体"S"及近乎导体的电介质"E");I 代表绝缘层(包括氧化层"O");S 代表半导体。所有这些电池都依靠一个单边突变的肖特基结(相当于内建电场,有分离光生载流子的作用,因此能产生光伏效应)来分离在基体半导体材料中产生的光生载流子。

根据不同要求,肖特基结太阳电池的结构形式繁多,图 5.41 是这种电池的示意图。

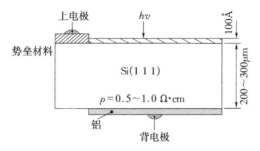

图 5.41　肖特基结电池结构图

肖特基结构相当于结深极浅的 p-n 结,其势垒区的电场强度很高。分离光生载流子的效果很好,改善了电池的短波响应及表面复合,因此短路电流较高。虽然肖特基结太阳电池具有浅结及低成本的优点,但由于其暗电流较大,即反向饱和电流 I_0 大,所以开路电压较低,所得电池效率始终低于一般电池。经研究发现,在金属及半导体的界面间有一层氧化物绝缘层,由于绝缘层太厚,使电池效率变低。若控制绝缘层为数十埃,这个厚度允许载流子隧道穿越,则电池的开路电压可明显提高,这种电池称为 MIS 电池。

(2) 改进型结构

改进型结构是指在上述三种基本结构的基础上改进、演变出来的结构。因种类繁多,在此仅例举几例。

① MIS 结构

MIS 结构是肖特基结的改进,在金属和半导体中间加一层绝缘层,目的是减少反向饱和电流,以提高开路电压。于是就形成 M-I-S 结构,绝缘层的厚度一般应控制在 10~20 Å。这样既能充分地减少反向饱电流,又基本上不影响太阳电池的输出电流,从而提高了转换效率。

MIS 太阳电池的金属、绝缘体和基体半导体材料如表 5.2 所示,其中主要的是 Al/SiO$_x$/pSi 电池。

表 5.2　MIS 太阳电池用的材料

金属	界面层	基体半导体
Al、Cr、Au、Ti、Pt、Ni、Be、Mn、Mg、Au、Pd	SiO_x、TiO_x Sb_2O_3、Ga_2O_3 Ta_2O_5	Si、Ge、GaAs、InP、CdTe、$CuInSe_2$

图 5.42 是 MIS 太阳电池的结构。

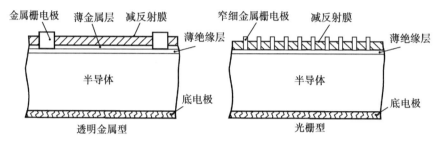

图 5.42　MIS 太阳电池结构

② SIS 结构

SIS 结构是 MIS 结构的一种改进。由于在 MIS 结构中,金属层 M 的透光性差、反射率高,使光能受到损失,因此改用禁带宽度大,即透光性好的半导体材料 S 层来替 M 层,就成为 SIS 结构。具有这种特性的半导体材料为数不多。使用较多是 ITO 膜,即铟和锡的氧化膜。例如,$ITO/SiO_2/p\text{-}Si$ 是一种较典型的 SIS 结构。

MIS 和 SIS 结构的共同优点是结构简单,制造工艺不复杂,而且适合于自动生产,其短路电流较高等。共同的缺点是稳定性较差。主要原因是 I 层的厚度易受环境影响变厚,导致短路电流下降,转换效率降低。

③ 异质面太阳电池

异质面太阳电池是同质结太阳电池的一种改进,即在同质结太阳电池的前表面生长一层高能隙的异质薄膜作为光学窗口,用来吸收高能光子,以改善短波响应。在这方面研究较多的是砷化镓,由于砷化镓的 E_g 值比硅的大,从光谱响应角度考虑,更适合于做太阳电池,且工作温度也可比硅的高。特别是对于在聚光条件下运用的太阳来说,砷化镓太阳电池有它的独特优点。但是,由于砷化镓材料的成本高,生产高质量的单晶砷化镓较困难,加上电池制备工艺难以控制,这阻碍它的推广应用。砷化镓电池的表面复合速率较大,因而砷化镓电池的效率不易提高。用生长异质面的方法克服了表面复合影响,改善了电池的光谱响应,使电池效率大幅度提高。砷化镓异质面电池就是在砷化镓同质结太阳电池表面生长一层镓铝砷薄膜而形成异质面太阳电池：$p-Ga_{1-x}Al_xAs/p-GaAs/n-GaAs$ 窗口材料的厚度约 $0.1\sim0.5\ \mu m$。

④ pin 结构

这种结构是在 p-n 结的界面增加一层未掺杂的本征半导体，即 i 层。在 $a-Si$ 太阳电池中使用 pin 结构能取得较好的效果。大体上可以和 SIS 结构相类比，而将绝缘层 I 改为本征半导体 i，但 pin 结构中 i 层的稳定性明显地比 SIS 结构中的 I 层好得多。

⑤ 集成电池

采用制造集成电路的方法将许多串联、并联的太阳电池制作在同一片大面积基片上，称为集成式结构。$a-Si$ 太阳电池常采用这种结构。

（3）多结电池

半导体材料具有一定的禁带宽度和吸收系数，用它制成的太阳电池，仅能将太阳光谱中能量大于和等于禁带宽度的一部分光子转换成电能，因而对太阳辐射全部波长的利用是不充分的。目前工艺上成熟的硅太阳电池，理论光电转换效率约 25%（AM1）；工业化生产的硅电池实际效率为 16%～18%。

提高太阳电池效率的途径之一是用不同禁带宽度材料的多结太阳电池，分别将不同波段的太阳光能转换成电能，这样就可以更有效地利用太阳能。这种电池的设想几十年前就有人提出，但仍处于初级阶段。研究工作集中在两种不同禁带宽度材料的双结电池和聚光条件下工作的电池。主要结构有两种：光谱分光太阳电池和单片式（整体）级联太阳电池。它们的原理如图 5.43 和图 5.44 所示。

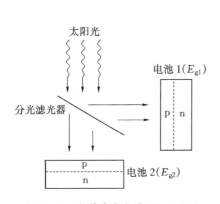

图 5.43 光谱分光电池（$E_{g1}>E_{g2}$）

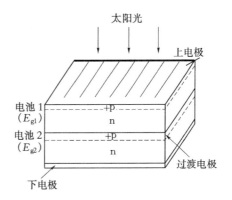

图 5.44 单片式级联电池（$E_{g1}>E_{g2}$）

理论分析表明，多结太阳电池的总效率与材料的禁带宽度、电池温度、聚光倍数及光谱分布都有关系，而以前三者影响较大。

根据常规的二极管方程及公认的地面(AM1)太阳光谱分布图,计算用不同禁带宽度的单体电池的效率与光波波长的关系,结果如表 5.3。

表 5.3　材料禁带宽度和电池效率与光波波长的关系

波长/nm											材料禁带宽度/eV
2006	0.6										
1500	1.7	0.8									
1240	3.2	2.3	1.0								材
1033	5.0	5.3	3.7	1.2							料
885	7.1	8.8	8.7	4.9	1.4						禁
775	8.7	11.4	12.3	9.5	5.8	1.6					带
689	10.5	14.5	16.5	14.9	12.5	7.7	1.8				宽
620	11.9	16.8	19.9	19.3	17.8	13.9	7.9	2.0			度
564	12.9	18.4	22.1	22.2	21.3	18.1	12.7	6.3	2.2		/eV
517	13.7	19.7	24.0	24.6	24.3	21.6	16.7	10.9	5.2	2.4	
477	14.4	20.9	25.7	26.7	26.9	24.7	20.3	15.1	9.8	4.8	2.6
288	15.9	23.4	29.1	31.2	32.4	31.3	27.9	23.6	19.3	15.3	11.2

效率/%

由表 5.3 可看出,单结电池在材料的禁带宽度为 1.41 eV 时,其电池效率最大为 32.4%。计算得到双结电池的最大总效率为 44.3%,材料的禁带宽度分别为 1.0 eV 和 1.8 eV。陆续算至 11 个结的电池,其最大总效率为 61.5%。计算结果记入表 5.4。

表 5.4　多结电池系统的最佳禁带宽度及效率

电池数	系统效率/%	禁带宽度/eV										
1	32.4	1.4										
2	44.4	1.0	1.8									
3	49.7	1.0	1.6	2.2								
4	51.6	0.8	1.0	1.4	2.2							
5	56.4	0.6	1.0	1.4	1.8	2.2						
6	57.9	0.6	1.0	1.4	1.8	2.0	2.2					
7	59.6	0.6	1.0	1.4	1.8	2.0	2.2	2.6				
8	60.6	0.6	1.0	1.4	1.6	1.8	2.0	2.2	2.6			
9	61.4	0.6	0.8	1.0	1.4	1.6	1.8	2.0	2.2	2.6		
10	61.6	0.6	0.8	1.0	1.4	1.6	1.8	2.0	2.2	2.4	2.6	
11	61.5	0.6	0.8	1.0	1.2	1.4	1.6	1.8	2.0	2.2	2.4	2.6

① 光谱分光电池

光谱分光的多结太阳电池系统包括几个单结太阳电池和一组分光镜。分光镜要求具有高的透光率。系统效率有希望达到 25% ~ 30% 的二组体系是 Si(1.1 eV)Ge(0.65 eV)和 GaAs(1.43 eV)等。

② 单片式级联太阳电池(叠合电池)

级联电池是指光束先后依次通过若干制造成一体的串联电池。这种结构又可分为两种情况：一种是相互串联的各电池的结构、材料完全相同，例如 a-Si 电池常采用 pin 结构的重复叠合。另一种是前后各电池的禁带宽度作适当的配合，例如把禁带宽度大的材料放在前级，它相对于后级起到了窗口作用。用这种方法可使入射阳光充分地被各级电池吸收而转化为电能。因此可制成效率很高的太阳电池。有人认为其效率的极限值可达 60%。这种结构常用于聚光太阳电池。

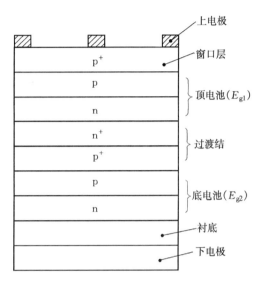

图 5.45　单片式级联电池结构($E_{g1} > E_{g2}$)

这种电池系统以双结电池为例，结构如图 5.45 所示。在衬底上生长窄禁带宽度的底电池，然后生长过渡结、生长宽禁带宽度的顶电池，最后生长窗口层，加减反射膜和电极而得成品电池。

这种系统由于要在同一衬底上生长多层材料，对各层材料的要求极为严格，不仅要求禁带宽度符合表 5.5，还要求各层材料的晶格常数和热膨胀系数十分匹配。两电池之间的过渡层则要求透光率高(过渡层的 $E_g \geqslant E_{g1}$)，阻抗小(重掺杂)，而且其晶格常数和热膨胀系数与上层及下层也要求匹配。在生长温度下，各层的杂质还不允许互相渗透。由于这些严格的要求，目前水平还不能制得较理想的器件。

③ 垂直多结电池

这种电池在工作时光照方向和结平面近乎平行，具有特别小的串联电阻，适合于制作聚光电池，其转换效率随辐照度而增高。

5.4.2　化合物半导体电池

除了选前面已讲述的硅材料做太阳电池外，还可选择其他化合物半导体作为太阳电池的材料。如图 5.46 所示，把Ⅲ-Ⅴ或者Ⅱ-Ⅵ族化合物半导体的两分子取出后,若用Ⅱ和Ⅳ取代组成元素Ⅲ₂,用Ⅰ和Ⅲ取代组成元素Ⅱ₂,则新构成的Ⅱ-Ⅳ-V₂,Ⅰ-Ⅲ-Ⅵ₂,化合物便会具有与Ⅲ-V、Ⅱ-Ⅵ族化合物类似的性质。从其中选择禁带宽度适合于太阳光光电转换的直接跃迁型材料,并且要求所选材料能够制成 p、n 两种导电型。

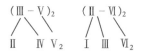

图 5.46　三元化合物半导体

1. 硫化镉电池

在由Ⅱ-Ⅵ族化合物半导体构成的太阳电池中,研究较多的是 Cu_2S/CdS 电池(硫化亚铜-硫化镉)。Cu_2S/CdS 太阳电池是制造工艺简单、造价低廉的一种化合物半导体太阳电池。分薄膜型和陶瓷型两种类型,其结构如图 5.47 所示。薄膜 Cu_2S/CdS 电池是用真空蒸发等方法制成硫化镉薄膜再制成电池;易卷曲,并适于大面积应用。陶瓷 Cu_2S/CdS 电池是用压制成型烧结硫化镉陶瓷片制成电池。一般陶瓷型的厚度是薄膜型厚度的 10 倍以上。

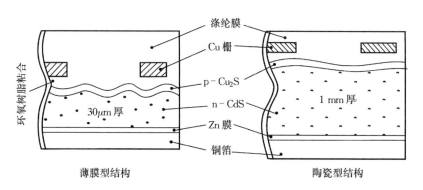

图 5.47　Cu_2S/CdS 太阳电池结构

Cu_2S/CdS 太阳电池由 n-CdS(n 型硫化镉)及 p-Cu_2S(p 型硫化亚铜)组成。由于光从 Cu_2S 表面入射,所以称这种电池为前壁式电池。Cu_2S 的禁带宽度是 1.2 eV,CdS 的禁带宽度是 2.4 eV。

Cu_2S/CdS 太阳电池是意外得到的具有较好光电转换效率的异质结电池。因为该电池的向光表面材料 Cu_2S 的禁带宽度小于基体层材料的禁带宽度,所以对不同波长的光吸收不利,p-Cu_2S 的禁带宽度比硅更接近 1.5 eV。测出电池的光谱响应与纯硫化亚铜的光谱响应符合,所以认为短路电流主要是由 Cu_2S 层供给,而 CdS 层仅对开路电压起作用。

(1) Cu_2S/CdS 电池的能带图及准费密能级

Cu_2S 是近似简并的 p 型半导体材料,受主能级是铜空位,载流子浓度

$\geqslant 10^{19}$ 个/cm^3。CdS 是 n 型半导体,由于蒸发工艺中产生过剩的镉,载流子浓度为 10^{17} 个/cm^3。可见,Cu$_2$S 与 CdS 组成突变异质结,空间电荷区几乎全在 CdS 一侧。CdS 的电子亲和力为 4.5 eV;Cu$_2$S 的电子亲和力为 4.25 eV。Cu$_2$S/CdS 电池的平衡能带图,如图 5.48 所示。

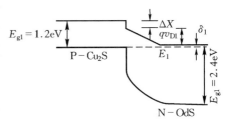

脚码"1"指 Cu$_2$S,"2"指 CdS

图 5.48　Cu$_2$S/CdS 平衡能带图

光照时,在 p 区及 n 区产生非平衡少子,费密能级分裂成准费密能级,准费密能级的定义如式(5.1)所示:

$$n = n_c \exp\left(-\frac{E_c - E_{fn}}{kT}\right) \tag{5.1}$$

式中,n 为电子密度;n_c 为态密度;E_c 为导带底;E_{fn} 为电子准费密能级。

微分式(5.1),认为导带底梯度 $dE_c/dx = eF$,

$$\mu n dE_{fn}/dx = \mu e n F - kT\mu dn/dx$$

通过 p-n 结区的电流为扩散电流与漂移电流之和。

$$J_n = \mu e n F - kT\mu dn/dx$$

结合泊松方程和势垒总宽度 $W^{[2]}$,得到电子电流与准费密能级之间的关系:

$$J_n = \mu n dE_{fn}/dx$$

同理,空穴电流也有类似关系,

$$J_p = \mu p dE_{fp}/dx$$

电导 $\sigma = ne\mu$,在三维情况下,结区总电流 $J = J_n + J_p$

$$J = \frac{\sigma_n}{e}\nabla E_{fn} + \frac{\sigma_p}{e}\nabla E_{fp}$$

在开路条件下,$J = 0$,并且因为 σ_n、σ_p 都是正值,

$$\sigma_n \nabla E_{fn} = -\sigma_p \nabla E_{fp}$$

可见,在空间电荷区,电子及空穴的准费密能级有相反的斜率。

CdS 的禁带宽度大于 Cu$_2$S 的禁带宽度;CdS 的掺杂浓度小于 Cu$_2$S 的掺杂浓度。所以 CdS 内的载流子寿命大于 Cu$_2$S 内的载流子寿命。因而可以推知,CdS 内的准费密能级的分离大于 Cu$_2$S 内准费密能级的分离。若 Cu$_2$S 的表面复合速度为无限大,当入射光达到 CdS 一定深度时,所产生的少子可以忽略不计,此时的(准费密)能带图如

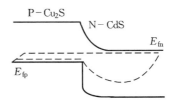

图 5.49　Cu$_2$S/CdS 准费密能级

图 5.49 所示。

在 p-n 结区,电子和空穴的准费密能级斜率相反,电子和空穴都有从 n-CdS 侧向 p-Cu₂S 侧流动的自发倾向,少子空穴的流动方向与静电场分离光生载流子的方向相同。多数载流子电子的流动受到 p-n 结静电场阻止,由于光电压与 p-n 结静电场方向相反,使 p-n 结势垒高度降低,促进电子扩散电流增大。同时,由于界面的晶格失配,存在定域能级,成为复合中心或隧道渡越的中间能级,帮助电子从 n 侧向 p 侧流动。电子与空穴复合,达到平衡。开路电压为 CdS 侧的准费密能级和 Cu₂S 侧的准费密能级之差。

$$V_{oc} = E_{fn}(CdS) - E_{fp}(Cu_2S)$$

适当热处理,使铜进一步向 p-n 结的 p 侧扩散,可提高势垒高度,进一步改善电池的开路电压及填充因子。

(2) Cu₂S/CdS 电池的电流、电压关系

假定,电池的旁路电阻很大,串联电阻很小,可忽略它们的影响,其 $I-V$ 特性的一般关系如下式:

$$I = I_0 \left(\exp \frac{qV}{kT} - 1 \right) - I_L$$

由于 Cu₂S/CdS 电池是突变异质结,势垒区在 CdS 一侧,阅前图 5.48。电子亲和力差为 Δx,CdS 侧的势垒高度为 qV_D,CdS 的电子准费密能级距导带底为 δ_2,由于界面失配等原因引起的定域能级,产生界面复合速率为 S_I。CdS 导带底的状态密度为 N_{c2} 示面积,则

$$I_0 = AqN_{c2}S_I \exp\left(-\frac{qV_D + \delta_2}{kT}\right)$$

所以,$I-V$ 特性曲线可由(5.14)式表达:

$$I = AqN_{c2}S_I \exp\left(-\frac{qV_D + \delta_2}{kT}\right)\left(\exp\left(\frac{qV}{kT}\right) - 1\right) - AJ_L$$

如图 5.48 所示,$qV_D + \delta_2 = E_{g1} - \Delta x$,开路时 $I = 0$ 代入上式

$$qV_{oc} = E_{g1} - \Delta x + kT\ln(J_L/qN_{c2}S_I) \tag{5.2}$$

在式(5.2)中,影响开路电压的因素有两类;①由材料本身特性所决定,不受工艺影响;②工艺及外界条件的影响。属于①类的电子亲和力差 Δx 和界面态的复合速率 S_I。选取适当材料,使 Δx 很小,并且使两种材料晶格尺寸相近,可以提高开路电压。实验指出,在 CdS 内加入适量的硫化锌组成三元化合物半导体 $Cd_{1-x}Zn_xS$,可使 Δx 减小,V_{oc} 上升到 0.7 V 左右。属于②类的因素为随温度变化而引起态态密度 N_{c2} 变化及电池工艺的影响。各种成结工艺及不同 CdS 材料对开路电压的影响如表 5.5 所示。由于 pH=3~4 的标准铜离子成结工艺中,产生晶界腐蚀的同时形成 Cu₂S,所以深入表层的 p-n 结相当于一个暗二极管,使电池暗电流增

大,V_{oc} 下降。在单晶材料的情况下,晶界的择优腐蚀不存在,所以 V_{oc} 值较大。采用盐酸水溶液,预腐蚀 CdS 表面,使表面积增大,随后在 pH=7 的铜离溶液中成结,$V_{oc}=0.45\sim0.50$ V。

表 5.5 工艺对开路电压的影响

材料	成结工艺	开路电压/V
蒸发 CdS 薄膜	pH=3~4 铜离子溶液,90℃下置换成结	0.40~0.45
	pH=7 铜离子溶液,90℃下置换成结	0.45~0.50
	气相沉积 Cu_2Cl 后热处理,在 CdS 上形成 Cu_2Cl	0.50~0.55
单晶 CdS 材料	pH=3~4 标准铜离子工艺	0.55~0.60

影响 I_{sc} 的各种因素如表 5.6 所示。影响较大的三个因素是覆盖层的反射及吸收、栅线尺寸及形状、体内复合。各种损耗叠加得到总损耗为 30%~90%,实际上较好的电池片,其总损耗为 45%左右。

表 5.6 对短路电流损耗的分配

损失项目	损失率/%	损失项目	损失率/%
覆盖封装材料的反射和吸收	5~20	界面复合损失	0~10
收集铜网的形状及尺寸	10~15	背电极吸收损失	0~5
表面复合损失	0~5	晶粒间界复合损失	0~10
体内复合损失	15~25	总损失量	30~90

CdS 薄膜太阳电池的短路电流及使用寿命,都受 Cu_xS 中 x 值的影响。x 值与光谱的关系如图 5.50 所示。随着 x 值的减少,短路电流下降,峰值波长向短波方向移动。

(3) Cu_2S/CdS 电池的稳定性

Cu_2S/CdS 电池的稳定性较差。制成的电池经过一段时间后,短路电流开始下降,继之开路电压和填充因子变坏。电池的短路电流几乎 99%来自 Cu_2S 层,因而 Cu_2S 层对电池的稳定性影响很大。

Cu_2S 中的 x 值变小,是电池性能衰减的主要原因之一。x 值变小是铜离子在两个方向上扩散的结果。把铜离子沿着晶粒间界或体扩散向硫化镉层内运动称为正向扩散。把铜离子向电池表面扩散而形成氧化铜称为反向扩散。

铜离子的反向扩散,在表面生成氧化铜比 Cu_2S 更稳定。因而使 x 值变小,促使内层的铜离子进一步向表面扩散。H. W. Wiudawi 指出,铜离子化学比的不足,使 Cu_2S 的有效禁带宽度变大,使电池的短路电流下降,光谱响应向短波方向移

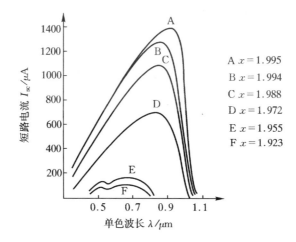

图 5.50　Cu₂S/CdS 电池的光谱响应与 x 值关系

动,如图 5.50 所示。这种衰退可以通过密封封装及其他保护措施来克服。

铜离子沿晶界的正向扩散,形成 p-n 结的分流,使旁路电阻 R_{sh} 减小,开路电压下降。

H. J. mathieu 等人指出,在工作状态下,由于结区缺陷的存在,Cu$_x$S 会产生电化学分解。太阳电池处在工作状态下,相当于一个最佳工作电压反加在 p-n 结上,如同一个原电池,并因界面晶格缺陷存在,促使 Cu$_x$S 电化学分解,析出金属铜。只要太阳电池的工作电压小于 0.26 V,即不会产生这种电化学电解。若能消除 p-n 结区的缺陷,可以避免 Cu₂S/CdS 电池的电化学衰减。实际上,工作电压还可高一些,在 60℃,若 n 片电池串联,只要工作电压小于 $0.33n$(V),不会产生明显衰减。

这种太阳电池在应用时,由于气温经常变化,会使环氧树脂粘合的铜收集栅极与 Cu₂S 表面局部分离。在其方阵组装中,这种情况更严重,造成电池输出性能下降。

(4) Cu₂S/CdS 电池的工艺

Cu₂S/CdS 电池的工艺比硅电池工艺简单,工艺主要流程方框图如图 5.51 所示。但是,从大规模地面应用及降低成本的要求出发,这种工艺仍然不够完善。采用化学沉积法制备硫化镉薄膜,更适合于低成本大面积生产。该法是采用硫脲和镉的氧化物,硝酸盐或醋酸盐的混合溶液,喷到 320℃ 的衬底上,反应生成 15 μm 左右的 CdS 薄膜。

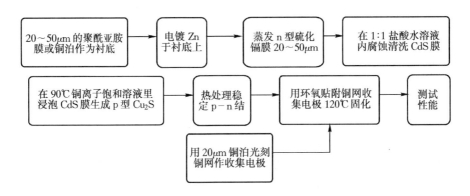

图 5.51　Cu_2S/CdS 工艺流程框图

2. $CuInSe_2$ p−n 结

$CuInSe_2$ 是直接跃迁型,其禁带宽度在室温下为 0.1 eV。单晶是将根据化学计算的组份铜、铟、硒混合后,在 1050℃附近高温下熔化,然后缓慢冷却得到良好的结晶。若添加极少量的过剩硒,就能形成 p 型($p \approx 2 \times 10^{16} \sim 6 \times 10^{17}$ cm^{-3}、$\mu_p \approx$ $9 \sim 20$ cm^2/V・s)结晶。用镉的扩散,镉的离子注入技术,电镀镉、锌后扩散等方法形成结。结的 n 层具有 $n = 2 \times 10^{17}$ cm^{-3},$\mu_n \approx 220 \sim 300$cm^2/V・s 的特性。p 面、n 面的欧姆性接触是分别溅射金、铟−锡而做成的。由于制作方法的不同其结特性亦不同,如整流比不一样(用扩散法为 10,用离子注入技术法为 2×10^4,都在 1 V 附近),或者电压-电流,电压-电容特性不一样等。如图 5.52 所示,与光电转换特性有关的量子效率的光谱特性也随制作方法的不同而不一样。由于结深度的不同光谱特性也有明显的改变。在碘钨灯的照射下开路电压为 0.45 V,但由于禁带

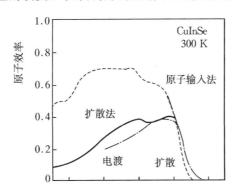

图 5.52　$CuInSe_2$ p−n 结的量子效率

宽度稍小,所以在短波长区域的光谱响应特性不好,这种材料是否适于太阳电池,
有待进一步研究。

3. CuInS$_2$ 薄膜 p-n 结

禁带宽度为 1.55 eV 的直接跃迁型 CuInS$_2$ 单晶的制作,好像要比 CuInSe$_2$ 困
难些,但是其薄膜的制作却比较容易。如果改变衬底温度和材料中硫元素的含量,
就能得到 n、p 两种导电型的薄膜。在高真空的条件下(10^{-8} Torr)用电阻加热器蒸
发石英或氧化铍坩埚里的 CuInS$_2$ 粉末(纯度:99.99%),同时从钽舟蒸发硫以控制
膜的导电类型。但必须分别进行其温度控制,用表面研磨过的氧化铝瓷作衬底,可
得晶粒直径为 1~1.6 μm 的(1 1 2)面定向薄膜。如果使衬底温度降低些
(~200℃),提高硫源的温度(~100℃)使薄膜内的硫的浓度增加,就能得到 p 型。

保持真空连续蒸镀各层膜,就能做出薄膜太阳电池。在氧化铝衬底上形成
Au-Zn 合金膜,作为背电极。在此面上蒸镀厚度 3~4 μm 的 p 层,再降低硫源温
度蒸镀厚度 0.5~0.8 μm 的 n 层。降低衬底温度之后蒸镀铟(约 0.12 μm)作为上
电极。所形成的 p-n 结的载流子浓度为 p 区(5~9)×10^{16} cm^{-3}、n 区 10^{17}~
10^{18} cm^{-3}。

图 5.53 为它的二极管特性和在卤灯照射下(100 mW/cm^2)的光电输出特性。
电池面积在 0.124 cm^2 时,反向饱和电流(-0.4 V)有 10~60 μA,正向特性显示
I~exp[$qV/(nkT)$]的一般特性。但在 $n≈2.3$ 时,产生一复合电流起支配作用。
太阳电池的开路电压 $V_{oc}=0.41$ V,短路电流密度 $J_{sc}=18.9$ mA/cm^2,这些对于薄
膜电池来说,算是相当不错的。但是真充因子 $FF=0.43$,这说明串联电阻相当大。
作为三元化合物的蒸镀薄膜电池转换效率 $\eta=3.33\%$ 是比较高的。在图 5.54 所示的
光谱响应曲线上,响应的峰值在相当于禁带宽度的位置上,此时量子效率为 0.45。

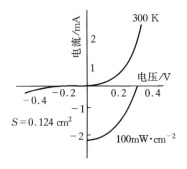

$V_{oc}=0.41$V　$I_{sc}=2.34$mA　$FF=0.43$　$\eta=3.33\%$

图 5.53　CuInS$_2$ 薄膜太阳电池的特性

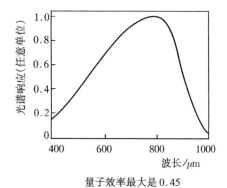

量子效率最大是 0.45

图 5.54　CuInS$_2$ 薄膜太阳电池光谱特性

分析 p-CuInS$_2$ 单晶电性能测试结果,可以知道,在 p 型结构里有非常强的自补偿作用。可以推想,这将使少数载流子的寿命变短,给结特性和光电特性带来很大的影响。在多晶薄膜元件里,晶粒的大小对电池特性影响很大,如果增大晶粒直径则可以期待特性的改善。即使在空气中加热到约 100℃持续 12~24 h,也未见到电池特性的退化。可以认为电池自身是稳定的。

4. 聚光 GaAs 电池

在Ⅲ-Ⅴ族化合物半导体中,人们对 GaAs 电池进行了多种途径的研究。其重要目的之一是要确定廉价太阳电池的制造工艺。GaAs 的禁带宽度为 1.4 eV,是一种较理想的制造高效率太阳电池的材料。常温下它的本征载流子浓度比硅小得多,1.1×10^7 cm^{-3}。因此,GaAs 电池可以在很高的辐照度下工作,如超过 1000 个太阳,开路电压要比硅太阳电池高约 1 V。图 5.55 是典型的聚光 GaAs 电池的结构示意图。

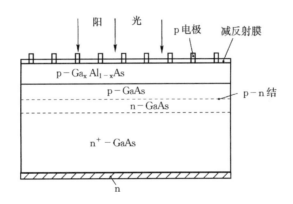

图 5.55　GaAs 电池结构示意图

(1) 窗口材料 AlGaAs,p-GaAs 和 n-GaAs 参数的选择

GaAs 电池的窗口材料通常采用液相外延的工艺制成,它的厚度要影响光子的穿透,过厚的 AlGaAs(砷化铝镓)层导致较低的收集效率。所以工作在低辐照度下的 GaAs 电池通常采用较薄的 AlGaAs 层(1 μm),以减少光吸收。但是,工作在高辐照度下的 GaAs 电池必须考虑到另一个重要的因素,即尽可能使电池具有极小的串联电阻。AlGaAs 层以及 p-GaAs 的厚度是决定串联电阻的主要部分——薄层电阻的主要因素。因此,适当提高 AlGaAs 层的厚度是提高电池性能的方法之一。一般使 AlGaAs 层为几个微米。

提高 p-n 结两侧材料的掺杂浓度是降低串联电阻,提高开路电压的有效方法,但过高的掺杂浓度会导致"能带收缩",其结果使 p-GaAs 和 n-GaAs 的少子寿命降低,本征载流子浓度提高。通常选择掺杂浓度低于 10^{18} cm^{-3}。典型 GaAs 电池,p－GaAs 掺杂浓度为 5×10^{17} cm^{-3},n－GaAs 的掺杂浓度约为 7×10^{17} cm^{-3},这样可以使 p-n 结两侧的少子扩散长度保持在 $4 \sim 5\ \mu$m。

(2) 栅线结构对聚光 GaAs 电池性能影响

在电池其他参数已定的情况下,电池的栅线结构就决定了电池串联电阻的大小。工作在 1000 个太阳的 GaAs 电池,电流密度可达到 20 A/cm^2,通过栅线的电流密度就更大。所以,电池的栅线结构就比聚光硅电池的更加重要。有关这方面的设计及计算方法和聚光硅电池一样。图 5.56 是文献[5]所提供的 GaAs 电池栅线间距与效率的关系。

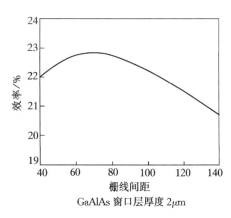

GaAlAs 窗口层厚度 2μm

图 5.56　*GaAs* 电池栅线间距与 η 的关系

(3) 聚光 GaAs 电池的性能

聚光 GaAs 电池效率的理论计算与硅太阳电池相类似。

聚光 GaAs 电池的 V_{oc}、η 与辐照度的关系 GaAs 电池的 V_{oc} 可以用式

$$n_p = n_{i0} \exp(qV/2kT)$$

表示。按照 p-n 结的理论,J_0 应当由两部分组成,一是扩散部分,二是空间电荷区的复合电流。对于硅太阳电池来说,这两部分都具有重要作用。在 GaAs 电池中,由于电池在高辐照度下具有高于 1 V 的开路电压,这就使得空间电荷区复合电流可以忽略,V_{oc} 主要取决于扩散部分。这一点有利于 GaAs 电池在高的辐照度下 V_{oc} 继续上升。图 5.57 是 GaAs 电池 V_{oc} 与辐照度的关系。

聚光 GaAs 电池在高达 1000 个太阳的光照强度下,仍然有很高效率。已报导的数据为在 945 个太阳下,其效率达 23.3%。通常聚光硅太阳电池的峰值效率出现在 25～30 个太阳下,而聚光 GaAs 电池的峰值效率出现在约 200 个太阳下,这时它的效率能达到 25%[6]。图 5.58 是实际聚光 GaAs 电池效率与辐照度的关系[7]。

(4) GaAs 电池的特点

GaAs 电池与硅太阳电池比较有下列优点:

① 转换效率高($\eta > 20\%$,AM1)　因 GaAs 的禁带宽度($E_g = 1.4$ eV)能有效地吸收太阳辐射。

② 工作上限温度较高　因禁带较宽,与硅太阳电池比较,温度上升引起的转换效率下降只有硅的一半。

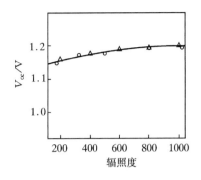
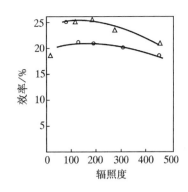

图 5.57　GaAs 电池的 V_{oc} 与辐照度的关系　　　图 5.58　GaAs 电池的 η 与辐照度的关系

③ 吸收系数大　GaAs 对光子的吸收属于直接跃迁型吸收,所以吸收系数大。对 GaAs 而言,要吸收 90% 以上的太阳光,有 5 μm 的厚度便足够了;而间接跃迁材料的硅,则需要 100 μm 以上的厚度。

④ V_{oc} 高 I_{sc} 小　在相同转换效率的情况下,GaAs 的 V_{oc} 较高;而硅太阳电池的 I_{sc} 较大。因为 GaAs 的电流小,所以受串联电阻的影响也小。这一特点在高倍聚光条件取大电流时,表现特别明显。

但 GaAs 太阳电池有下述缺点:

(a) GaAs 单晶片的价格高。

(b) GaAs 比硅重　GaAs 的密度为 5.31 g/cm^3,硅的密度是 2.33 g/cm^3。因此,重量比输出功率(W/g)稍比硅小。一般只是把太阳电池用于人造卫星上时,密度才作为问题考虑。

(c) 表面复合速度(S)大　在 GaAs 电池中 $S = 10^6 \sim 10^7$ cm/s,在硅里约为 10^4 cm/s。同时,由于 GaAs 的吸收系数大,光激发只有距表面 1 μm 左右的深度内形成电子-空穴对,所以它受到表面复合的影响较大。

思 考 题

1. 试写出光伏产业链。
2. 选择太阳电池材料种类主要考虑哪些因素?
3. 试写出制备单晶硅太阳电池的主要工艺流程。
4. 写出封装太阳电池组件的主要工艺流程。
5. 选择作为太阳电池的材料主要考虑哪些因素?
6. 太阳电池主要有哪些种类?

第6章 太阳电池测试

在自然条件下,地面接受到太阳光的强弱每时每刻在变化,局部地域的气温也存在差异。为客观评价太阳电池电性能,如光电转换效率、I-V特性曲线等,必须有统一的测试条件和方法。这样的测试才有意义,它对国际学术交流、情报交换等也是重要的。对地面应用,在实验室内对太阳电池进行测试,如果测试光源的光学性能与太阳光相差很远,则测得的数据不能代表电池在自然阳光下运行时的真实情况;甚至也无法换算到真实情况;而在阳光下测试,天气状况随时间、地点不同而变化。受光面上阳光的辐照度、光谱分布变化也较复杂。因此,需要规定一种标准测试条件,在此条件下的测试结果可彼此比较,还可用测试数据估算出电池运行时的性能表现。[31]~[33]

6.1 标准光源

1. 辐照度

辐照度俗称"光强",它指入射到单位面积上的光功率,定义为照射到物体表面某一点面元上的辐射通量除以该面元面积,表达式为

$$E = \frac{\partial \Phi}{\partial A}$$

单位取 W/m^2 或 mW/cm^2。

辐照度的光谱密集度:

$$E = \int E_\lambda d\lambda$$

取大气层上界标准辐照度为 1367 W/m^2,亦即太阳常数。地面应用,规定的标准辐照度为 1000 W/m^2。实际上,地面阳光跟很多复杂因素有关,这一数值仅在特定的时间及理想的气候和地理条件下才能获得。地面上在正午时,比较常见的辐照度约在 600~900 W/m^2 范围内;除辐照度数值范围以外,太阳辐射的特点之一是其均匀性,这种均匀性保证了同一太阳电池方阵上各点的辐照度相同。

2. 光谱分布

太阳电池对不同波长的光具有不同的响应,即,辐照度相同而光谱成分不同的光照射到同一片太阳电池上,其效果不同。太阳光是不同波长的复合光,它所含的光谱成分组成光谱分布曲线。而且其光谱分布也随地点、时间及其他条件的差异而不同。在大气层外情况很简单,太阳光谱几乎相当于 6000 K 的黑体辐射光谱,称为 AM0。在地面上,由于太阳光透过大气层后被吸收掉一部分,这种吸收与大气层的厚度及组成等诸多因素有关,因此是选择性吸收,结果导致非常复杂的光谱分布。并且随着太阳天顶角的变化,阳光透射的路径不同,吸收情况也不同。所以地面阳光的光谱随时都在变化。因此从测试角度考虑,需要规定一个标准的地面太阳光谱分布。目前国内外的标准都规定,在晴朗的气候条件下,当太阳透过大气层到达地面所经过的路程为大气层厚度的 1.5 倍时,其光谱为地面的标准太阳光谱,简称 AM1.5 标准太阳光谱,此时的太阳天顶角为 48.19°。选 AM1.5 是因为这种情况在地面上比较有代表性。

3. 总辐射和直射辐射

在大气层外,太阳光线在真空中辐射,没有任何漫射现象,全部太阳辐射都直接从太阳照射过来。地面上的情况则不同,受光面上的一部分太阳光是直接从太阳照射下来的,另一部分则来自大气层或周围环境的散射,还有一部分则是来自地面或其他物面的反射;前者称为“直接辐射”或“直射”,而这三部分之和称为“总辐射”。

4. 稳定性

太阳辐射光从本质上讲并不保持绝对的稳定,但其变化小到还不致被确认的程度。目前可把它看作为“极稳定的辐射源”。在地面上,当天气晴朗时,可认为阳光辐照是稳定的,仅随高度角而缓慢变化;当天空中有浮云或严重的气流影响时才会产生不稳定现象;这种气候条件不适宜测量太阳电池,否则会得到不确定的结果。

5. 太阳模拟器

综上所述,地面标准阳光条件是具有 1000 W/m² 的辐照度,AM1.5 的太阳光谱以及足够好的均匀性和稳定性。这样的标准阳光在室外能找到的机会较少,而太阳电池又必须在这种条件下测量,因此,解决途径是用人造光源来模拟太阳光,即所谓太阳模拟器。

• **稳态太阳模拟器**　它在工作时可提供连续、不变辐照度的光源,使测量工作能从容不迫地进行。但是,为了获得较大的有效辐照面积,它的光学系统,以及光源的供电系统非常庞大。

· 脉冲式太阳模拟器　它在工作时并不连续发光,只在极短时间内,通常是毫秒以下数量级,以脉冲形式发射。其优点是瞬时功率可以做得很大而平均功率却很小,其缺点是由于测试工作在极短的时间内进行,因此数据采集系统不能用手工,需配备计算机进行数据采集和处理。图 6.1(a)是太阳电池测试仪;图 6.1(b)是太阳电池组件测试仪。

· 太阳模拟器的电光源及滤光装置　用来装置太阳模拟器的电光源通常有以下几种:卤钨灯、冷光灯、氙灯、脉冲氙灯等。

国外、国内制造太阳模拟器的知名厂家主要有:Berger Lichttechnik GmbH, Spire Solar Inc., NPC Incorporated,北京德雷射科科技开发有限公司,西安交通大学太阳能研究所等。

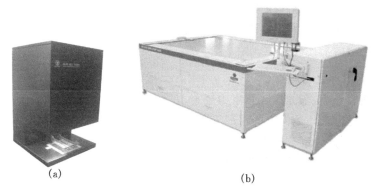

(a)　　　　　　　　　(b)

图 6.1　太阳电池与组件测试仪

6.2　模拟器光学特性

1. 辐照不均匀度

辐照不均匀度是对测试平面上不同点的辐照度而言的,当辐照度不随时间改变时,辐照不均匀度按下式计算。

$$辐照不均匀度 = \pm \frac{最大辐照度 - 最小辐照度}{最大辐照度 + 最小辐照度} \times 100\%$$

在测量单体电池时,辐照不均匀度应使用不超过待测电池面积 1/4 的检测电池来检测。在测量组件时,应使用不超过待测组件面积 1/10 的检测电池来检测。

2. 辐照不稳定度

测试平面上同一点的辐照度随时间改变时,辐照不稳定按下式计算:

$$辐照不稳定度 = \pm \frac{最大辐照度 - 最小辐照度}{最大辐照度 + 最小辐照度}$$

3. 光谱失配误差计算

$$光谱失配误差 = \int [F_{T,AM1.5}(\lambda) - F_{S,AM1.5}(\lambda)][B(\lambda) - 1]d\lambda$$

式中：$F_{T,AM1.5}(\lambda)$ 和 $F_{S,AM1.5}(\lambda)$ 分别是被测电池（T）和标准电池在 AM1.5 状态下的相对光谱电流，即光谱电流 $i(\lambda)$ 与短路电流之比。

$$F_{T,AM1.5}(\lambda) = \frac{i_{T,AM1.5}(\lambda)}{\int i_{T,AM1.5}(\lambda)d\lambda} = \frac{i_{T,AM1.5}(\lambda)}{I_{T,AM1.5}}$$

$$F_{S,AM1.5}(\lambda) = \frac{i_{S,AM1.5}(\lambda)}{\int i_{S,AM1.5}(\lambda)d\lambda} = \frac{i_{S,AM1.5}(\lambda)}{I_{S,AM1.5}}$$

$B(\lambda) - 1$ 定义为光谱，它表示太阳模拟器光谱辐照度 $e_{sim}(\lambda)$ 和 AM1.5 的光谱辐照度 $e_{AM1.5}(\lambda)$ 的相对偏差，即

$$\frac{e_{sim}(\lambda) - e_{AM1.5}(\lambda)}{e_{AM1.5}(\lambda)} = B(\lambda) - 1$$

由上述容易看到，在两种特殊情况下光谱失配误差消失：一种情况是太阳模拟器的光谱和标准太阳光谱完全一致；另一种情况是被测太阳电池的光谱响应和标准太阳电池的光谱响应完全一致。这两种特殊情况都难以严格地实现，而两种情况相比，后一种情况更难实现，因为待测太阳电池是多种多样的，不可能每一片待测电池都配上和它光谱响应完全一致的标准太阳电池。那么为了改善光谱匹配，最好的办法是设计光谱分布和标准太阳光谱非常接近的精密型太阳模拟器，从而对太阳电池的光谱响应不必再提出要求。光谱响应之所以难于控制，一方面出于工艺原因，在诸多复杂因素的影响下即使是同工艺、同结构、同材料，甚至是同一批生产出来的太阳电池，也并不能保证具有完全相同的光谱响应；另一方面来自测试的困难，光谱响应的测量要比伏安特性麻烦得多，也不易测量正确。因此不可能在测量伏安特性之前先把每片太阳电池的光谱响应测量出来。

6.3　测试原理

测量太阳电池的电性能可归结为测量它的伏安特性，由于伏安特性与测试条件有关。必须在统一规定的标准测试条件下进行测量或将测量结果换算为标准测试条件，才能鉴定太阳电池电性能的优劣。标准测试条件包括标准太阳光（标准光谱和标准辐照度）和标准测试温度；温度可以人工控制。标准太阳光可以人工模拟或在自然条件下寻找。使用模拟阳光时，光谱取决于电光源的种类及滤光、反光系统。辐照度可以用标准太阳电池短路电流的标定值来校准。为了减少光谱失配误差，模拟阳光的光谱应尽量接近标准阳光光谱或选用和被测电池光谱响应基本相

同的标准太阳电池。

测量电池Ⅰ-Ⅴ特性的原理如图6.2所示。

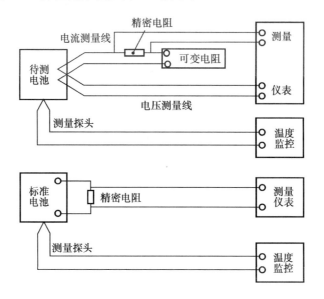

图6.2　测量电池Ⅰ-Ⅴ特性原理图

注意:测量太阳电池的电压和电流应从被测件的端点单独引出电压线和电流线。

6.4　电性测试条件

1. 标准测试条件

总辐射采用 AM1.5 标准阳光光谱;

辐照度:1000 W/m²;

测试温度:25℃。

对定标测试,标准测试温度的允差为±1℃,对非定标测试,标准测试温度的允差为±2℃。如受客观条件所限,只能在非标准条件下进行测试,则必须将测量结果换算到标准测试条件。

2. 测量仪器与装置

(1) 标准太阳电池

标准太阳电池用于校准测试光源的辐射照度。

对 AM1.5 工作标准太阳电池作定标测试时,用 AM1.5 二级标准太阳电池校准辐照度。

在非定标测试中,一般用 AM1.5 工作标准太阳电池校准辐照度,要求高时,用 AM1.5 二级标准太阳电池。

(2) 电压表

电压表的精度应不低于 0.5 级。其内阻应不低于 20 kΩ/V。一般使用数字式电压表。

(3) 电流表

电流表的精度应不低于 0.5 级。其内阻应小到能保证在测量短路电流时,被测电池两端的电压不超过开路电压的 3%。当要求更精确时,在开路电压的 3% 以内可利用电压和电流的线性关系来推算完全短路时的短路电流。可用数字毫伏表测量取样电阻两端电压降的方法来测量电流。

(4) 取样电阻

取样电阻的精度应不低于 $\pm 0.2\%$;

必须采用四端精密电阻;

电池短路电流和取样电阻阻值的乘积应不超过电池开路电压的 3%。

(5) 负载电阻

负载电阻应能从 0 平滑地调节到 10 kW 以上;

必须有足够的功率容量,以保证在通电测量时不会因发热而影响测量精度。

当可变电阻不能满足上述条件时,应采用等效的电子可变负载。

(6) 温度计

温度计或测温系统的仪器误差应不超过 $\pm 0.5\,℃$;

测量系统的时间响应不超过 1 s;

测量探头的体积和形状应保证使它能尽量靠近太阳电池和 p-n 结安装。

(7) 室内测试光源

辐照度、辐照不均匀度、稳定度、准直性及光谱分布均应符合一定的要求。

3.　测试项目

开路电压 V_{oc}

短路电流 I_{sc}

最佳工作电压 V_m

最佳工作电流 I_m

最大输出功率 P_m

光电转换效率 η

填充因子 FF

I-V 特性曲线

短路电流温度系数 α，简称电流温度系数

开路电压温度系数 β，简称电压温度系数

内部串联电阻 R_s

内部并联电阻 R_{sh}

4. 基本测试方法

在上述的测试项目中，开路电压和短路电流可以用电表直接测量，其他参数从伏安特性求出。

太阳电池的伏安特性应在标准地面阳光、太阳模拟器或其他等效的模拟阳光下测量。

太阳电池的伏安特性应在标准条件下测试，如受客观条件所限，只能在非标准条件下测试时，则测试结果应换算到标准测试条件。

在测量过程中，单体太阳电池的测试温度必须恒定在标准测试温度。

可以用遮光法来控制太阳电池组件、组合板或方阵的测试温度。

模拟阳光的辐射度只能用标准太阳电池来校准，不采用其他辐射测量仪表。

用校准辐照度的标准太阳电池应和待测太阳电池具有基本相同的光谱响应（注：系指同材料、同结构、同工艺的太阳电池）。

5. 从非标准测试条件换算到标准测试条件

电流和电压换算公式

当测试温度、辐照度和标准测试条件不一致时，可用以下换算公式校正到标准测试条件：

$$I_2 = I_1 + I_{sc}\left(\frac{I_{SR}}{I_{MR}} - 1\right) + \alpha(T_2 - T_1)$$

$$V_2 = V_1 - R_s(I_2 - I_1) - KI_2(T_2 - T_1) + \beta(T_2 - T_1)$$

式中：

I_1、V_1：测试得到的电流、电压值，或需较正的参数；

I_2、V_2：校正后的数据；

I_{sc}：所测电池的短路电流；

I_{MR}：标准电池在实测条件下的短路电流；

T_1：测试温度；

T_2：标准测试温度；

R_s：所测电池的内部串联电阻；

K：曲线校正因子，一般可取 1.25×10^{-3} $\Omega/℃$；

α：所测电池在标准辐照度下，以及在所需的温度范围内的短路电流温度系数；

β:被测电池在标准辐照度及所需温度范围内的开路电压温度系数。

注:以上各参数的单位必须统一。

6.5 阳光下测试

1. 测试场地

测试场地周围应空旷,没有遮光、反光及散光的任何物体,如楼房、高树、围墙等。

测试场地周围的地面上应无高反射的物体,如冰雪、白灰和亮沙子等。

测试场地周围应空气清洁,尽量避开灰尘、烟雾或其他大气污染。

2. 气象条件

天气晴朗,测试场所上空或周围无云。

阳光总辐照度不低于标准总辐照度的 80%。

天空散射光所占比例不大于总辐射的 25%。

在测试周期内,辐照的不稳定度应不大于 $\pm1\%$。

3. 安装要求

被测电池、标准电池应安装在同一平面上并尽量靠近,测试平面的法线和入射光线的夹角应不大于 $5°$。

6.6 电性能测试

6.6.1 p-n 结特性的测量

太阳电池工作在正偏压状态下,因此 p-n 结的正向特性很重要。一般测量正向特性的方法是直接外加正向偏置电压到太阳电池上,直接测量结电压和结电流,线路如图 6.3 所示。测试过程中电池要恒温并保持屏蔽光。所用的仪表要符合 6.4 节所提的要求。按测出的电流密度值和电压值作图可得到结特性曲线。

更直接观测 p-n 结特性的方法是用示波器,把半波整流的交流电压加到太阳电池上,取通过电池的电流信号和加到 p-n 结上的电压信号,此时在示波器上即可得到合成的图形。

外加偏压——直流偏压或脉冲偏压——测量 p-n 结特性会遇到电池串联电阻的影响问题,当太阳电池通过大电流时,p-n 结内阻就变得非常小。在这种情况下,电池内的串联电阻 R_s 的影响愈来愈大,以致于在串联电阻 R_s 上的电压降 V_s

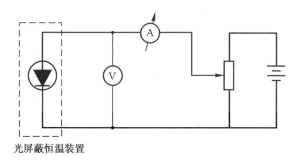

光屏蔽恒温装置

图 6.3　正偏压测电池伏安特性线路图

接近于测出的结电压 V_j。在电池串联电阻很大的情况下，测出的伏安曲线有很大的误差。

　　为解决这个问题，可以采用光电压和光电流法。当太阳电池接受从弱逐渐变强的阳光辐射时，电池在某一辐照度下的光生电压(开路电压)V_{oc} 和光生电流密度(短路电流密度)J_{sc} 的关系是

$$J_{sc} = J_0 \left[\exp\left(\frac{qV_{oc}}{AkT}\right) - 1 \right]$$

它和二极管的正偏情况是一样的。从太阳电池的等效电路看出，光照对二极管的 p-n 结施加的正向偏压与外加电源的偏压有一个重大的区别，那就是外加偏压必须通过电池的串联电阻后，才能施加到 p-n 结上，而光生电压则可直接加上去。因此改变辐照度强弱以测试短路电流密度和开路电压的关系曲线，这条曲线是排除了串联电阻的 p-n 结特性曲线。由于在强辐照度时，电池温度上升影响 V_{oc} 数值的准确测定，所以电池要放在恒温器中。

6.6.2　电池负载特性的测试

　　由于太阳电池在光照时，通过 p-n 结的电流随不同的负载而变化。因此要想描写这个特性，应当设法把负载从零变到无穷大。电池两端的电压和通过负载的电流可用函数曲线的形式表达出来。所画出的曲线如图 6.4 所示。该图存在着缺点，一是电池由于串联一个提取电流的取样电阻，使得电池不能达到短路状态；二是可变电阻也不可能从零变到无穷大，所以又达不到开路状态，结果是所画曲线既不能和电流密度轴相交，也不能与电压轴相交。

　　这了弥补这两个缺点，一般都采用补偿线路，示意图如图 6.5。为避免导线电阻的影响，采用"四线"连接；电池用两根粗线连接，通过电流，另两根线测电压。取样电阻也同样用四线连接。

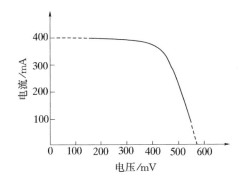

图 6.4　负载曲线

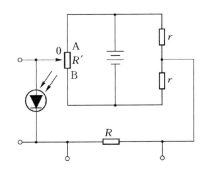

图 6.5　补偿法测负载曲线的线路

在可变电阻两端连接二个相同电阻 r，并且并联一个补偿电路，构成桥路。当可变电阻滑动点在中间位置（0 点）时，电桥平衡。因为太阳电池开路时，全部光生电流都通过 p-n 结，相当于二极管导通。所以，如果此时把可变电阻从零点向 A 点调整，电桥平衡一经破坏，外加电源就可给电池以正向偏置。随着离开平衡点 0 的距离增大，正向电流也随之增大，并可使流过结的电流略大于光生电流。此时相当于负载曲线进入了第四象限。如图 6.6 所示。

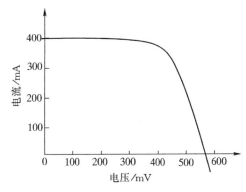

图 6.6　用补偿电路测出的电池负载特性曲线

当可变电阻滑动头从 0 点起向 B 点滑动时，情况与上述的相反，电池开始受外加电源反向偏置。电池在短路状态时光生电流全部流过外回路，p-n 结处于截止状态。在电池处于不充分截止时，结内存在有少量的正向电流流过，但当反向偏置增大到一定程度时，反向电流增大到和正向电流相等，即到正好截止状态，再大则 p-n 结流过了反向电流，使得二极管充分截止。这相当于曲线进入了第二象限。

根据上述原理可知，太阳电池在负载电阻由零向无穷大变化的过程，相当于电池 p-n 结截止到导通的过程。换而言之，如果利用一个外电源（不用可变电阻）给电池的 p-n 结施加一个由负到正的电压，使得 p-n 结由充分截止连续变化到超额导通，此时和补偿法效果完全一样，可得到在三象限的伏安曲线。这就是电子负载的基本原理。

6.6.3　电池串联内阻的测试

① 本方法在太阳模拟器或其他模拟阳光下测量太阳电池的内部串联电阻,所使用的测量装置和测量伏安特性的装置相同。但要求测试平面上的辐照度大致能在 600 W/m² 到 1200 W/m² 范围内调节。

② 用两种不同的辐照度,分别测量出两条伏安特性曲线;画在同一坐标上,如图 6.7 所示。两种辐照度大致取为 900 W/m² 和 1100 W/m²,不需知道准确的数值。辐照度改变时要求温度变化不超过 2℃。

③ 在图 6.7 中,在两条曲线的最大功率点附近各选择一点 P 和 Q 使满足

$$I_{sc1} - I_p = I_{sc2} - I_q$$

④ 按下式算出 R_{s1}

$$R_{s1} = \frac{V_q - V_p}{I_{sc1} - I_{sc2}}$$

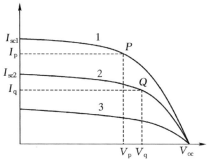

图 6.7　电池串联内阻的测量

⑤ 保持温度不变,把辐照度调节到 700 W/m² 左右,再描绘一条伏-安特性曲线 3。

⑥ 重复③和④从曲线 2 和 3 算出 R_{s3},从曲线 1 和 3 算出 R_{s2}。

⑦ 被测太阳电池的内部串联电阻

$$R_s = \frac{R_{s1} + R_{s2} + R_{s3}}{3}$$

6.6.4　电池温度系数的测试

太阳电池的短路电流温度系数 α 和开路电压温度系数 β 随辐照度的不同而变化并且与温度有关,因此必须在规定的辐照度条件下进行测量。而测量结果只在所测的温度范围内适用。温度范围根据需要来确定。

测试要求与步骤:

① 测试光源用太阳模拟器或其他模拟阳光,推荐使用脉冲式太阳模拟器;

② 温度传感器附着在被测的太阳电池上,尽量靠近 p-n 结;

③ 被测器件安装在能控制温度的测试架上,接触面应有良好的热传导,温度恒定在标准测试温度;

④ 工作标准电池和被测电池并排放置在测试平面的有效辐照区内;

⑤ 用工作标准电池校准辐照度；

⑥ 把温度调节到所需温度范围的最低点，测量开路电压和短路电流；

⑦ 把温度升高 10℃，稳定后再测量开路电压和短路电流；

⑧ 重复⑦，直到所需温度范围的最高点；

⑨ 用统计方法处理数据，画出短路电流-温度以及开路电压-温度两条曲线；

⑩ 在所需温度范围的中点，求出上述两条曲线的斜率，即 α 和 β；

⑪ 太阳电池组件、组合板和方阵的温度系数可根据单体电池的温度系数，以及单体电池的串、并联个数算出：

$$\alpha = n_p \cdot \alpha_c$$

$$\beta = n_s \cdot \beta_c$$

式中，α_c 和 β_c 是单体电池的电流和电压温度系数；α 和是 β 组件、组合板或方阵的电流电压温度系数；n_p 是单体电池的并联个数；n_s 是单体电池的串联个数。

⑫ 当温度低于环境温度时，为了防止被测器件的表面生成冷凝水珠，可以用干燥的氮气保护，必要时在高真空中测试。

6.7　非晶硅太阳电池性能测试

非晶硅太阳电池电性能的测试方法从原则到具体程序都和单晶硅、多晶硅太阳电池电性能的测试相同，但必须注意以下几点区别，否则可能导致严重的测量误差。

① 应选用恰当的、专用于非晶硅太阳电池测试的非晶硅标准太阳电池来校准辐照度。由于非晶硅太阳电池的光谱响应和单晶硅太阳电池相差很大，如果不注意正确选用标准太阳电池，将会得到毫无意义的测试结果。当然，按照光谱失配的理论，如果所选的测试光源十分理想，那么，即使用单晶硅标准太阳电池校准辐照度也能获得正确的结果。

② 用于非晶硅太阳电池电性能测试的光源应尽可能选用在 $0.3 \sim 0.8\ \mu m$ 波长范围内，光谱特性非常接近于 AM1.5 太阳光谱的太阳模拟器。在自制太阳模拟器的情况下，应当给出从 $0.3 \sim 0.8\ \mu m$ 波长范围内光谱分布的详细、精确数据或曲线，以便计算光谱失配误差。

③ 非晶硅太阳电池的光谱响应特性与所加偏置光及偏置电压有关，在非标准条件下进行测试和换算时应注意有关情况。

6.8 太阳电池组件测试

6.8.1 产品测试

太阳能动力发电系统甚至在最苛刻的环境中工作都必须是可靠的,并且要求能稳定地工作许多年。中国太阳电池组件产品要进入美国和欧洲需要分别通过UL(Underwrites Laboratories Inc. 美国保险商实验室)和 TUV(即 TüV(Technischer überwachungs Verein)技术监督协会)认证。这些认证、标准对制造商制生产企业的太阳电池组件有一系列的严格、苛刻要求。由于产品的生命周期费用分析是根据组件寿命 20 年或更长时间做的。因此,要求组件寿命达 20 年以上,这比一般产品的要求高了很多。

太阳电池组件安装在户外,组件要长期暴露在阳光下,直接经受当地自然环境的影响。组件受到的影响包括环境、气象和机械因素。

环境和气象因素包括:太阳光辐射、气温、雨、雪、霜、冰雹、风、砂石、空气中的水汽、化学污染物、灰尘和鸟粪等。

机械因素包括:组件在存放、运输、安装和使用过程中可能受到的摩擦、振动和冲击等各种机械力的作用。

由于上述原因,有必要在组件出厂前进行一系列测试试验。组件电性能的测试项目:在规定光源的辐照度、光谱以及一定的电池温度条件下,测试开路电压、短路电流、输出特性曲线、填充因子和最大输出功率等。

地面用晶体硅光伏组件标准除 IEC 61215、ANSI/UL 1703 - 2004、GB/T 9535-1998 外,一些国际著名机构或单位还有自己的附加标准条款。以下仅对他们一些内容进行综合介绍。

在试验之前,所有的组件,包括控制件,都必须在开路状态下经过 5 kWh/m² ～ 5.5 kWh/m² 的太阳光照。

在标准测试条件下,组件的最大输出功率衰减在每个单项试验后不超过规定的极限,每一组试验程序后不超过规定值的 8%。

1. 热循环

组件温度在 90℃ ～ -40℃ 进行 200 次循环。这项测试比组件在地球上任何地方实际上将经受到的温度变化范围都大,主要是为测试接触和层压的膨胀和收缩。每次试验包括:

1) 测试温度从 25℃ 降至 -40℃,样品在 -40℃ 保持 30 min;

2) 试验温度从 -40℃ 升至 90℃,样品在 90℃ 保持 30 min;

3）试验温度从 90℃降至 25℃。总的周期时间不超过 6 h。所有温度变化中，温度变化率≤120℃/h。

2. 湿度-冰冻

组件进行 10 次循环试验。该项目是为测试侵入潮气可导致层压塑料的腐蚀和损坏等。每次试验循环包括：

1）测试温度从 25℃升至 85℃，在 85℃下保持 20 h 以上；

2）温度从 85℃降至－40℃，在－40℃下保持 30 min；

3）温度从－40℃升至 25℃。当温度在 0℃或以上时，测试温度变化率≤120℃/h。当温度小于 0℃时，测试温度变化率≤200℃/h。总的变化时间和在－40℃保持的时间总共≤4 h。如果开始或者 10 次循环后的温度为 25℃，名义室温可以在 15℃～35℃范围内。一次循环总的时间≤24 h。

4）当测试温度为 85℃时，空气相对湿度为 85±2.5%。在所有的温度变化过程中，室（测试箱）内空气与外界空气隔绝，以使得水蒸汽可以冷凝在电池板上。

3. 冰雹撞冲

冰球从冰球发射机放出到组件玻璃前面中间和相互连接处。目的是测试组件能够经受冰雹冲击。测试器件和要求：

1）冰箱   －10±5℃；

2）冰球   直径 25 mm±5%，质量 7.53 g±5%；

3）速度   23 m/s±5%；

4）天平的准确度±2%；速度测试仪表的准确度±2%。

4. 绝缘耐压

在活动部分、可接触的导电部分、活动部分和暴露的不导电表面间的绝缘性和间距应该能承受两倍于系统电压加上 1000 V 的直流电压，对于额定电压小于等于 30 V 的电池板系统，施加电压为 500 V。组件面积大于 0.1 m² 时，在正常条件下绝缘电阻不得低于 40 MΩ；组件面积小于 0.1 m² 时，在正常条件下绝缘电阻不得低于 400 MΩ。

电压以稳定均匀的速率在 5 s 的时间内逐步升到试验电压，并维持该电压直到泄漏电流稳定的时间至少为 1 min。

测试要在三个无相关的样品中进行。这些样品事先要进行过喷淋、热循环、湿度-冰冻等试验。当测试的是暴露的绝缘部分时，则这一部分应覆盖上一层导电的金属薄片（箔）或是其他等同物。

5. 浸盐

在盐水溶液中，普通盐占蒸馏水质量的 5%。整体溶液的 pH 值在 6.5～7.2

之间,并且在 35℃时的密度为 1.026～1.040。整个测试过程中室内温度保持在 33～36℃范围之内。组件置入 5％的盐雾中 3 天,以保证在海蚀情况下不会出现腐蚀和电性能下降。

6. 风载

组件安装在框架上并经受到 2400 Pa 相当于 200 km/h 的风,前后交替 10000 次循环。它是模拟恶劣风情况和检查接触的疏松和可能的电池损坏。

7. 扭转

组件固定三个角并且第四个角抬起约 1″,再模拟风的情况和扭矩,以检查电池损坏和电接触损失。

8. 长时间热处理

组件在相对湿度 90％和 90℃保持 5 天,进一步保证防止潮湿侵入。

另外有些公司还做振动试验等,即加速度 $2g$,XYZ 三个方向,各 2 h。

6.8.2　环境测试

地面用太阳电池组件常年累月运行于室外环境必须能反复经受各种恶劣的气候及其他多变的环境条件,并保证要在相当长的额定寿命(通常要求 20 年以上)内其电性能不发生严重的衰减。为此在出厂前应按规定抽样进行各项环境模拟试验。在环境试验项目进行前后(注意:这里是指每一个项目进行前后)均需观察和检查组件外表有无异常现象。

1. 温度交变

从高温到低温反复交替变化称为温度交变。交变的温度范围规定为 -40 ± 3～$+35\pm2$℃。凡用钢化玻璃为盖板的组件应交变 200 次,用优质玻璃作盖板的组件应交变 50 次。在进行每项试验前后均应测量电性能参数,并观察试验后外表有无异常

2. 高温贮存

地面用太阳电池组件应放在 85 ± 2℃的高温环境下存贮 16 h。

3. 低温贮存

地面用太阳电池组件应放在 -40 ± 3℃的低温环境下贮存 16 h。

4. 恒定湿热贮存

地面用太阳电池组件应放在相对湿度为 90％～95％,温度为 $+40\pm2$℃的湿热环境下存放 4 天。试验结束除电性能测试及外观检查外,还应检查绝缘电阻。

5. 振动、冲击

振动及冲击试验目的是考核其耐受运输的能力。因此应在良好的包装条件下进行试验。试验条件规定如下:

振动频率:10～55 Hz

振　　幅:0.35 mm

振动时间:法向 20 min,切向 20 min

冲击波形:半正弦、梯形、后峰锯齿,持续 11 ms

冲击的峰值加速度:150 m/s²

冲击次数:法向、切向各 3 次。

6. 地面太阳光辐照试验

此项试验应在模拟地面太阳辐照试验箱中进行。模拟太阳光应垂直照射组件,辐照度为 1.12±10% kW,并具有地面阳光光谱分布。每 24 小时为一周期,光照 20 h,温度为 55℃。停照 4 h,温度为 25℃,持续进行 18 个月。最大输出功率下降不得超过 10%。

7. 扭弯试验

在 15～35℃的室温环境下,将太阳电池组件的三个角固定,另一个角安装在扭弯测试仪上,使组件的一个短边扭转 1.2°,试验完毕检查外观及电性能。

6.8.3　热斑效应

热斑效应是指当组件中的某片电池或一组电池被遮光或损坏时,工作电流超过该电池降低了的短路电流,在组件中会发生热斑加热。而该片电池或电池串被处于反向偏置状态,要消耗功率,从而引起过热致使该组件不能正常运行或损坏。

本节较详细地介绍关于热斑的实验。

1. 实验装置

· 辐射源 1　稳态太阳模拟器或自然阳光,辐照度不低于 700 W/m²,不均匀度不超过±2%,瞬间稳定度在±5%以内。

· 辐射源 2　C 类或更好的稳态太阳模拟器或自然阳光的辐照度为 1000 W/m²±10%。

· 组件 I-曲线测试仪。

· 对实验单片太阳电池被遮光的情况,光增强量为 5%的一组不透明盖板。

· 根据需要加温度探测器。

2. 测试方法

环境温度为 25℃±5℃,风速小于 2 m/s。组件实验前,应安装制造厂推荐的热斑保护装置。

串联连接方式组件的实验

s 步骤 1　将不遮光的组件在不低于 700 W/m² 的辐射源 1 下照射,测试其 I-V 特性和 P_m 时的电流值 I_m。

s 步骤 2　使组件短路,用下列方法选择一片电池。

(a)组件在稳定的辐照度不小于 700 W/m² 的辐射照射下,用适当的温度探测器测定最热的电池;

(b)在步骤 1 规定辐照度下,依次完全挡住每一片电池,选择其中一个当它被挡住时,短路电流减小最大,在这一过程中,辐照度变化不超过 ±5%。

s 步骤 3　将温度传感器接到温度监测仪,将组件的两个引线端接到连续性测试仪,将组件的一个引线端和框架连接到绝缘监测仪。

s 步骤 4　在步骤 1 规定辐照度(±3% 内)下,完全挡住选定的电池片,检查组件的 I_{sc} 是否比步骤 1 所测定的 I_m 小。如果这种情况不发生,不能确定是否会在一个电池内产生最大消耗功率。此时继续完全挡住所选电池,省略步骤 5。

s 步骤 5　逐渐减少对所选择电池的遮光面积,直到组件的 I_{sc} 最接近 I_m,此时在该电池内消耗的功率最大。

s 步骤 6　用辐射源 2 照射组件,记录 I_{sc} 值,保持组件在消耗功率最大的状态,必要时重新调整遮光,使 I_{sc} 维持在特定值。

s 步骤 7　1 小时后挡住组件不受辐射,并验证 I_{sc} 不超过 I_m 的 10%。

s 步骤 8　30 分钟后,恢复辐照度到 1000 W/m²。

s 步骤 9　重复 s 步骤 6、s 步骤 7 和 s 步骤 8 共 5 次。

串联并联连接方式组件的实验

sp 步骤 1　将遮光的组件在不低于 700 W/m² 的辐射源 1 下照射,测试其特性,假定所有串联组件产生的电流相同,用下列方程计算热斑最大功率消耗时对应的短路电流 I_{sc}^*

$$I_{sc}^* = I_{sc}^*(p-1)/p + I_m/P$$

其中,I_{sc} 为不遮光组件的短路电流;I_m 为不遮光组件最大功率时的电流 A;P 为组件并联组数。

sp 步骤 2　使组件短路,用下列方法之一选择一片电池。

(a)组件在稳定的辐照度不小于 700 W/m² 的辐射源 1 照射下,用适当的温度探测器测定最热的电池;

(b)在 s 步骤 1 规定的辐照度下,依次完全挡住每一片,当它被挡住时,短路电流减小最大。在这一过程中,辐照度变化不超过 ±5%。

sp 步骤 3　在 s 步骤 1 所规定辐照度(±3% 内)下,完全挡住选定电池,检查组件是否比 s 步骤 1,所规定的 I_m 小。如果这种情况不发生,就不能确定是否会在一个电池内产生最大消耗功率,此时继续完全挡住所选电池。省略 sp 步骤 4。

sp 步骤 4　逐渐减少对所选择电池的遮光面积,直到组件的 I_{sc} 最接近 I_{sc}^*,此时在该电池内消耗的功率最大。

sp 步骤 5　用辐射源 2 照射组件,记录 I_{sc} 值,保持组件在消耗功率最大的状态,必要时重新调整遮光,使 I_{sc} 维持在特定值。

sp 步骤 6　1 小时后挡住组件不受辐射,并验证 I_{sc} 不超过 I_m 的 10%。

sp 步骤 7　30 分钟后,恢复辐照度到 1000 W/m²。

sp 步骤 8　重复 sp 步骤 7、sp 步骤 6、sp 步骤 7 共 5 次。

在实验结束后使组件恢复至少 1 小时后,转光伏测试组进行外观检查,在标准实验条件下的性能测试,绝缘实验。

技术要求

· 实验后无如下严重外观缺陷:

(a) 破碎,开裂,弯曲,不规整或损伤的外表面;

(b) 某个电池的一条裂纹,其延伸可能导致组件减少该电池面积 10% 以上;

(c) 在组件边缘和任何一部分电路之间形成连续的气泡或脱层通道;

(d) 表面机械完整性,导致组件的安装和/或工作都受到影响。

· 标准测试条件下最大输出功率的衰减不超过实验前的 5%。

· 绝缘电阻应满足初始实验的同样要求。

思 考 题

1. 地面测试标准光源是如何规定的?
2. 说明不同种类太阳模拟器之间的差异?
3. 试简述电池或组件电性能的测试原理。
4. 实验室测试与阳光下测试差异主要有哪些?

第 7 章　储能

能量存储是能源利用的重要问题之一。矿物能源便于存储,而像辐射、电等非矿物能量则难以储存。为了达到充分利用、削峰填谷和调剂余缺的目的,人们对能量储存进行了深入研究。目前能量储存主要方式:①蓄电池;②氢能;③水库;④飞轮;⑤大电容;⑥热能。从可行性、经济性等诸多因素考虑,蓄电池是储能方式的重要选择之一。

蓄电池是电力、通信、铁路、交通、煤炭、石油化工等诸多行业的电源设备之一,它已广泛应用于国民经济的各个领域。随着国民经济和科学技术的发展,人们对蓄电池的需求和要求愈来愈高。

太阳电池是把辐射光能转换成电能的器件,它没有储存电能的功能。当没有入射光照射或光照较弱而需向负载供电时,需要有储备的电能来供给。把入射光较强时所产生的过剩电能储存起来,以便备用。在光伏发电系统中,蓄电池是重要的储能部件,光伏利用是蓄电池的应用场所之一。[34]~[40]

7.1　概况

蓄电池是一种化学电源,它是把物质化学反应产生的能量直接转换成直流电的一种装置,其发展有 200 多年历史。据记载,首先发明电池是意大利人 Alessandro Volta。1800 年,Volta 成功地在稀硫酸溶液中浸渍锌板和铜板而制成"伏打电池"(如图 7.1 所示),Volta 电池被认为是原电池。原电池亦称一次电池,这种电池经过连续放电或间歇放电后,不能用充电的方法使两极的活性物质恢复到初始状态,反应是不可逆的,两极上的活性物质只能利用一次。自 Volta 电池诞生后,人们开始研究电池性质,特别是研究它的电解作用的广泛性。

1836 年,英国化学家 John Daniel 对 Volta 电池进行了改进,研制出了可长时间使用的电池,称 Daniel 电池(如图 7.2 所示)。这是一种采用多孔物质作隔板,把硫酸铜溶液和硫酸锌溶液隔开的双溶液电池。

1859 年法国学者 Gaston Plante' 试制成功化成式蓄电池。1868 年法国工程师 G. Leclanche'(勒克朗谢)研制成功以 NH_4Cl 为电解质的锌二氧化锰电池,并

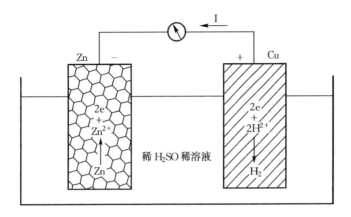

图 7.1　Volta 电池

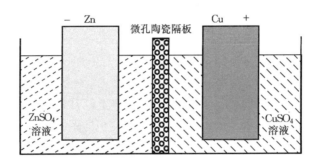

图 7.2　Daniel 电池

得到了应用,它是现在干电池的母体。1895 年 Junger 发明了镉镍蓄电池。1900 年 Edison 研制了铁-镍蓄电池。蓄电池发展到如今,比电特性和使用寿命均提高数倍,使用范围明显扩大。

蓄电池是可再生的二次电池。电池工作时,在两极上进行的反应均为可逆反应。因此可用充电的方法使两极活性物质恢复初始状态,从而获得再生放电的能力。这种充电和放电能够反复多次,循环使用。

常见的蓄电池主要有:

① 酸性电池。如,铅酸蓄电池　$Pb|H_2SO_4|PbO_2$

② 碱性电池。如,镉镍电池　$Cd|KOH|NiOOH$

③ 锂电池。如,Li/SO_2　Li/MnO_2　Li/Ag_2CrO_4

④ 燃料电池。如,氢氧电池　$H_2|KOH|O_2$

⑤ 塑料电池(有机电解质电池)

聚乙炔

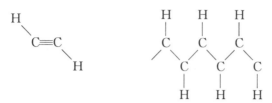

塑料电池是蓄电池正在研究的方向之一。目前对其寿命和性能稳定性等问题还没有一个良好的解决方案(如,苯胺电池)。

7.2 蓄电池工作原理

7.2.1 电流产生

图 7.3(a)表示在一个盛有稀 H_2SO_4 溶液的烧杯中插入 Zn 棒;稍许 Zn 棒表面有气泡产生;Zn 棒逐渐被溶解。反应为:

$$Zn \longrightarrow Zn^{2+} + 2e \quad (氧化反应)$$

$$2H^+ + 2e \longrightarrow H_2 \uparrow \quad (还原反应)$$

由于氧化反应、还原反应发生在同一根 Zn 棒上,所以没有电流产生。假若在稀 H_2SO_4 中插入一根 C 棒。如图 7.3(b),则反应仍同图 7.3(a),无电流产生。若接成图 7.3(c)所示的电路,则 Zn 棒表面不再有气泡,只发生 Zn 的溶解(氧化反应);而 C 棒表面产生大量的气泡,还原反应在 C 棒上进行,这时有电流从 C 棒流向 Zn 棒。因 Zn 棒只发生氧化反应称为阳极;而 C 棒只发生还原反应称为阴极。

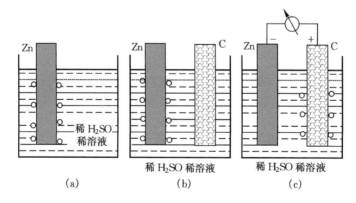

图 7.3　电流的产生

7.2.2　酸性蓄电池工作原理

1. 电动势的产生

一般而言,蓄电池主要由负极、电解质、正极和电池壳(槽)组成。正极、负极是两种不同的活性物质,当把它们放置在电解质中时,它们与电解质发生了化学反应,两极之间就产生了电动势。以铅酸蓄电池为例,其材料为:负极 Pb、电解质稀 H_2SO_4、正极 PbO_2、壳选橡胶或塑料。它们制成电池时,负极、正极在 H_2SO_4 电解质中的化学反应过程如下述。

当负极的 Pb 和 H_2SO_4 发生化学反应后,Pb^{2+} 被转移到电解质中,而在负极上留下 $2e$。由于正、负电荷间有吸引力,所以铅正离子虽然已被转移到电解质中,但仍附着在负极上。由于化学作用,铅正离子被不断地转移到电解质中,一直到其内电场力(正、负电荷间的引力)等于溶解力,这二者达到动态平衡时为止。这样,负极具有一定的电位(φ_-)。负极的电极电位值约 $\varphi_-^0 = -0.356$ V。

类似地,在正极上也要发生化学反应,它在电解质中 H_2O 分子作用下,仅有少量 PbO_2 渗入电解质中,其中 O^{2-} 和 H_2O 化合,使 PbO_2 分子变成可离解的一种不稳定物质——$Pb(OH)_4$。$Pb(OH)_4$ 是由 Pb^{4+} 和 $[4(OH)^-]$ 组成,亦即:

$$Pb(OH)_4 \longrightarrow Pb^{4+} + 4(OH)^-$$

而 Pb^{4+} 却仍附着在正极上,故正极上缺少了电子使其具有正的电位。在附着与渗入达到动态平衡时,正极的电极电位约 $\varphi_+^0 = +1.685$ V。

综上所述,在未接通外电路时,由于化学作用,使正极上缺少电子,负极上多余电子。如图 7.4 所示,这样在正、负极间就产生了一定的电位差,该电位差就是电池的电动势。其值:

$$E = \varphi_+ - \varphi_-$$

电动势产生的过程由图 7.4 示意。

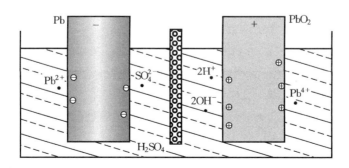

图 7.4　铅酸蓄电池电动势的产生

2. 放电

铅酸蓄电池负极与正极间产生了电动势,当正、负极之间连接负载构成闭合电路时,则在此电动势的作用下,负极上的电子经负载流入正极而形成电流 I,如图7.5 所示。同时,在蓄电池内部产生着化学反应。负极上海绵状 Pb 的铅原子放出2 个电子成为 Pb^{2+}。释放出的电子在电动势的作用下,经外电路流入正极形成电子电流。在电解质中,因 H_2SO_4 分子电离存在着 H^+ 正离子和 SO_4^{2-} 负离子。这时因在异性电荷电场力的作用下,H^+ 正离子移向正极,SO_4^{2-} 负离子移向负极,于是形成电池内部的离子电流,此电流方向与外电流方向相反,是从负极流向正极。SO_4^{2-} 在负极与 Pb^{2+} 发生反应,生成 $PbSO_4$。因 $PbSO_4$ 溶解度很小,生成后便从溶液中析出,附着在负极上。

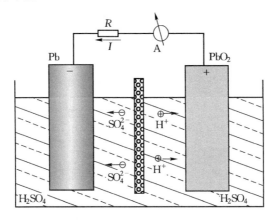

图 7.5　铅酸蓄电池的放电过程

负极处的放电过程为:
$$H_2SO_4 \longrightarrow 2H^+ + SO_4^{2-}$$
$$Pb - 2e \longrightarrow Pb^{2+}$$
$$Pb^{2+} + SO_4^{2-} \longrightarrow PbSO_4$$
负极与电解质反应的化学方程式为:
$$Pb - 2e + H_2SO_4 \longrightarrow PbSO_4 + 2H^+ \qquad (7.1)$$
正极的反应:由于电子自外电路流入,便与 Pb^{4+} 化合,变成 Pb^{2+} 正离子,接着和正极附近的 SO_4^{2-} 负离子反应生成 $PbSO_4$ 分子附着在正极上。同时,移向正极的 H^+ 正离子与 O^{2-} 负离子结合生成 H_2O 分子。正极处的放电过程可写为式:
$$Pb^{+4} + 2e \longrightarrow Pb^{2+}$$
$$Pb^{2+} + SO_4^{2-} \longrightarrow PbSO_4$$
$$2H^+ + O^{2-} \longrightarrow H_2O$$

正极与电解质反应的化学方程式为

$$PbO_2 + 2e + H_2SO_4 + 2H^+ \longrightarrow PbSO_4 + 2H_2O \qquad (7.2)$$

综合负极、正极上的化学反应式,便得出放电时,铅酸蓄电池中的化学反应式
为:

$$Pb + 2H_2SO_4 + PbO_2 \xrightarrow{\text{放电}} PbS_4 + 2H_2O + PbSO_4 \qquad (7.3)$$

从式(7.1)～式(7.3)放电时的化学反应式中可以看出,负极上的活性物质海
绵状 Pb 变为 PbSO$_4$、正极上的活性物质 PbO$_2$ 变为 PbSO$_4$、电解质中的 H$_2$SO$_4$ 分
子不断减少,逐渐消耗生成 H$_2$O 分子。那么 H$_2$SO$_4$ 分子减少,H$_2$O 分子相应增
加,则电解的浓度和密度下降。另外,因 PbSO$_4$ 导电性能不良,便蓄电池的内阻增
加,端电压下降。所以,在实际使用中,可根据电解质密度的高低,来判断蓄电池放
电的程度;亦作为确定蓄电池放电终了的主要指标。

3. 充电

对蓄电池充电是用外电源强迫蓄电池接受电能的。把 PbSO$_4$、H$_2$O 恢复为
Pb、H$_2$SO$_4$、PbO$_2$;电能转换成了后者所含的化学能。换句话说,在外电源的作用
下,使正、负极上在放电后生成的物质恢复为原来的活性物质,把外电源供给的电
能转换成化学能储存起来。

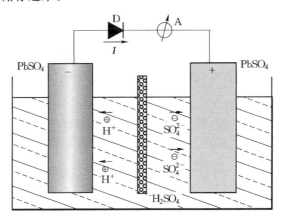

图 7.6 铅酸蓄电池的充电过程

如图 7.6 所示,充电时,外电路的电流 I 自蓄电池正极流入,经电解质从负极
流出。充电电流促使负极、正极上的 PbSO$_4$ 不断地进入电解质而被游离为二价的
Pb^{2+} 离子和 SO$_4^{2-}$ 离子,即

$$PbSO_4 \longrightarrow Pb^{2+} + SO_4^{2-}$$

在负极上,因获得了电子,所以二价的 Pb^{2+} 离子被中和为 Pb,并以海绵状 Pb

的形式附着在负极上。因此,充电时在负极上的电化学反应式是

$$PbSO_4 + 2H^+ + 2e \longrightarrow Pb + H_2SO_4$$

在正极上,$PbSO_4$ 被离解为 Pb^{2+} 离子和 SO_4^{2-} 离子,即

$$PbSO_4 \longrightarrow Pb^{2+} + SO_4^{2-}$$

正极上的 Pb^{2+} 在外电源的作用下被氧化,失去 2 个电子变为四价 Pb^{4+},它又与 OH^- 结合生成 $Pb(OH)_4$,然后又分解为 PbO_2 和 H_2O;SO_4^{2-} 离子移向正极与 H^+ 结合生成 H_2SO_4,即

$$4H^+ + 2SO_4^{2-} \longrightarrow 2H_2SO_4$$

正极上的反应式是

$$PbSO_4 + SO_4^{2-} + 2H_2O - 2e \longrightarrow PbO_2 + 2H_2SO_4$$

于是,充电过程的电化反应式为

$$PbSO_4 + 2H_2O + PbSO_4 \xrightarrow{\text{充电}} Pb + 2H_2SO_4 + PbO_2$$

从充电过程的电化学反应式可看出,充电过程中,H_2O 被吸收生成 H_2SO_4,使正极复原为 PbO_2,负极复原为海绵状 Pb;两极上放电时消耗的活性物质得到了复原。同时,电解质中 H_2SO_4 的成分增加、H_2O 的成分减少,电解质的浓度和密度增加,蓄电池的内阻降低,端电压升高。在实际工作中可根据电解质密度升高的数值来判断铅酸蓄电池的充电程度。

充电时还伴随着一个很难避免的副反应,电解 H_2O 生成 H_2 和 O_2。特别是充电后期副反应尤为明显,这对活性物质不利。副反应过程:在充电电源的作用下,电解质中的 H^+ 离子移向负极,获得电子后中和成为氢,从负极上析出,即

$$2H^+ + 2e \longrightarrow H_2 \uparrow$$

电解质中的 SO_4^{2-} 离子移向正极,与 H_2O 发生置换反应,从 H_2O 中取得 $2H^+$ 离子成为 H_2SO_4 同时析出 O^{2-} 离子。这时,O^{2-} 离子丢掉 2 个电子变成气体,并从正极上析出,即

$$2SO_4^{2-} + 2H_2O \longrightarrow 2H_2SO_4 + O_2 + 4e$$

充电终期,$PbSO_4$ 绝大部分变为 PbO_2 和海绵状 Pb。若继续充电,就要引起 H_2O 的分解,发生电解水反应,即

负极上: $4H^+ + 4e \longrightarrow 2H_2 \uparrow$

正极上: $2H_2O - 4e \longrightarrow 4H^+ + O_2 \uparrow$

总反应: $2H_2O \longrightarrow 2H_2 \uparrow + O_2 \uparrow$

综合铅酸蓄电池充电、放电时负极、正极上的电化学反应可得

负极反应:$Pb + H_2SO_4 - 2e \rightleftharpoons PbSO_4 + 2H^+$ 　　　　　　　　　(7.4)

正极反应:$PbO_2 + H_2SO_4 + 2H^+ + 2e \rightleftharpoons PbSO_4 + 2H_2O$ 　　　　　(7.5)

电池反应:$Pb + 2H_2SO_4 + PbO_2 \rightleftharpoons PbSO_4 + 2H_2O + PbSO_4$ (7.6)

由上述可知构成蓄电池须满足三个必要条件:

① 失去电子的过程(氧化)和得到电子的过程(还原)要分开进行;

② 电子的传递必须通过外线路;

③ 离子反应要在电解质中统一进行。

在铅酸蓄电池放电、充电过程中,将会出现下列现象:

放电时:

① 负极由灰色的海绵状 Pb 逐渐变为 $PbSO_4$,因此,负极的颜色变浅了;

② 正极由深褐色的 PbO_2 逐渐地变为 $PbSO_4$,因此,正极的颜色也变浅了;

③ 电解质中 H_2SO_4 减少、H_2O 增加,因此浓度和密度逐渐下降;

④ 蓄电池的内阻逐渐增加,端电压逐渐下降。

充电时:

① 负极由 $PbSO_4$ 逐渐变成为绒状铅,颜色逐渐恢复为灰色;

② 正极由 $PbSO_4$ 逐渐变成为 PbO_2,颜色也逐渐恢复成深褐色;

③ 电解质中 H_2SO_4 增加、H_2O 减少,因此浓度和密度逐渐上升;

④ 充电接近完成时,正极上的 $PbSO_4$ 大部分复原为 PbO_2;O^{2-} 离子因找不到与它起反应的 $PbSO_4$ 而析出,所以在正极上产生了气泡;在负极上,H^+ 离子最后也因找不到与它发生反应的 $PbSO_4$ 而析出,所以在负极上也有气泡产生;蓄电池的内阻逐渐减少,而端电压逐渐升高。

综上所述,蓄电池与干电池不同,它是二次电池。它能把电能转变为化学能,再把化学能转变为电能,可重复进行多次。即蓄电池与直流电源连接进行充电时,蓄电池将电源的电能转变为化学能储存起来;将已充电的蓄电池两端接上负载放电时,则储存的化学能又转变为电能。

7.2.3 碱性蓄电池的工作原理

本节以镉镍电池为例简要介绍碱性蓄电池。

镉镍电池的电化学体系可表示为

Cd|KOH|NiOOH

显然,其负极为金属镉,正极为三价镍的氢氧化物(NiOOH),电解质为 KOH。这种电池刚充满电时的电压 1.409 V,稍搁置后电压降为约 1.35 V,工作电压约 1.25 V,放电终止电压为 1.0 V 或 1.1 V。

1. 放电反应

电池放电时,电解质中的 KOH 电离为 K^+ 和 $(OH)^-$;负极、正极上活性物质

发生如下反应

　　负极： $Cd + 2(OH)^- - 2e = Cd(OH)_2$

　　正极： $2Ni(OH)_3 + 2K^+ + 2e = 2Ni(OH)_2 + 2KOH$

放电时两极化学反应方程总式为

$$Cd + 2KOH + 2Ni(OH)_3 = Cd(OH)_2 + 2KOH + 2Ni(OH)_2$$

2. 充电反应

电池充电时,电解质中的 KOH 电离为 K^+ 和 $(OH)^-$。在充电电流的作用下,负极、正极活性物质有如下反应

　　负极： $Cd(OH)_2 + 2K^+ + 2e = Cd + 2KOH$

　　正极： $2Ni(OH)_2 + 2(OH)^- - 2e = 2Ni(OH)_3$

综合上述负极、正极上的化学反应式,可以得出电池充电时两极总的化学反应式

$$Cd(OH)_2 + 2KOH + 2Ni(OH)_2 = Cd + 2KOH + 2Ni(OH)_3$$

根据镉镍蓄电池两极充电、放电化学反应和可逆性原理,写出两极化学反应方程式如下

$$Cd + 2KOH + 2Ni(OH)_3 \rightleftharpoons Cd(OH)_2 + 2KOH + 2Ni(OH)_2$$

7.3　蓄电池基本概念

7.3.1　常用术语

充电　蓄电池从其他直流电源获得电能称为充电。

放电　蓄电池供给外电路电流时称为放电。

浮充放电　蓄电池和其他直流电源并联对外电路输出电能称为浮充放电。

电动势　当外电路断开,即没有电流通过电池时,在正、负电极间测得的电位差,称做电池的电动势,用 $\mathscr{E}$ 表示。

端电压　电路闭合时,电池正、负极之间的电位差称做电池的电压或称端电压,用 U 表示。

电池容量　电池容量简称容量。指在一定放电条件下,所能释放出的电量。单位 Ah 或 mAh。1 Ah 是指 1 安培的电流持续流经负载 1 小时所耗的电量。在恒流放电情况下,电池容量等于工作电流与持续时间之积,用 C 表示。表示式如下:

　　电池容量 $C = I \times t$

式中:I 为放电电流(A);t 为放电时间(h)。

在表示电池容量时常用"额定容量"这个词,它是指在规定的工作条件(放电流、温度等)下,承诺电池可证放出的电容量。电池实际电容量通常要比额定容量约大 10%。

放电率 蓄电池若以大电流放电时,到达终止电压的时间短,若以小电流放电时,到达终止电压的时间长。放电至终止电压的快慢,叫做放电率。它是指电池放电电流的大小。其含义:

$$放电率(h)= 额定容量(Ah)/放电电流(A)$$

放电率是以时间为单位的。上式表明,规定了某一电池的放电率,也就规定了它的放电电流。

充电率 蓄电池若以大电流充电,需要的时间短,以小电流充电,需要的时间长。蓄电池充电的快慢叫充电率。其表示方法和放电率相似。

自放电率 于电池的局部作用而造成电池容量的消耗。容量损失与搁置前的容量之比,叫做蓄电池的自放电率:

$$自放电率(\%)=[(C_1-C_2)/C_1 T]\times100\%$$

式中:C_1 为搁置前放电容量;C_2 为搁置后放电容量;T 蓄电池存放的时间,常用天或月来计算。

循环寿命 蓄电池每充电、放电一次,叫做一次充放电循环,蓄电池在保持输出一定容量的情况下所能进行的充放电循环次数,称之蓄电池的循环寿命。

比能量 蓄电池的能量是指按一定标准所规定的放电条件下,其所输出的电能,单位为 Wh 或 kWh。它有质量比能量和体积比能量之分。前者指蓄电池单位质量可转换为电能的数值,度量单位 Wh/kg;后者指单位体积可转换为电能的数值,度量单位 Wh/L。几种蓄电池的比能量为表 7.1 所示。

充放电效率 分容量效率和能量效率。容量效率是指蓄电池放电时输出的容量与充电时输入的容量之比,即

$$\eta_c = \frac{C_o}{C_i} \times 100\%$$

式中,η_c 为容量效率;C_o 为放电时输出的容量;C_i 为充电时输入的容量。

能量效率也称电能效率,它指蓄电池放电时输出的能量与充电时输入的能量之比,即

$$\eta_w = \frac{W_o}{W_i} \times 100\%$$

式中,η_w 为能量效率;W_o 为放电时输出的能量;C_i 为充电时输入的能量。

表 7.1 几种蓄电池比能量

电池类型	体积比能量 Wh/L	质量比能量 Wh/kg
阀控式密封铅酸蓄电池（VRLA）	50～70	32～35
圆柱型氢镍电池（MH－Ni）	180～235	60～70
方型氢镍电池（MH－Ni）	170～220	49～65
圆柱型锂离子电池（Li/MnO）	210～270	85～100
方型锂离子电池（Li/MnO）	210～220	78～80
圆柱型锂聚合物电池（Li/聚合物）	150～230	100～200
圆柱型镉镍电池（Cd－Ni）	210～220	48～60
方型镉镍电池（Cd－Ni）	75～135	41～80

7.3.2 蓄电池的组成及其机理

习惯上采用下列方式来表示一个电池的电化学体系

$$负极 | 电解质 | 正极$$

其中电解质两侧的直线不仅表示电极与电解质的接触界面,而且还有负、正极之间必须隔开的意思。

例如:铅酸蓄电池可表示为

$$Pb | H_2SO_4 | PbO_2$$

镉镍蓄电池可表示为

$$Cd | KOH | NiOOH$$

锌锰干电池可表示为

$$Zn | NH_4Cl－ZnCl_2 | MnO_2(C)$$

二氧化锰后面括号内的 C,表示正极的导电体为炭棒。

氢氧燃料电池可表示为

$$H_2 | KOH | O_2$$

下面以铅酸蓄电池为代表,扼要介绍蓄电池的构造与功能。

铅酸蓄电池主要由四部分组成:①负、正电极板组;②电解质;③隔板;④电池槽。此外,还有一些零件如极柱,联结条,排气栓等。图 7.7 是单体铅酸蓄电池的一种常见结构。各种铅酸蓄电池根据其用途不同,对其各有不同的要求,从而在结构上也存在差异。

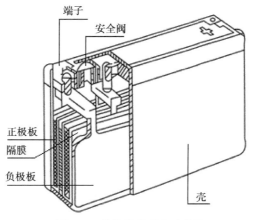

图 7.7　单体铅酸蓄电池结构

1. 负极板和正极板

负极、正极板大多是以铅锑（Sb）合金浇铸成的板栅，上面紧密地涂上铅膏。经过化成后，负极、正极板上形成各自的活性物质。负极的活性物质是海绵状 Pb，正极的活性物质是 PbO_2。负极、正极活性物质皆是多孔体，尤其是正极 PbO_2，其颗粒微细松软，粘接性很差，不易成型。板栅的横竖筋条与活性物质之间的接触面积较大，可以做为骨架，支撑活性物质。

在铅酸蓄电池充电、放电过程中，多孔电极结构要发生变化，原因是两极活性物质和放电后的产物 $PbSO_4$ 的密度或摩尔体积发生了变化，表 7.2 表示其差别。由多孔充电状态活性物质放电转化为 $PbSO_4$ 时，其密度比放电前减小，比容增大，若以摩尔体积计算，负极增大了 167.7%，正极增大了 91%。这必然导致多孔物质的孔率降低，同时也会伴随整个体积某种程度的膨胀。充电时则相反，如果各个部位的活性物质体积变化不均匀，就易引起极板的翘曲变形，甚至活性物质脱落。当采用强度较好的板栅为骨架时，可以防止这种现象发生。

表 7.2　放电前后电极物质密度和摩尔体积的变化

物质名称	密度（g/cm^3）	摩尔体积（cm^3/mol）
Pb	11.34	18.27
PbO_2	9.375	25.51
$PbSO_4$	6.20	48.90

板栅筋条与多孔的活性物质相比，表面积较小，而且常常被活性物质覆盖，与电解质的接触面也较小，因而它参加电化学反应的能力远远低于活性物质，而导电能力却高于活性物质，尤其是正极。所以电流总是要通过导电的板栅汇集、分布和

输送。如正极活性物质 PbO_2 的电阻率为 25 $\Omega \cdot m$,含 Sb 5%～12% 的铅锑合金的电阻率为 $(24.6～28.9) \times 10^{-4} \Omega \cdot m(20℃)$,二者导电能力相差四个数量级。因此在传导电流方面,正极板栅占有更重要的地位。而电化学反应总是在导电栅附近,与电解质充分接触的那部分活性物质上优先进行;该处电阻最小。可见导电良好、结构合理的板栅可使电流沿着筋条均匀分布活性物质,从而提高活性物质利用率。

铅酸蓄电池的负极板结构一般都是涂膏式极板;正极板结构根据蓄电池用途不同而不同,它有涂膏式和管式。极板组是由单片极板组合成的。

2. 电解质

铅酸蓄电池的电解质采用纯洁的浓 H_2SO_4 和蒸馏水或"去离子水"按一定的比例混合。纯洁的浓 H_2SO_4 是无色、粘稠、油状、透明的液体。在 25℃ 时,它的密度为 1.835,沸点 338℃,它能以任何比例溶于 H_2O。H_2SO_4 与 H_2O 混合时放出大量的热量。一般铅酸蓄电池电解质的密度取 1.285(25℃)。

H_2SO_4 具有很大的稀释热,说明 H_2SO_4 与 H_2O 作用(溶解、水合、电离)之后,因放出大量热能而稳定,H_2SO_4 溶液所含化学能没有浓 H_2SO_4 所含的多。H_2SO_4 水溶液的氧化能力远不如浓 H_2SO_4,六价硫的氧化性能几乎没有了。因为 H_2SO_4 分子在水溶液中转变成了氢离子(H^+ 或 H_3O^+)和 HSO_4^-、SO_4^{2-} 离子,它们也和 H_2O 结合,形成水合 SO_4^{2-} 离子($SO_4^{2-} \cdot nH_2O$)和水合 HSO_4^- 离子($HSO_4^- \cdot mH_2O$)。这时,具有氧化能力的是 H_3O^+ 离子,它能取得电子,变成氢原子,再结合成 H_2 分子。H_3O^+ 离子的氧化能力比 H_2SO_4 分子的氧化能力差,H_3O^+ 只能氧化较活泼的金属。

H_2SO_4 与 H_2O 形成溶液时发生解离与水合过程

(1) 解离   需要强调 H_2SO_4 的两级解离常数相差甚大,在 25℃ 时

$$H_2SO_4 \rightleftharpoons H^+ + HSO_4^- \qquad k_1 = 1 \times 10^3$$

$$HSO_4^- \rightleftharpoons H^+ + SO_4^{2-} \qquad k_2 = 1.2 \times 10^{-2}$$

(2) 水合

$$H^+ + H_2O \longrightarrow H_3O^+$$

$$SO_4^{2-} + nH_2O \longrightarrow SO_4^{2-} \cdot nH_2O$$

$$HSO_4^- + mH_2O \longrightarrow HSO_4^- \cdot mH_2O$$

其中水合作用放热,尤以 H^+ 的水合放热最多。

由于溶液中生成了带电离子——正离子 H_3O^+ 和负离子 SO_4^{2-}、HSO_4^-,使 H_2SO_4 溶液具有离子导电性,故可作为电解质。在一般使用的浓度范围内,溶液中不存在 H_2SO_4 分子,几乎全是 H_3O^+ 离子(以下简写成 H^+)和 HSO_4^- 离子。当溶液很稀时,HSO_4^- 离子的电离过程容易进行,产生 SO_4^{2-} 离子就多些。从解离常

数 k_1、k_2 可认为：H_2SO_4 的第一步电离几乎是完全的，电离成了 H^+ 和 HSO_4^- 离子。第二步电离就难了，一般不到 1‰，即在常用浓度的 H_2SO_4 溶液中，1000 个 H_2SO_4 分子（或 HSO_4^- 离子）只有几个能电离成 SO_4^{2-} 离子，因为多数 SO_4^{2-} 与 H^+ 离子又碰撞结合成 HSO_4^- 离子，建立了一个电离平衡

$$HSO_4^- \rightleftharpoons H^+ + SO_4^{2-}$$

平衡时，每秒电离几个 HSO_4^- 离子，同时就有几对 H^+ 和 SO_4^{2-} 离子碰撞结合成几个 HSO_4^- 离子，正反两方面的速度相同，溶液中总保持着一定数量的 SO_4^{2-} 离子。

如果溶液中的 SO_4^{2-} 离子被消耗，参加别的反应，例如与 Pb^{2+} 离结合成 $PbSO_4$ 晶体，这个电离平衡就要发生变动。SO_4^{2-} 离子的减少使逆反应的速度减慢，正反应（电离）速度大于逆反应速度，就有较多的 HSO_4^- 离子电离成 SO_4^{2-} 和 H^+ 离子，直到建立新的平衡，这时 H^+ 离子比原来多，SO_4^{2-} 离子比原来少。

由于 H_2SO_4 溶液中主要是 H^+ 和 HSO_4^- 离子，所以导电就靠这两种离子向相反方向迁移，H^+ 离子向阴极（即电池充电时的负极，或放电时的正极）迁移，HSO_4^- 离子向阳极（即充电时的正极，或放电时的负极）迁移。

H_2SO_4 与各种金属形成硫酸盐，其中较难溶于水的硫酸盐有 $CaSO_4$、$SrSO_4$、$BaSO_4$ 和前面提到的 $PbSO_4$。正因为 $PbSO_4$ 是难溶于 H_2O、更难溶于 H_2SO_4 溶液的固体，才使铅酸电池成为二次电池（即蓄电池），它放电之后生成的 $PbSO_4$ 仍然以固体结晶保存在极板上，可以充电。如果活性物质 PbO_2 和海绵状 Pb 是在别的酸溶液（如高氯酸 $HClO_4$、氟硼酸 HBF_4、氟硅酸 H_2SiF_6）中放电，则生成易溶解的铅盐，就成为一次电池（$Pb(ClO_4)_2$、$Pb(BF_4)_2$、$PbSiF_6$），不能再充电。

铅酸蓄电池使用中，应注意电解质在低温时的变化。行业中称之为冰点也就是凝固点。冰点是指温度降低时电解质从液态变成固态时的温度。如果电池电解质凝结成固体，离子的运动就无法进行，电池的电化反应也随着终止。因此铅酸电池的工作温度，必须避开冰点。

电解液的冰点，随浓度的不同而不同，电解液的密度与其冰点的关系如表 7.3 所示。

表 7.3　电解液的冰点

密度	冰点(℃)	密度	冰点(℃)	密度	冰点(℃)
1.000	0	1.295	−70	1.694	−14
1.049	−3.3	1.345	−49	1.743	−15
1.097	−7.7	1.395	−36	1.793	−15
1.146	−15	1.445	−29	1.835	−34
1.196	−27	1.495	−29		
1.245	−52	1.545	−38		

各种密度下的电解液的冻结温度,可绘制成图 7.8 所示的曲线。

从图 7.8 中可以看出,当电解液的密度为 1.3 g/cm³ 时,冰点最低为 $-70℃$。因此铅酸电池电解液密度,如果选择在此周围区间,不要深度放电则可使在严寒地区工作的铅酸电池避免发生冻结。

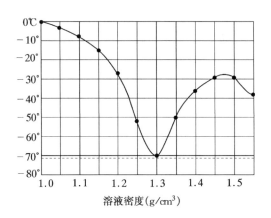

图 7.8　不同密度 H_2SO_4 溶液冻结温度

因为蓄电池深放电后电解液的密度就可能会下降到 1.15 左右,它的冰点是 $-15℃$,在此温度之下工作就可结冰。

H_2SO_4 溶液结冰时会不会全冻成固体呢?一般是不会的。因为当环境温度(例如 $-45℃$)保持在电解液某一冰点(例如 $-15℃$)以下时,电解液到 $-15℃$ 开始结冰,但同时电解液的浓度就开始增高,这是由于部分水结成了冰,从液相转化到了固相,浓度增高将使冰点降低,当结冰的量使电解液浓度增加到与 $-45℃$ 所对应冰点的浓度时,$-45℃$ 的冰与 $-45℃$ 较浓的电解液达到平衡,冰的量不再增多。

电池放电后,极板微孔中的 H_2SO_4 浓度可比槽中的 H_2SO_4 浓度低。冷冻时,浓度低的电解液先结冰。冰的比容(单位质量的物质所具有的体积,其数值等于密度的倒数)比 H_2O 和溶液的大,微孔中结冰就把活性物质胀酥了,极板也就"冻坏"了。

另外需注意,蓄电池电解液不能用工业 H_2SO_4,其成本虽低,但杂质较多影响性能。一般用的是分析纯 H_2SO_4,其密度为 1.285,低温性能好,约 $-70℃$。

碱性蓄电池的电解质是 KOH 溶液,浓度为 $22\% \sim 40\%$;

硅胶蓄电池的电解质是一定浓度的硫酸,配比一定浓度的硅凝胶,即成为软固体状的硅胶电解质。

3. 隔板

隔板也称隔离物。隔板是蓄电池的重要部件之一。它的质量是决定蓄电池的充电、放电、寿命及自放电指标的重要因素。隔板的作用及其性能要求如下。

（1）隔板的主要作用

① 保证负正极板间的绝缘隔离，防止内电路短路。这是隔板最基本的作用。例如，在铅酸蓄电池中，隔板把负极上海绵状 Pb 与正极 PbO_2 隔开；尤其是在充、放电过程中活性物质脱落或有铅枝晶在负极生成时，隔板的隔离作用显得十分重要。如果没有隔板或被损坏，势必产生短路，造成电池报废。

② 保证电化学反应时的离子迁移正常进行，使电池内电路的离子导电畅通。例如，在铅酸蓄电池充放电时，在电解液中有许多离子迁移（H^+、SO_4^{2-} 离子等），如果隔板阻力较大，将会严重影响电池性能，甚至放不出电来。因此，隔板不仅是蓄电池不可缺少的部件，同时对其性能要求也很苛刻。

（2）隔板性能要求

① 化学稳定性　它必须有良好的耐酸性及抗氧化性能。因为隔板在使用时长期浸泡在较浓的 H_2SO_4 中，有时电解液温度高达 60℃ 左右；同时隔板一侧与 PbO_2 这种强氧化剂接触，尤其是在过充电时，隔板还要经受初生态氧的氧化。这种苛刻的条件对隔板材质有强烈的破坏作用，进而影响电池的使用寿命。

② 机械强度好　为提高铅酸蓄电池电性能应使隔板越薄、阻力越小越好；但须具有足够的强度，以免在组装过程中发生机械损坏。同时还须具有良好的韧性，以免在振动情况下，或者当极板翘曲、铅枝晶生成时损坏隔板。

③ 微孔性好　铅酸蓄电池隔板的孔率要高。其微孔又有孔径小，孔径分布均匀的特征。孔径大小，孔率高低，都直接影响到离子迁移的难易和电池内阻的大小，进而影响电池的放电性能。隔板的孔径大，内阻小，电池大电流放电性能好。但孔径大，隔板易被 PbO_2 颗粒堵塞或被负极的"铅绒"穿透，称为"铅穿透"，造成电池内短路。孔径过小，内阻太大，而且电解液扩散困难。常用隔板的平均孔径在 50 μm 以下，最理想的孔径应在 7 μm 以下；孔率在 70%～80%。

④ 有阻挡锑离子迁移的能力　在铅酸蓄电池中，理想的隔板应具有阻挡 Sb 离子通过的作用。原因是：正极板栅是铅锑合金制成的，在充电时部分溶解下来的 Sb 离子向负极迁移，并沉积在负极表面，结果是加速自放电，降低充电效率，缩短电池的寿命。据实验，这种"锑污染"使电池每天降低其容量的 0.1%。近年来，普遍注意锑污染负极板给电池带来的危害。一般认为单凭缩小孔径是不能阻挡 Sb 离子迁移的。因为再小的微孔也要比 Sb 离子体积大若干倍。国外认为以硅藻土为填料的隔板有阻挡 Sb 离子迁移的特性。基于这种考虑，提出隔板应具有一定程度的抑制 Sb 离子迁移的能力。

⑤ 不能析出对极板有害的物质 有许多种材料都可用做隔板,无论什么材料在电解液中都不允许析出对极板有害的物质。

隔板的种类很多,常用的有木隔板、微孔橡胶隔板、微孔塑料隔板、玻璃丝隔板、塑料纤维隔板和纸浆隔板等。

总之,隔板应具有多孔性、电阻率小又不能导电、耐腐蚀、不易变形,有良好的亲水性和机械强度等。

4. 电池槽

电池槽主要用来贮盛电解质和支撑极板。由于电池槽所处的工作条件复杂、多变;因此在选择材料时,应有一定的要求:

1) 必须具有良好的化学稳定性以耐氧化、酸腐;

2) 具有足够的机械强度以承受电池内部应力和外部机械作用;

4) 具有较宽的工作温度范围以便在不同的工作环境温度下正常工作;

4) 具有电绝缘性 必须是电绝缘体,要有一定的高电压击穿值;

5) 不透气性 防止蓄电池工作时漏液、漏气,影响使用;

6) 材料来源丰富,有一定的使用寿命。

目前铅酸蓄电池的电池槽选材一般为橡胶或塑料。

7.3.3 PV 系统中的蓄电池

PV 系统中使用的蓄电池是以浮充电方式工作的。考虑到系统的应用场合和环境,通常对光伏发电系统用的储能蓄电池有下列性能要求:

① 在 PV 系统使用环境中有长期稳定的充电和放电特性;

② 由于 PV 系统的使用环境、气象条件等变化范围大,要求在较宽的充电电流范围内,充电效率要高;

③ 耐过充电、过放电;

④ 在使用环境下自放电小,一般选用低自放型电池;

⑤ 循环寿命长;

⑥ 不漏液、不放出气体,或者少漏液,少放出气体;

⑦ 比能量高;

⑧ 成本低。

常见的一些蓄电池及其特性列于表 7.4。

表 7.4　蓄电池性能的比较

电池名称		构成			单电池标称电压 V	比能量		保存性	放电特性				充放电循环寿命（次数）
		阳极活性物质	电解质	阴极活性物质		Wh/kg	Wh/l		强电流放电性	电压稳定性	低温	高温	
铅蓄电池	开放型	PbO_2	H_2SO_4	Pb	2.0	30—50	50—80	B	A	A	B	A	100—400
	密闭型	PbO_2	H_2SO_4	Pb	2.0	15—30	30—70	B	A	A	B	A	50—300
碱蓄电池	袖珍式（开）	NiOOH	KOH	Cd	1.2	15—30	25—50	A	A	A	A	A	500—5000
	烧结式（开）	NiOOH	KOH	Cd	1.2	20—40	30—70	A	AA	A—A	AA	A	500—5000
	密闭型	NiOOH	KOH	Cd	1.2	20—35	50—70	B	A—AA	AA—AA	A	A	200—1000
	银锌	AgO	KOH(ZnO)	Zn	1.5	60—110	100—250	B	AA	AA	A	A	20—400
	银镉	AgO	KOH	Cd	1.1	50—100	80—150	A	A—AA	AA	A	A	300—2000

注:保存性及放电特性的评价符号是特别优良者为 A,以下依次为 A、B、C。

7.3.4　铅酸蓄电池的生产流程

铅酸蓄电池由于极板形式和电池结构等差异,其生产过程略有不同。目前,负极板基本上是涂膏式,正极板有涂膏式和管式两种。国内各厂的工艺和流程大体相同。铅酸蓄电池的常见生产流程框图如图 7.9 所示。

铅酸蓄电池生产流程如下:

① 合金工序、冶板工序　将 Pb、Sb 在合金锅中熔化,在铸锭机上铸成合金锭;然后将铅锑合金锭在熔锅中熔化,用自动浇板机或手工铸成板栅,剪去浇口、修整、拍平。

② 铅粉工序　把纯铅在熔铅锅中熔化后用铸球机将其铸成铅球;再用铅粉机磨成铅粉。

③ 涂板工序　涂膏式极板,将铅膏调到一定密度,用涂板机(或手工)把铅膏涂在板栅上,干燥后便为生极板;管式极板,把玻璃比管套在正板芯上,用挤膏机或灌粉机注入铅膏或铅粉,用铅或塑料封底形成极板。

④ 化成工序　将负极板和正极板放入化成槽,把负正极分别焊接起来,放入 H_2SO_4 溶液,通入直流电,使铅膏物质在负极板上变成海绵装 Pb,正极板上变成 PbO_2。这个步骤称为"化成"。化成后的极板清洗后进行干燥就成为熟极板。

⑤ 装配工序　将负极板、正极板、隔板等,按负—隔—正—隔—负的顺序摆在一起,焊上极柱和汇流排,再装入电池槽内,盖上电池盖,浇上封口剂,焊上连接条就制成电池成品。

⑥ 检验工序　对电池成品,要抽取样品,按规定灌入 H_2SO_4 进行充、放电试验,检查其放电容量与其他性能。

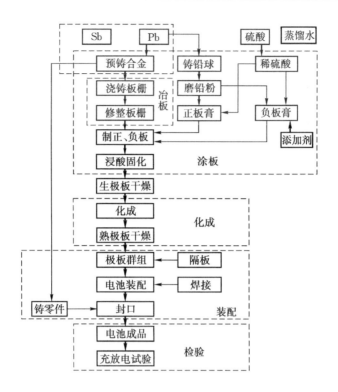

图 7.9　铅酸蓄电池生产流程方框图

7.4　蓄电池工作特性与特点

7.4.1　蓄电池的工作特性

蓄电池的特性参数主要包括:电动势、端电压、内阻、容量、充电率、放电率和效率等。

1. 电动势

蓄电池的电动势等于正极与负极平衡电极电位之差:

$$\mathscr{E}=\varphi_+ - \varphi_-$$

电极的平衡电位可利用能斯特方程式解得,能斯特方程式的通式是

$$\varphi=\varphi^0+\frac{RT}{nF}\ln\left[\frac{氧化态}{还原态}\right] \tag{7.7}$$

式中,φ 为电极的平衡电位;φ^0 为标准电极电位;n 为氧化还原反应(氧化态+

$ne \Longleftrightarrow$还原态)中得失电子数;[ ]为表示浓度(或活度、压力);R 为气体常数 $(8.314\,J/(\mathcal{C}\cdot mol)$　$1\,J=1\,V\cdot C)$;T 为绝对温度;F 为法拉第常数(96500 C/克当量)。

在 25℃:　　$\dfrac{RT}{F}=\dfrac{8.314\times298}{96500}=0.0257\,V$

表 7.5 列出与铅酸蓄电池及其制造有关的氧化还原体系的标准电极电位值。

表 7.5　标准电极电位值(在酸性及中性溶液)

电极反应	φ^0/V	电极反应	φ^0/V
$Li^+ + e \leftrightarrow Li$	-3.045	$Hg_2SO_4 + 2e \leftrightarrow 2Hg + SO_4^{2-}$	$+0.615$
$Ba^{2+} + 2e \leftrightarrow Ba$	-2.924	$O_2(气) + 2e + 2H^+ \leftrightarrow H_2O_2$	$+0.682$
$Ca^{2+} + 2e \leftrightarrow Ca$	-2.866	$3Fe^{3+} + e \leftrightarrow Fe^{2+}$	$+0.771$
$Na^+ + e \leftrightarrow Na$	-2.714	$Hg_2^{2+} + 2e \leftrightarrow 2Hg$	$+0.788$
$Mg^{2+} + 2e \leftrightarrow Mg$	-2.363	$Ag^+ + e \leftrightarrow Ag$	$+0.7991$
$Al^{3+} + 3e \leftrightarrow Al$	-1.663	$Hg^{2+} + 2e \leftrightarrow Hg$	$+0.850$
$Mn^{2+} + 2e \leftrightarrow Mn$	-1.179	$Pb_3O_4 + 2e + 2H^+$	
$Zn^{2+} + 2e \leftrightarrow Zn$	-0.763	$\leftrightarrow 3PbO + H_2O$	$+1.076$
$Cr^{3+} + 3e \leftrightarrow Cr$	-0.74	$PbO_2 + 2e + 2H^+ \leftrightarrow PbO + H_2O$	$+1.107$
$As + 3e + 3H^+ \leftrightarrow AsH_3(气)$	-0.608	$3PbO_2 + 4e + 4H^+$	
$Sb + 3e + 3H^+ \leftrightarrow SbH_3(气)$	-0.510	$\leftrightarrow Pb_3O_4 + 2H_2O$	$+1.122$
$Fe^{2+} + 2e \leftrightarrow Fe$	-0.440	$O_2(气) + 4e + 4H^+ \leftrightarrow 2H_2O$	$+1.229$
$Cd^{2+} + 2e \leftrightarrow Cd$	-0.403	$4PbO_2 + 8e + 10H^+ + SO_4^{2-}$	
$PbSO_4 + 2e \leftrightarrow Pb + SO_4^{2-}$	-0.358	$\leftrightarrow 3PbO\cdot PbSO_4\cdot H_2O + 4H_2O$	$+1.325$
$Co^{2+} + 2e \leftrightarrow Co$	-0.277	$Cl_2(气) + 2e \leftrightarrow 2Cl^-$	$+1.359$
$PbCl_2 + 2e \leftrightarrow Pb + 2Cl^-$	-0.268	$PbO_2 + 2e + 4H^+$	
$Ni^{2+} + 2e \leftrightarrow Ni$	-0.250	$\leftrightarrow Pb^{2+} + 2H_2O$	$+1.455$
$Sn^{2+} + 2e \leftrightarrow Sn$	-0.136	$2PbO_2 + 4e + 6H^+ + SO_4^{2-}$	
$O_2(气) + e + H^+ \leftrightarrow HO_2$	-0.13	$\leftrightarrow PbO\cdot PbSO_4 + 3H_2O$	$+1.468$
$Pb^{2+} + 2e \leftrightarrow Pb$	-0.126	$MnO_4^- + 5e + 8H^+$	
$PbO\cdot PbSO_4 + 4e + 2H^+$		$\leftrightarrow Mn^{2+} + 4H_2O$	$+1.51$
$\leftrightarrow 2Pb + H_2O + SO_4^{2-}$	-0.113	$PbO_2 + 2e + 4H^+ + SO_4^{2-}$	
$Fe^{3+} + 3e \leftrightarrow Fe$	-0.036	$\leftrightarrow PbSO_4 + 2H_2O$	$+1.685$

电极反应	φ^0/V	电极反应	φ^0/V
$2H^+ + 2e \leftrightarrow H_2(气)$	0	$\beta - PbO_2 + 2e + 4H^+ + SO_4^{2-}$	
$Sn^{4+} + 4e \leftrightarrow Sn$	$+0.008$	$\leftrightarrow PbSO_4 + 2H_2O$	$+1.687$
$3PbO \cdot PbSO_4 \cdot H_2O + 8e + 6H^+$		$\alpha - PbO_2 + 2e + 4H^+ + SO_4^{2-}$	
$\leftrightarrow 4Pb + 4H_2O + SO_4^{2-}$	$+0.030$	$\leftrightarrow PbSO_4 + 2H_2O$	$+1.697$
$4PbO \cdot PbSO_4 + 10e + 8H^+$		$MnO_4^- + 3e + 4H^+$	
$\leftrightarrow 5Pb + 4H_2O + SO_4^{2-}$	$+0.053$	$\leftrightarrow MnO_2 + 2H_2O$	$+1.695$
$Sn^{4+} + 2e \leftrightarrow Sn^{2+}$	$+0.15$	$H_2O_2 + 2e + 2H^+ \leftrightarrow 2H_2O$	$+1.77$
$Sb_2O_3 + 6e + 6H^+ \leftrightarrow 2Sb + 3H_2O$	$+0.152$	$Co^{3+} + e \leftrightarrow Co^{2+}$	$+1.82$
$Cu^{2+} + e \leftrightarrow Cu^+$	$+0.153$	$S_2O_8^{2-} + 2e \leftrightarrow 2SO_4^{2-}$	$+2.01$
$AgCl + e \leftrightarrow Ag + Cl^-$	$+0.222$	$O_3(气) + 2H^+ + 2e$	
$Cu^{2+} + 2e \leftrightarrow Cu$	$+0.337$	$\leftrightarrow O_2(气) + H_2O$	$+2.07$
$Co^{3+} + 3e \leftrightarrow Co$	$+0.418$	$F + 2e \leftrightarrow 2F^-$	$+2.65$
$Cu^+ + e \leftrightarrow Cu$	$+0.520$		

于是根据反应式(7.4)、(7.5),可分别写出两极的平衡电极电位的能斯特公式。

负极平衡电极电位:$\varphi_- = \varphi_-^0 + \dfrac{RT}{2F}\ln \dfrac{1}{[SO_4^{2-}]}$

或: $\qquad \varphi_- = \varphi_-^0 + \dfrac{RT}{2F}\ln \dfrac{[H^+]}{[HSO_4^-]}$

正极平衡电极电位:$\varphi_+ = \varphi_+^0 + \dfrac{FT}{2F}\ln \dfrac{[H^+][SO_4^{2-}]}{[H_2O]^2}$

电池的电动势:$\mathscr{E} = \varphi_+^0 - \varphi_-^0 + \dfrac{FT}{2F}\ln \dfrac{[H^+][SO_4^{2-}]^2}{[H_2O]^2}$

上式对数项中的浓度改用活度,则:

$$a_{H^+}^4 \times a_{SO_4^{2-}}^2 = (a_{H^+}^2 \times a_{SO_4^{2-}})^2 = a_{H_2SO_4}^2$$

$[H_2O]^2$ 改用 $a_{H_2O}^2$,则上式为:

$$\mathscr{E} = \varphi_+^0 - \varphi_-^0 + \dfrac{RT}{F}\ln \dfrac{a_{H_2SO}}{a_{H_2O}}$$

$$= 2.041 + 0.0257\ln \dfrac{a_{H_2SO}}{a_{H_2O}} \qquad\qquad (7.8)$$

　　蓄电池的电动势 $\mathscr{E}$ 取决于正极、负极板活性物质的电位差。当铅酸蓄电池充电刚刚完毕时可达到 2.3 V，但稍停一段时间电池的电动势将降到和保持 2.126 V。从求电极电位的公式(7.7)中不难看出电动势 $\mathscr{E}$ 与电解液的浓度(确切说应是活度)和温度有关。可用式(7.8)计算几种铅酸蓄电池的密度与电动势的值。当要求精度不高时，为简单起见，可不用式(7.8)而改用如下近似公式计算

$$\mathscr{E}=0.85+d$$

式中，d 为电解液的密度，$d=1.15\sim1.30$ 范围内比较准确。

表 7.6　电解液浓度与电动势值　　　　　　　　　(25℃)

密度(g/cm³)	电动势(V)	密度(g/cm³)	电动势(V)
1.019	1.855	1.196	2.048
1.029	1.877	1.245	2.095
1.039	1.892	1.275	2.128
1.049	1.906	1.295	2.144
1.097	1.985	1.300	2.155
1.146	2.005		

2. 端电压与内阻

　　铅酸蓄电池的端电压因有内阻 r_i 影响而与其电动势存在一个差值，该差值是电流通过蓄电池时在其内阻上产生的压降，可用下式表示：

$$U=\mathscr{E}-Ir_i$$

电池的内阻 r_i 包括：欧姆内阻和极化电阻。

- 　欧姆内阻　包括电解液、隔板、电极材料的电阻及连接部分的接触电阻；
- 　极化电阻　由浓差极化和电化学极化所产生的电阻。对于铅酸蓄电池，由于活性物质为粉状，具有很大比表面积，当电池以小电流放电时，极板的真实电流密度很小，极化也就很小，即电池的极化电阻很小。只有当电池以很大的电流放电时，或在低温下放电负极发生纯化，或发生不可逆硫酸化时，极化电阻才具有较大的数值，对电池性能产生较大影响。

　　内阻不是一个固定的值，充电后内阻减小、放电后内阻增大。内阻还与温度、焊接质量、电池的硫酸盐化等因素有关。电解液的温度低内阻增大，电解液的温度高则内阻减小。正常时，内阻值一般在 $0.015\sim0.03$ Ω 范围。内阻大表现的特征是：充电时电池的电压高，电解液温度高；放电时电压低，放电容量也小。

3. 充放电特性

　　单体蓄电池的标称电压为 2 V，实际上电池的端电压随充电和放电的过程而

变化。充电、放电的电压－时间关系曲线较复杂。原因在于充放电过程中,活性物质组成的变化和活性物质表面 H_2SO_4 浓度变化引起浓差极化和电池内阻变化造成的。

（1）充电　若用正常充电率对电池充电时其端电压变化如图 7.10 所示。

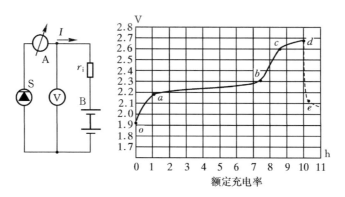

图 7.10　铅酸蓄电池充电时电压的变化

充电初期,电池的端电压升高很快,如图 7.10 中,曲线的 oa 段。这是由于极板的活性物质还原为 PbO_2 和海绵状 Pb 时。在活性物质微孔内形成 H_2SO_4 骤增来不及向极板外扩散,因此电池电动势增高,同时电池的内阻电压降骤增,故电压升高很快。

充电中期,由于活性物质微孔中 H_2SO_4 密度的增加速度和向外扩散的速度渐趋平衡,故电势的增高渐慢,曲线中的 ab 段。

充电后期,极板表面上的 $PbSO_4$ 已大部分还原为 PbO_2 和海绵状 Pb,如继续充电,则电流使 H_2O 大量分解,在两极上便有很多气泡释放出来,在负极板旁释出的 H_2 很多,部分气泡吸附在极板表面来不及释出,致使负极板的外表逐为 H_2 所包围。H_2 为不良导体,因而增加了内阻。同时正极板逐渐被 O_2 所包围,形成过氧化电极,提高了正极电位。由于蓄电池的内阻增加和正极电位的提高,使端电压又继续上升。一直升到约 2.6 V,曲线的 bc 段。当到达曲线的 cd 段时,如继续充电,因极板上的活性物质已全部还原为充足时的状态,H_2O 的分解也趋饱和,只见电解液沸腾,而电压稳定在 2.7 V 左右。此后无论充电的时间再长,电池的电压也不再增加,只是无谓的消耗电能进行 H_2O 的分解。故到 d 点即为充电完毕。此时如停止充电,蓄电池的（端）电压很快骤降至 2.3 V（因内阻电压降 $Ir_i = 0, U = \mathscr{E}$）左右。随着活性物质微孔中 H_2SO_4 的逐渐扩散,使活性物质微也中电解液密度逐渐降低,一直到极板内外浓度相等,最后端电压将慢慢地降低到 2.126 V 左右的稳定状态。

充电末期的终止电压和充电电流有关,如减低充电电流,则内阻电压降减少,同时 H_2O 的分解较少,在极板周围的气体也相应减少,因此终期的电压也略低。

（2）放电　充足电后,用正常的放电率放电时,电池的端电压变化如图 7.11 所示。

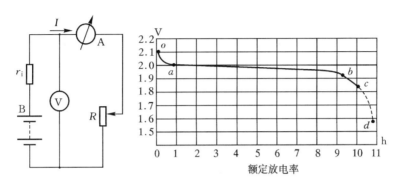

图 7.11　铅酸蓄电池放电时电压的变化

放电初期,电池电压下降很快,曲线的 oa 段,这是由于极板微孔内形成的水分骤增,使微孔内的电解液密度骤减的缘故。

放电中期,极板微孔中的水分生成与极板外密度较高的电解液的渗入取得了动态平衡而使微孔的电解液密度下降速度大为缓慢,故端电压的降低也缓慢,曲线的 ab 段。

放电末期,极板上的活性物质大部分已变为 $PbSO_4$,由于 $PbSO_4$ 的体积较大,在极板表面和微孔中形成的 $PbSO_4$ 使极板微孔缩小,电解液渗入困难。因此在微孔中已稀释的电解液很难和容器中的电解液相互混合,所以蓄电池的电压降落很快,曲线的 bc 段。至点 c 放电便告终止。如继续放电,此时极板外的电解液几乎停止渗入极板活性物质微孔内部,微孔中电解液几乎都变为 H_2O。因此端电压急剧下降,见曲线的 cd 段。如在 c 点停止放电,则蓄电池的端电压立即上升,随着活性物质微孔中电解液的扩散,电压将回升至 2 V 左右。

曲线中的 c 点为电池电压急剧下降的临界电压,称为蓄电池的终止电压。至此,应停止放电,以免影响电池的使用寿命。如果继续放电,将加深极板硫化或个别电池出现反极现象。一般放电终止电压约在 $1.80 \sim 1.85$ V 左右。它和放电电流的大小有关,将在后面讨论。

4. 容量

一只充足电的蓄电池,在一定放电条件下所能放出的电量称为容量。容量是放电的电流强度与放电时间的乘积。容量单位是 Ah 或 mAh,用 C 表示。影响容

量的因素很多,一方面与电池本身的质量有关,另一方面与使用条件有关。电池质量由生产工艺决定,具体为:

① 活性物质数量多少;

② 活性物质的孔率;

③ 极板的厚度;

④ 极间距的大小;

⑤ 活性物质的真实表面积;

⑥ 活性物质本身的组成;

⑦ 铅膏配方合理与否;

⑧ 原材料的质量如何。

使用条件主要指电池放电时的条件:

① 放电率或放电电流强度的大小;

② 环境温度(电解液的温度);

③ 终止电压;

④ H_2SO_4 溶液的浓度;

⑤ H_2SO_4 的纯度。

蓄电池的额定容量一般指:电解液的温度为 25℃,以规定放电率(如:10 小时率)的电流放电时,单体电池的电压放电至极限电压(1.80~1.85 V 左右)时的容量。放电率、电解液温度及浓度对电池容量有相当影响。

(1) 放电率对容量的影响

设蓄电池的额定容量为 120 Ah,以 12 A 的电流放电,可达 10 小时。如果用大于 12 A 的电流放电时,则容量不足 120 Ah。如若用小于 12 A 的电流放电,则容量大于 120 Ah。因为蓄电池以大于 10 小时放电率的电流放电时,由于放电电流大,浓差极化和电化学极化都显著增加,必然使放电电压急剧下降,同时电解液的欧姆电压降也加大了。更重要的是:在大电流放电时,极板表层与周围的 H_2SO_4 迅速作用,电化学反应急速进行,溶液中 Pb^{2+} 浓度急剧增加,单位时间内极板上生成的 $PbSO_4$ 较多。$PbSO_4$ 的过饱和程度急剧增大,则使生成的 $PbSO_4$ 颗粒细小而致密。这种致密的 $PbSO_4$ 盐层很快把 PbO_2 及海绵状 Pb 颗粒包起来,使酸液很难与被包围的活性物质接触,更加剧了浓差极化;同时使未被 $PbSO_4$ 包围的活性物质的有效表面积迅速缩小,使真实电流密度急剧增加,电化学极化也显得十分突出,使电极电位迅速移动,放电电压更急剧下降。综合上述原因,可见以大电流放电时,电池不能充分放出其容量,活性物质并没有充分参加反应,放电电流越大,放出的容量越小。当采用小电流放电时,按同样的分析,活物质可以充分参加反应,电池可放出较大的容量。应该指出,当小电流放电时,在两极生的

$PbSO_4$ 盐层颗粒较大,而且疏松多孔,H_2SO_4 溶液能透过这些小孔,使极板深处的活性物质参加反应。所以蓄电池放出的容量就较大。表 7.7 显示放电率与容量的关系。

表 7.7　放电率与保证容量对照表

放电小时率	保证容量%
10 小时放电率	100
7.5 小时放电率	97.7
5 小时放电率	83.3
3 小时放电率	75.0
2 小时放电率	61.1
1 小时放电率	51.4

为描述铅酸蓄电池放电容量与放电电流之间的关系,1897 年 Peikert 提出著名方程式:放电时间与具有某次幂($n<1$)的放电电流成反比。容量 C 与电流 I 之间的关系表示:

$$C=K/I^{n-1}$$

或

$$I^n \cdot t=K$$

式中:K 为经验常数;它与温度、电解液浓度及电池结构特点有关,还与蓄电池活性物质的重量有关,随着活性物质重量的增加而增大;t 为放电时间;n 为与容量无关,仅是表征蓄电池型号的常数;其值一般在 1.35～1.7 之间,对固定型铅酸蓄电池,其值约为 1.35。

可用两种放电率放电,求常数 n、K,而算出任意放电率下的容量。该式有一定限制,在很长时间率或很短时间率放电时,往往和实测结果差异较大。

（2）温度对容量的影响

电解液温度与容量的关系可用图 7.12 表示。

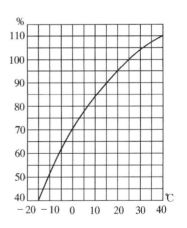

图 7.12　电解液温度与
容量关系曲线

电解质温度在允许工作温度范围内升高时,其比电导增加,粘度减小,扩散系数变大,扩散速度增加,浓差极化减小。温度高时电化学反应速度也快了,电化学极化也变小,两极的电位移动缓慢,在达到终止电压之前,极板深处的活性物质可以充分起反应,电池放出容量就大。反之,温度较低,电解液的粘度增大,流动性变差,电化反应缓慢,比电导也增大,对极板活性物质的渗透作用也减弱,因此容量有所减少。还应指出,温度低时,PbSO₄ 在 H₂SO₄ 溶液中的溶解度将降低,必造成 Pb²⁺ 在极板附近溶液中的过饱和度增加。由结晶学的知识可知,这时形成的 PbSO₄ 盐层是致密的,这个盐层阻碍了活性物质与 H₂SO₄ 溶液的接触,这也是容量降低的原因。

当电解质温度在 10～35℃的范围内变化,每升高或降低 1℃时,蓄电池的容量约相应增大或减小额定容量的 1%。可用下式表示:

$$C_2 = \frac{C_1}{1+0.01(t_1-t_2)}$$

式中,C_1 为温度为 t_1 时的容量;C_2 为温度为 t_2 时的容量。

(3) 浓度对容量的影响

电池放电时,H₂SO₄ 参加两电极的反应,浓度要降低。提高 H₂SO₄ 的浓度使 H₂SO₄ 量增加,扩散速度加快,降低浓差极化有利电化学反应,必然提高电池的容量。但过高的浓度也有害,当 H₂SO₄ 溶液浓度提高到某一值后,溶液的电阻和粘度会增大,离子扩散速度下降,电化作用变差,从而降低了电池的容量。同时,过浓的酸对板栅和隔板的腐蚀都会加剧,缩短了蓄电池的寿命。H₂SO₄ 溶液的浓度太低,会使硫酸量减少、扩散速度下降、使溶液的电阻增大。使用时,电压会很快下降,不能保证额定容量的输出。一般起动型电池的 H₂SO₄ 密度采用 1.280～1.290,固定型电池采用 1.210。

5. 放电率、充电率

蓄电池放电至终止电压的快慢,称为放电率。一般放电率用时间表示,如 20、15、10、8、5、3、1 小时率等。大多以 10 小时率为正常放电率。即以电池容量 1/10 的电流放电,如蓄电池的容量为 180 Ah 它的 10 小时放电率的电流大小是 18 A。蓄电池充电的快慢称为充电率,其表示方法和放电率相同。放电率、充电率对蓄电池容量的影响上面已经叙述,

它们对蓄电池的电压亦有很大影响。如不是以正常的 10 小时率的电流放电,而是以 5 或者 3 小时率的电流放电;因放电电流较大,电解液向极板微孔内扩散的速度受到限制以及内阻的压降随电流的增加而增加,所以蓄电池的端电压以较大电流放电时,下降就较快。如图 7.13 示。

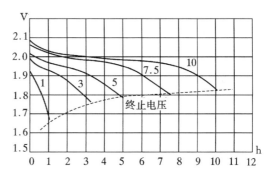

图 7.13　不同放电小时率的放电曲线

从图中看出不同的放电率有不同的放电终止电压,用 U_{fin} 表示。一般涂膏式极板铅酸蓄电池终止电压可用下列公式计算:

$$U_{fin}=1.66+0.0175\times h_r$$

式中　h_r 为放电小时率

例如:采用 1 小时放电率,即 $h_r=1$,

$$U_{fin}=1.66+0.0175\times1=1.6775\ V$$

如采用 10 小时放电率,即 $h_r=10$,

$$U_{fin}=1.66+0.0175\times10=1.835\ V$$

若采用 15 小时放电率,即 $h_r=15$,

$$U_{fin}=1.66+0.0175\times15=1.9225\ V$$

上例说明放电的终止电压,用大电流时低于 1.835 V,用小电流时应高于 1.835 V;因为用小电流放电时,硫酸铅在内部生成,晶粒较细,电解液渗透较顺利,电压下降较小。如不提高终止电压,仍放到 1.835 V 时,将会放出超过额定容量很多的电量,成为深度过量放电,可能造成极板硫酸化,甚至造成弯曲断裂等。所以用小电流放电时,在接近 20 小时率时的终止电压以 1.98 V 为宜,接近 15 小时率以 1.93 V 为宜,一般情况下最好不用小于 10 小时率的小电流深度放电。

充电率常用的是 10 小时率,即充电时间需 10 小时才能将蓄电池充足电。同样,

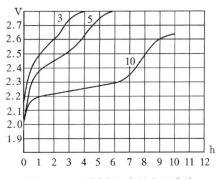

图 7.14　不同充电率的充电曲线

不同的充电率会使蓄电池的充电开始电压、终止电压均不同。如图 7.14 所示。

6. 效率

蓄电池具有将电能转换为化学能、化学能转换为电能的功能。这种转换是可逆的,但不是理想的。因为在转换过程中要有一定的能量损失,主要有:充、放电过程中电流通过内阻而产生热消耗,充电末期把水电解成 H_2 和 O_2,自放电与局部放电等。因此就引入了效率概念;铅酸蓄电池常用的有容量效率和电能效率。

容量效率亦称安时效率,用 η_{Ah} 表示,定义式为

$$\eta_{Ah}=\frac{输出容量\ C_o}{输入容量\ C_i}100\%=\frac{\varSigma I_o t_o}{\varSigma I_i t_i}100\%$$

电能效率亦称瓦时效率,用 η_{wh} 表示,定义式为

$$\eta_{wh}=\frac{输出容量\ W_o}{输入容量\ W_i}100\%=\frac{\varSigma I_o U_o t_o}{\varSigma I_i U_i t_i}100\%$$

式中，I_o 为放电电流；I_i 为充电电流；t_o 为放电时间；t_i 为充电时间；U_o 为放电时的平均电压；U_i 为充电时的平均电压。

铅酸蓄电池的安时效率 η_{Ah} 约为 $85\%\sim90\%$。

铅酸蓄电池的瓦时效率 η_{wh} 约为 70%。

η_{Ah} 和 η_{wh} 皆随放电率和温度变化。

7.4.2　蓄电池的特点

蓄电池的种类较多，各自都有自已的特长与不足之处。如果一种蓄电池借助于某项科技成果发掘出新的特长或克服某些弱点都将使其得到长足发展。以下仅列出几种蓄电池的特点与不足。

1. 铅酸蓄电池

1）特点：端电压高，2 V 以上；可得到大容量的电池；工艺简单；成本低；原材料丰富。

2）缺陷：耐过充、过放性能弱；溢酸、渗酸；不定期调密度（1.285）需补充电解液；酸雾（充电，大电流放电）大。

2. 隔—镍电池

1）特点：耐过充、过放能力高；充电特性好；可高效放电（放电电压平稳）；低温性能好；循环寿命长；自放电小；机械强度高；易于密闭化；易于维护。

2）缺陷：端电压低；隔对人体有害；价格太高。

3. 锂电池

1）特点：电压高　额定电压达 3.6 V；能量密度大　质量比能量可达 110 Wh/kg、体积比能量可达 270 Wh/L；自放电率低；放电电压平稳；无记忆效应；不污染环境。

2）缺陷：安全性欠佳，在重负荷放电或当外部短路时会发生爆炸；成本高；比功率低；工艺较复杂。

4. 燃料电池

1）特点：容量大；比能量高；功率范围广；噪音小；转换效率较高等。

2）缺陷：辅助系统比较复杂；可靠性欠佳。

5. 固体电解质电池

1）特点：贮存寿命长；工作温度范围宽广；耐强烈振动、冲击、旋转以及加速度等特殊要求；不腐蚀、不漏液；可微型化。

2）缺陷：内阻大；比能量、比功率都较低。

7.5　铅酸蓄电池的使用

目前在二次电池中,使用面最宽、用量最大、最普遍的是铅酸蓄电池。以下介绍铅酸蓄电池使用。

7.5.1　蓄电池的型号标识

蓄电池名称由单体蓄电池格数、型号、额定容量、电池功能或形状等组成,如图7.15。

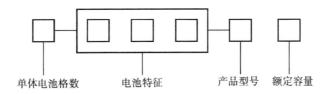

图 7.15　蓄电池名称组成

单体电池为 1 时,第一段可略去。

电池类型根据其用途划分,主要代号如下:

Q——启(qi)动用

G——固(gu)定用

D——蓄电(dian)池用

N——内(nei)燃机车用

T——铁(tie)路客车用

M——摩(mo)托车用

电池特征代号如下:

A——干(gan)荷电式

F——防(fang)酸式

M——密(mi)闭式

第二段电池特征的附加部分,仅在同类型用途的产品中具有某种特征,而在同型号中又必须加以区别时采用。

例如:6—QA—120 为有 6 个单体电池,启动用,装有干荷电的极板;20 小时率额定容量为 120 Ah。

7.5.2　充电方式

铅酸蓄电池的充电方式有许多种,应根据不同情况选择充电方式。

1. 初充电

新蓄电池或新修复的蓄电池,其极板上的活性物质因储藏、长途运输等原因发生了一些变化;为使活性物质全部还原,提高其放电容量,在开始正式使用前,必须进行一次初充电。初充电的好坏,直接影响着蓄电池的容量和寿命。电解质的密度一般在 $1.25\sim1.285$ 之间。环境温度低时密度稍偏大些,但不宜超越该范围。该范围密度的 H_2SO_4 其导电性最好,冰点温度低,对蓄电池的寿命好。电解质注入电池要高出极板 15 mm 并要静置 $5\sim6$ h,待电解质温度低于 35℃时再进行充电。充电时蓄电池的正、负极与充电电源的正、负极相连,不能接反。

初充电过程宜分两个步骤:先用 10 或 15 h 率充电,待端电压达 2.4 V 左右后,改用 $20\sim30$ h 充电率的电流充电;合计单体电池电压约在 2.7 V 以上时,密度和电压维持 3 h 不变为止;总耗时在 60 h 以上。充电过程中应注意电解质温度,如温度上升到 40℃。应将电流减半;如温度继续上升,应立即停止充电,并采用人工冷却,待冷至 35℃以下时再行充电。充电后,如电解质密度不合规定,应用蒸馏水或密度为 1.4 的 H_2SO_4 电解质进行调整。调整后再充电 2 h,如密度仍不符合规定,应再调整,再充电 2 h,直至密度符合规定为止。

新电池初充电后往往达不到额定容量,应进行充、放电循环。用 20 小时率放电,然后再补充充电。进行 $2\sim3$ 次循环,极板上的活性物质可全部恢复,达到额定值。

2. 恒压充电

在充电过程中充电电压(按每个单体电池 $2.3\sim2.5$ V)始终保持不变。此法,充电初期电流相当大,超过正常的充电电流。随着充电的进行,电池端电压的上升,充电电流逐渐减小,末期电流变得很小,不会发生过充。在这样的充电过程中不必调整电流,方法简单,但其设备必须适应充电初期的大电流才行。

3. 恒流充电

在充电过程中充电电流一般采用 10 h 率或 20 h 率电流连续充电,充电电流始终保持不变。要保持恒流则电源的电压必须逐渐提高,使得充电电流不致因蓄电池端电压的升高而减小。此法的缺点是充电末期电流太大,电能无益地消耗在电解水上。

4. 分级恒流充电

充电初段,用较大的电流进行充电,经过一定时间后改用较小的电流充电,充电末期可用更小的电流充电。如这几步可分别用 10 h、20 h、30 h 充电率。此法充电效率高,对蓄电池的寿命有益。

5. 恒压限流充电法

为克服恒压充电法初期充电电流过大,而使充电设备不能承受的缺点,常采用恒压限流充电法以代替恒压充电法。此法在充电第一阶段,用恒定的电流充电;在电池电压达到一定电压后,维持此电压恒定不变,转为第二阶段的恒压充电过程,当充电电流下降到一定值后,继续维持恒压充电大约 1 h 即可停止充电。

6. 浮充电

浮充电是蓄电池的一种运行方式,它是在蓄电池充足电以后与浮充电源并列运行的。在太阳能离网 PV 发电应用中多数情况是如此。浮充电是用直流电源供给直流负载电流,同时又对蓄电池充电;在外界负载突然增大或直流电源停止运行时,由蓄电池供电以保证外界的需要。

7. 均衡充电

由若干块蓄电池串联使用时,当运行一定时间后,定期单独对每块电池进行充电,以保证电池组中的每块电池都能充满电。这种方法称均衡充电。这是因为平时按相同条件对电池组进行充电时,各个电池会出现充电程度不同的现象,结果使各电池的活性物质出现反应不均衡状态。另外考虑单块电池的各单体电池之间充放电特性存在差别,造成一些单体电池会产生充电不足状态,因此在正常充电结束后继续用约 20 h 率的电流再充电 1~3 h,这种充电还称为过充电。对于多块蓄电池在相同条件下使用时,在电池维护上定期进行均衡充电,对延长电池的使用寿命和提高工作可靠性是有益处的。

8. 快速充电

为缩短用蓄电池充电时间,采用快速充电。其充电电流按下式进行。

$$I = \frac{C}{1+t}$$

式中,t 为充电时间(h);C 为放电容量(Ah)。

充电中当单体电池的电压升到 2.4 V 左右时即改为正常充电的电流至充足为止。

快速充电详见下节。

7.5.3　使用、维护要求

铅酸蓄电池一般使用与维护要求有下列诸条。

① 蓄电池应经常处于充足电状态,避免过充和过放电;

② 在使用过程中应尽量避免大电流充放电及剧烈震动;

③ 在使用过程中应保持电解液液面高于极板,并要经常检查电解液的密度,以监视其放电深度;

④ 注意蓄电池的工作温度,必要时需采取保温或冷却措施;

⑤ 蓄电池加入电解液后,必须按规定的充电电流每月补充电一次。放电深度较深的蓄电池,必须短期内充电以防极板硫化;

⑥ 在配制电解液时,应将 H_2SO_4 徐徐注入蒸馏水内,同时用玻璃棒不断搅拌,使其混合均匀并迅速散热。切勿将水注入硫酸内,以免发生剧热而爆炸。在调整电池电解液的密度时,只准用密度不高于 1.40 的稀硫酸溶液,严禁使用浓硫酸;

⑦ 蓄电池不得倒置,不得叠放,不得撞击和重压;为防短路不得将金属工具及其他导电物品放置在电池上;

⑧ 保持蓄电池表面的清洁,防止杂物混入电池内部,要经常清除接线头之间的酸液和极柱及接头上的氧化物;

⑨ 蓄电池之间应保证接触良好,勿使松动,以免增加线路中的电阻,浪费电能。

7.6　快速充电

7.6.1　概况

蓄电池充电一般需要 10 h 甚至更长时间才能充足。充电时间长,在一些场合很不方便。当因一些特殊需要或为节省时间而需及时使用蓄电池时,则可用快速充电。因要求充电时间短,则必须采用大电流充电,以保证电池得到足够的能量。但电流过大,电解液温度上升,电流利用率下降,并且电池的寿命也会下降,从经济角度考虑都是不利的,因而快速充电电流不能是通常的直流电,而是采用脉冲电流充电。

快速充电尚无严格定义,主要是指采用 1 C 以上的大电流充电,在很短的时间内(1~3 h)把电池充满。而在充电过程中,既不产生大量气体,又不使电解液温度过高(在 45℃ 以下)。

解决不产生大量气体和不使温升过高的办法是采用脉冲充电,并在充电过程中,用反向电流短时间放电的方法消除极化,这样可保证不产生大量气体,也不发热,从而达到大大缩短充电时间的目的。

7.6.2　快速充电基本原理

1967 年美国人 J. A. Mas 研究了铅酸蓄电池充电过程中的析气问题,找出了析气的原因和规律,他以最低析气率为前提,得出了铅酸电池能够接受的最大充电电流和可以接受的充电电流曲线。J. A. Mas 还对铅酸电池快速充电进行了理论探索,并在实践的基础上提出了铅酸电池快速充电的一些基本规律。

在充电过程上,用某一速率的电流进行恒流充电,电池只能充至某一极限值,当达此极限后,再继续充电,只能导致电解水反应而产生气体和温升,不能提高电池的充电速度。

图 7.16 为铅酸蓄电池在充电过程中,只持续产生微量气体的充电特性曲线。在充电过程中任一时刻 t,蓄电池可接受的充电电流为

$$I = I_0 e^{-at}$$

式中,I_0 为当 $t = 0$ 时的最大初始电流;I 为任意 t 时刻电池可接受的充电电流;a 为衰减率常数。

图 7.16 是一条自然接受特性曲线,超过这一接受曲线的任何充电电流,不仅

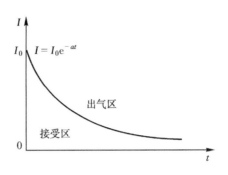

图 7.16 充电接受曲线

不能提高充电速率,反而会增加析气;小于这一接受特性曲线的充电电流,便是蓄电池具有的储存电电流,该电流称为蓄电池的充电接受电流。

如果遵循接受特性曲线充电,从理论上讲,在某一时刻 t,已充电的容量 C_s 是从 0 到 t 时曲线下面的面积,可用积分法求得,即

$$C_s = \int_0^t i \mathrm{d}t = \int_0^t I_0 e^{-at} \mathrm{d}t$$

$$C_s = \frac{I_0}{a}(1 - e^{-at})$$

充电终止时全部充电容量为 C,也就是先前放掉的容量,有

$$C = \frac{I_0}{a}$$

故 $$a = \frac{I_0}{C} \tag{7.9}$$

因此,衰减率常数也称电流接受比,它是初始接受电流 I_0 与待充入电容量 C 之比。对于任一给定的已放出的容量,电流接受比 a 越高,则初始电流就越大、充电速度也越快。显而易见,如果充电电流始终沿着图 7.16 所示的曲线变化,那么 a 值将维持不变,充电将始终处于其实际接受的充电电流与本身固有的特征相匹配的最佳状态。

J. A. Mas 在实验的基础上,提出了铅酸电池快速充电的三个定律。它就是著

名的马斯三定律。

第一定律:铅酸电池在采用任一放电电流后,其衰减率常数和放电放掉的容量的平方根成反比。即

$$a = \frac{K}{\sqrt{C}}$$

式中,K 为常数。

第一定律定量地表明,随着放电深度的不同,充电接受能力的变化。由于蓄电池已放出的容量也就是待充入的容量,根据式(7.9),第一定律可写成

$$I_0 = C \cdot a = K\sqrt{C}$$

上式表明,蓄电池可接受的初始充电电流 I_0 与蓄电池的容量有关,容量越大,蓄电池可接受的初始充电电流越大。

第二定律:对于任何放电深度,一个电池的衰减率常数 a 是和放电电流 I_d 的对数成正比,即

$$a = K\log(k \cdot I_d)$$

式中,k 为常数。

它定量地表明,随着放电率的不同,衰减率常数的变化。

根据 $I_0 = C \cdot a$,所以第二定律可表示为

$$I_0 = CK\log(k \cdot I_d)$$

由上式可知,蓄电池接受充电电流的能力与蓄电池的放电电流有关。放电电流越大,蓄电池可接受充电电流的能力也越强。

第三定律:一个电池经几种放电率放电,其接受电流是各放电率下接受电流之和,即

$$I_t = I_1 + I_2 + I_3 + \cdots + I_n = \sum_1^n I_m$$

同时符合

$$a_t = \frac{I_t}{C_t} \tag{7.10}$$

式中,I_t 为总的可接受充电电流;I_n 为不同放电率时的可接受电流;C_t 为电池放电容量的总和;a_t 为综合接受率。

放电可同时增加式(7.10)中的分子和分母,若放电放得适宜,则分子增加的比分母大,接受率提高。所以电池在充电前或在充电过程中适当地给予放电,就等于改变放电深度,即无论被充电的电池最初放电的深度如何,可以给它加上新的符合需要的放电深度,以使接受电流接近于充电电流,从而进一步打破了指数曲线的自然接受特性。

7.6.3 快速充电的方法

大电流充电容易出现极化现象,极化现象将会破坏蓄电池化学反应的可逆性。因此要实现快速充电须消除电池的极化现象。消除极化现象主要采取以下 3 种办法:

1. 强制消除

在大电流充电过程中,强制电流反向,即对蓄电池实施瞬时的一定深度的放电。在这个过程中,蓄电池正负极板上尚未参加化学反应的多余电荷各向着与原来充电相反的方向运动,极板上原来积累的多余电荷将迅速减少,因而电化学极化将被消除或减弱。同时在放电过程中,电解质中的正负离子也会向着与原来充电相反的方向运动,起到了搅拌电解液的作用,可以有效地控制浓差极化。同时在放电过程中,蓄电池将把一部分因欧姆极化而形成的热能转移到负载上,也可以有效地控制蓄电池的温升。

2. 自然消除

在大电流充电过程中,让蓄电池瞬时停止充电,欧姆极化将迅速消失。同时,对由于电荷运动,离子迁移和化学反应速度所引起的差异而产生的电化学极化和浓差极化起到缓冲作用。

3. 反馈消除

抑制出气和温升是快速充电所要解决的两大问题。实验表明,抑制出气和温升与蓄电池在充电过程中的端电压关系密切。在消除极化的前提下,单格电池电压达到 2.3 V 以前,其出气量和温升不显著。因此,通过检测蓄电池在充电过程中的端电压,并以此为反馈指令来控制充电电流是适宜的。反馈的目的在于持续大电流充电一段时间以后,待蓄电池处于出气阶段时降低充电电流,使之按指数函数衰减,可以在充电后期有效地抑制出气和温升。

如上所述,快速充电是通过尽可能延长蓄电池所固有可接受初始电流的持续时间实现的。在这段时间,要解决的问题是消除极化;消除极化主要手段是对蓄电池实施放电。放电量一般为窄而深的放电脉冲,具体方法有多种。

按引进放电脉冲时刻分

A. 充电后期引进放电脉冲法

在充电前期以恒定的大电流进行充电,当反馈系统检测出蓄电池的端电压达到一种"极化点"时,实施放电。

B. 充电全过程引进放电脉冲法

在充电整个过程实施放电脉冲去极化。整个充电过程按照"正脉冲充电——前歇——负脉冲瞬间放电——后歇——正脉冲充电",周而复始。

比较 A 法、B 法,B 法较佳,理由如下。

① 极化电压是伴随大电流的介入而产生。在大电流充电的初期,极化电压就已严重存在,不及时予以处理,大电流充电在其初期就难于进行。

② A 法反馈系统检测出的蓄电池的端电压包含有整流叠加电压的成分,该值随充电电流大小而异,以此来作为指令控制充电过程并不能真实地反映出蓄电池电动势的增长状况。

③ 经验表明"极化点"不是一个固定的量值,不同容量的蓄电池,以及蓄电池的残余容量不同,其极化点也不尽相同。

按引进放电脉冲的方式分

C. 以固定电阻为负载实施放电法

这种方法的具体电路如图 7.17 所示。充电装置中设置一固定电阻 R,开关 K 闭合,蓄电池组 $\mathscr{E}$ 对负载 R 放电。

D. 交变放电法

交变放电法所用电路如图 7.18 所示。蓄电池组 $\mathscr{E}$ 通过开关 K 闭合向交流电网逆变放电。

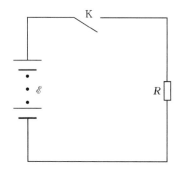

图 7.17　固定电阻放电电路

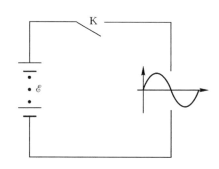

图 7.18　交变放电电路

固定电阻法存在不少弊端;逆变放电方式效果较好。

定额充电交变放电:快速充电电路按"充电——停止——放电——停止——充电"进行,整个电路的方框图如图 7.19 所示。

图 7.19　充放电方框图

图中，J_1，J_2 为理想开关，它们轮流工作完成了上述工作程序。J_1 关，交流电源整流出脉动的直流电压对蓄电池充电；J_2 关，蓄电池对交流电源采取交变形式放电。J_1、J_2 同时处于开的状态，蓄电池处于开路状态。

蓄电池充、停、放的波形如图 7.20 所示。

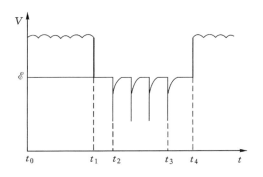

图 7.20　蓄电池充、放电波形

图中，$t_0 \sim t_1$ 为充电时间（5 s），$t_1 \sim t_2$ 为停止时间（100 ms），$t_2 \sim t_3$ 为放电时间（120 ms），在此期间，蓄电池向负载放电，每 20 ms 放 1 次，共放 6 次。$t_3 \sim t_4$ 为停止时间（100 ms）。

总之，快速充电采用脉冲充电法。脉冲充电加深了反应深度，使蓄电池的容量有所增加，并且去硫酸盐化的效果较好。但对活性物质的冲刷力大，使活性物质容易脱落，影响蓄电池寿命。

7.7　硅胶蓄电池

1. 硅胶蓄电池

常规铅酸蓄电池是以 H_2SO_4 溶液作电解质。其酸雾较大腐蚀仪器设备，影响人体健康，会因倾倒、振动、颠簸而漏酸，运输不方便；还需调酸加酸。为克服这些缺点人们提出把 H_2SO_4 溶液换成凝胶状的物质。

硅胶蓄电池是将铅酸蓄电池中的 H_2SO_4 电解液换成凝胶状的硅胶电解质，其工作原理仍类同于铅酸蓄电池。硅胶电解质是用 SiO_2 凝胶与 H_2SO_4 按一定比例混合在一起形成一个高分子聚合物。它是一个多孔、多通道的聚合物，将 H_2O 和 H_2SO_4 都吸附在其中，形成了一个软固体电解质。

2. SiO_2 凝胶

（1）SiO_2 凝胶的结构和形成

SiO₂ 结构是 Si-O 四面体结构。Si 在四面体的中心，O 在四个顶点（如图 7.21所示），形成 Si-O 键。Si-O 键具有极性。使硅原子带正电荷（具有悬键）。为了满足电中性，四面体的四个顶点必须与另外四面体共点。这样就有四个方向共点。逐渐发展成一维、二维、三维的鸟状、环状或链状的空间骨架点阵结构如图 7.22 所示。

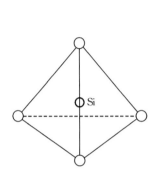

图 7.21　SiO₂ 四面体结构

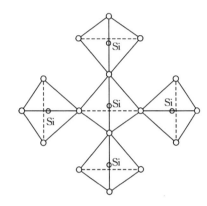

图 7.22　SiO₂ 的空间结构

SiO₂ 凝胶是用硅酸钠和 H_2SO_4 混合产生的。硅酸钠俗名"水玻璃"，商品名称"泡化碱"，化学式 $Na_2O \cdot nSiO_2$，并不是单纯的 $Na_2 \cdot SiO_3$ 或 $Na_2O \cdot SiO_2$，而是含 SiO₂ 的量多者。n 称为水玻璃模数，$n \geqslant 3$ 是中性水玻璃，$n < 3$ 是碱性水玻璃。无论是中性或碱性，都含有相当大的碱性（pH = 11～12）。当硅酸钠和 H_2SO_4 混合时：

$$Na_2SiO_3 \cdot H_2O + H_2SO_4 = Si(OH)_4 + Na_2SiO_4$$

首先变成四面体结构的硅酸 $Si(OH)_4$，而此硅酸不能在溶液中稳定存在，它将发生（缩水）聚合反应：

$$
\begin{array}{ccc}
\text{OH} & & \text{OH} \\
| & & | \\
\text{OH-Si-OH} & + & \text{OH-Si-OH} \\
| & & | \\
\text{OH} & & \text{OH}
\end{array}
\xrightarrow{-H_2O}
\begin{array}{cc}
\text{OH} & \text{OH} \\
| & | \\
\text{OH-Si-O-Si-OH} \\
| & | \\
\text{OH} & \text{OH}
\end{array}
$$

$$
n
\begin{bmatrix}
\text{OH} & \text{OH} \\
| & | \\
\text{OH-Si-O-Si-OH} \\
| & | \\
\text{OH} & \text{OH}
\end{bmatrix}
\xrightarrow{-nH_2O}
xSiO_2 \cdot yH_2O
$$

SiO₂ 在水溶液中呈凝胶状，所以称 SiO₂ 凝胶；它带有水分，可用 $xSiO_2 \cdot yH_2O$ 表示。硅酸溶胶中的 Na_2SiO_3 离解成 Na^+ 和 SiO_3^{2-} 之后，而 SiO_3^{2-} 和 $xSiO_2 \cdot yH_2O$ 中的 SiO_2 相似，SiO_3^{2-} 被吸附。SiO_3^{2-} 带负电荷，为保持电中性，在其周围必定吸引 Na^+ 离子。如此则在胶核周围有两层离子，形成了双电层，如图 7.23 所示。

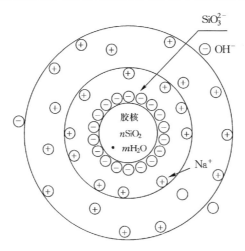

图 7.23　硅酸溶胶胶团结构示意图

由于胶核吸附层带负电荷，所以硅酸溶胶的胶粒带负电。其微粒相遇时，因带同名电荷互相排斥，无法聚集，并且胶粒周围又被水化层所包围，所以这些微粒具有一定的稳定性，不能自结合成大集团而下沉。要使硅酸溶胶凝聚，在制作的胶体电解质电池中，通常加入 H_2SO_4。

硅酸溶胶加酸，实际上是使硅酸溶胶 H^+ 浓度增加，这样便使胶核吸附层上的 SiO_3^{2-} 与 H^+ 相合，生成 $HSiO_3^-$，其反应式为

$$SiO_3^{2-} + H^+ \longrightarrow H_2SiO_3$$

被胶核吸引的 $HSiO_3^-$ 也会同样结合成 H_2SiO_3，从而使胶核只带很少电荷。硅酸溶胶微粒便进一步互相粘结变成更大的生成物，并形成相互交错的细线状结构的生成物。这些细线成为松软而强度微弱的骨架，充满和贯穿整个胶体电解质孔道。孔道里饱含了铅酸电池需要的一定浓度的 H_2SO_4 电解液。

如果硅溶胶溶液含有大量电解质，在这种情况下加酸凝聚，由于电解质本身要进行水化作用，吸引胶粒周围水化层中的水分子，结果破坏了凝聚后网状结构。由于胶粒电荷的减小和水化层的破坏，使形成的硅胶孔道少，含水量低，硅胶便失去弹性而变脆。当硅胶含水量下降到 75% 时，就变脆，含水量减少到 64% 便可研成粉末状。此时若把制取的硅胶干燥脱水，再加水也不能恢复原状。

有时在比较浓的硅溶胶溶液中，加入一定量的电解质，其量不足以使溶胶凝结，便可使之形成一种不稳定的胶凝作用。这时如果不摇动，则即呈凝胶状态；但

加摇动则立即成溶胶,停止摇动后又变成凝胶。这种现象称触变现象,这是因为胶体微粒的凝胶结合是很微弱的,即胶凝时,定向水分子层相互交错,其中一部分水层便属于两个微粒公有,而把两个微粒连接起来。这种结合力很弱,所以一摇动就会使微粒分开。

（2）SiO_2凝胶特点

硅胶颗粒直径大约在$10^{-6} \sim 10^{-4}$ mm 之间,它是带电的微粒,表面具有活性。结构愈小,表面活性愈大,因此它有很强的吸附性。表面能够吸附水分子,形成所谓水化层。但是,如果它的骨架越长越大,表面活性就会逐渐消失,以至成为一般的硅石。所以要设法控制它的颗粒度,使它生成活性很大的晶粒。目前可以制成环状结构的硅胶体,如图 7.24 所示。外围的游离的顶氧受羟基团的保护。阻止硅氧的进一步结合。如果条件控制不好,硅胶会迅速失水,而长成粗大的颗粒,失去触变能力。所以要控制好化学环境,才能得到所需的硅胶。

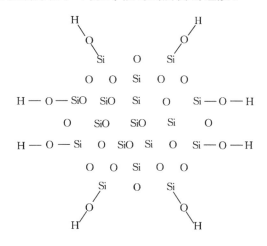

图 7.24　共顶点氧形成环状结构

（3）硅胶性质

硅胶是多孔多通道的高分子聚合物,它将 H_2SO_4 和水蓄在其中。H_2SO_4 在这种多孔多通道的高分子聚合物中,其扩散系数仍然很大和在纯水中几乎一样。所以并不因为有硅胶存在而影响电池的正常化学反应。

3. 硅胶电解质对蓄电池性能的影响

1）用了硅胶电解质以后,对蓄电池的工作原理并无影响。它的反应仍然符合双极硫酸盐化理论,即:

$$Pb + 2H_2SO_4 + PbO_2 \Longleftrightarrow PbSO_4 + 2H_2O + PbSO_4$$

2）对蓄电池容量的影响

当把铅酸蓄电池中 H_2SO_4 电解液换成硅胶电解质以后。其容量从宏观上讲基本上与铅酸蓄电池一样。但研究发现，用了硅胶电解质以后，会使电池的负极容量增加，使正极容量下降；经对比试验，获得 H_2SO_4 电解液与硅胶电解质电池的容量比为：

正极平均： $C_{液}(+)/C_{胶}(+)=1.16$

负极平均： $C_{液}(-)/C_{胶}(-)=0.84$

显然，电池中用了硅胶电解质以后，正极的活性物质利用率降低，而负极活性物质的利用率有所提高。其机理尚待进一步研究。

3）对电池自放电的影响

造成电池自放电的因素很多，如负极板海绵状 Pb 的自动溶解，正极板 PbO_2 的自动还原和电解液中混入有害杂质等。都能引起它的自放电发生。

蓄电池负极的自放电

① 负极自放电主要取决于海绵状 Pb 的自动溶解反应：

$$Pb+H_2SO_4=PbSO_4+H_2\uparrow$$

因为氢在铅上的过电位较大。如果电极和电解液中不存在局外杂质时，铅的自动溶解速度（即负极板的自放电）很慢。但是在板栅合金中含有锑，氢过电位约降低 0.5 V。所以，自放电速度大大加快。

② 如果在电解液中溶解有氧，也能促进负极板的自放电：

$$Pb+\frac{1}{2}O_2+H_2SO_4=\!=\!=PbSO_4+H_2O$$

因为氧很容易在铅上还原。实际上反应速度是由氧的扩散速度所控制。若有能抑制 Sb 和氧向负极扩散速度的隔板（特别是微孔橡胶隔板），则负极板的自放电速度会明显降低。

蓄电池正极的自放电

PbO_2 自发还原成 $PbSO_4$

$$PbO_2+H_2SO_4=\!=\!=PbSO_4+H_2O+\frac{1}{2}O_2\uparrow$$

用硅胶做电解质后，会使电池的自放电减少。这是硅胶电解质的一个特性。其机理是硅胶电解质对正极还原时生成的水的扩散有阻碍作用。因为硅酸盐颗粒有水合作用，使水的扩散速度降低。从电化学中可知，如果水的扩散速度减低，会影响 PbO_2 电极的平衡电位，根据电极电位的 Nernst 公式：

$$\varphi_p=1.067+0.06Lg(a_{硫酸}/a_{水})$$

水扩散困难就表示 $a_{水}$ 增加。使反应式向相反的方向移动：

$$PbO_2 + H_2SO_4 \Longrightarrow PbSO_4 + H_2O + \frac{1}{2}O_2$$

也就是正极自发还的作用减缓了,放出的 O_2 当然也减少了。放出的 O_2 少了,也就使海绵铅氧化的几率少了,即

$$PbO_2 + H_2SO_4 \Longrightarrow PbSO_4 + H_2O + \frac{1}{2}O_2 \uparrow$$

上式的反应速度也减缓了。因此,用硅胶电解质代替 $PbSO_4$ 电解液以后,使蓄电池的自放电减小了。

4)对电池失水特性的影响

硅胶电解质有良好的抗极板硫酸盐化的能力。充足电的硅胶蓄电池放置较长时间(超过一年)再充电时,其容量很容易恢复到正常水平。相比之下,同一极板的硫酸电解液电池充足电后,放置较长时间,再充电时容量是不能恢复到额定值的。这是由于极板在酸液中严重硫酸盐化缘故。所以,硅胶电解质电池对处于放电状态的极板而言,能起到一种保护作用。

硅胶蓄电池具有少维护特性。大量实验表明,在常规硫酸电解液电池中,充电时,正极板放出 O_2 的峰值在充电安时与放电安时之比等 0.94 处;而负极放出 H_2 的峰值在充电安时与放电安时之比等于 1.0 处。由此可知,蓄电池充电时 O_2 和 H_2 并不是按化学计量比的方式放出来的。O_2 先放出。据此设计"氧循环",其原理是让正极上新生成的氧扩散到负极与海绵铅反应;而 PbO 又进一步与电解液作用,生成 $PbSO_4$ 和水

$$PbO + H_2SO_4 \Longrightarrow PbSO_4 + H_2O$$

氧从正极的液相中放出,变为气相,然后与负极海绵铅作用生成固相 PbO,又从固相 PbO 回到了液相。整个反应是

正极:　　$PbO_2 + H_2SO_4 \Longrightarrow PbSO_4 + H_2O + \frac{1}{2}O_2 \uparrow$

负极:　　$Pb + \frac{1}{2}O_2 \uparrow \Longrightarrow PbO$

$$PbO + H_2SO_4 \Longrightarrow PbSO_4 + H_2O$$

氧的变化过程:从液相——气相——固相——液相。

形成氧循环需具备两个条件:一是氧能在电解液中自由扩散;二是负极板的活性物质要过量。这两个条件在常规硫酸液中不具备,而在硅胶电解质中,却具备这两个条件。因为硅胶中有许多通道,它利于 O_2 的自由扩散;同时在硅胶中负极容量相对增大(前面已指出 $C_{液}(-)/C_{胶}(-) = 0.84$)导致负极活性物质对正极活性物质相对过量。有利于氧循环反应。因而硅胶电解质在充电、放电循环和长时间放置时失水很少,有的电池放置一年它的电解质的浓度仍然不变。这也正是硅胶

蓄电池少维护的原因。

5）对电池寿命的影响

蓄电池在放电状态生成 $PbSO_4$，这些 $PbSO_4$ 如果在充电时能很好地还原为 Pb 与 PbO_2，则电池寿命就长；而实际上总有一部分 $PbSO_4$ 下沉或变成不能再还原的 $PbSO_4$——硫酸盐化。硫酸盐化的存在缩短了电池寿命。

蓄电池在大电流放电时，由于电流密度大而且不均匀会造成极板弯曲，如汽车中起动用的电池，起动放电时它的放电电流是额定容量的三倍。经剖析，极板弯曲现象是缩短电池寿命的原因之一。

此外，$PbSO_4$ 的下沉，经常会造成电池内部短路，内部短路也缩短了电池的寿命；另外，活性物质的脱落也影响电池寿命。这些问题在铅酸蓄电池中是比较麻烦和难以解决的问题，在硅胶蓄电池中却获得很大改善。因为硅胶蓄电池的胶体是一个整体，均匀地分布在极板与隔板之间，不像 H_2SO_4 电解液那样，电解液会产生分层现象（上面的 H_2SO_4 密度小，下面的 H_2SO_4 密度大）。另外，产生的 $PbSO_4$ 也会被胶体阻止它下沉，由此可大大减少 $PbSO_4$ 的硫酸盐化和电池内部短路现象。同时，由于硅胶均匀地填满了极板与隔板之间，它增强了极板的机械强度，从而减少了极板的变曲现象，也减少了活性物质脱落的现象。这些因素提高了电池的放电性能，延长了电池的寿命。所以，硅胶蓄电池在为新能源配套使用时，寿命可达 3～5 年。

总之，硅胶蓄电池不仅少维护，而且在性能上有所提高。

思 考 题

1. 写出铅酸蓄电池充放电电化学反应式并了解其含义。
2. 铅酸蓄电池主要有哪些优缺点？
3. 画出铅酸蓄电池的充放电曲线并理解各段代表的意义。
4. 充电方式有哪些？各自特点如何？
5. 消除极化的方式有哪些？

第 8 章　PV 发电系统

PV 发电系统与常规电力系统的输出电特性有很大差异。PV 发电系统采用适合自身特点的一系列部件,根据不同使用场合情况,按设计要求把这些部件、器件及辅件组合起来构成 PV 发电系统。[41]~[45]

8.1　系统分类

PV 发电系统亦称太阳能光伏发电动力系统。PV 发电系统从应用领域划分,可分为太空应用和地面应用。太空应用主要作为人造卫星的电源,使用已达数十年,相当成功,这里不专门论述。本章仅涉及地面应用。

地面用 PV 发电系统可按采光方式、发电容量、安装形式、应用状况等方式划分。

1. 按采光方式分类

采光方式是指 PV 方阵(或电池板组件)获取太阳辐射能的方式。大致可分直接和间接两类。

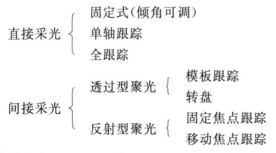

直接采光式 PV 发电系统不需要聚焦或反射太阳辐射,太阳辐射直接入射到太阳电池组件表面。

间接采光则利用透镜或反射镜面把太阳辐射能投射到太阳电池受光面上。间接采光的目的是使太阳电池在高的辐照度下运行,通常是为了减少昂贵太阳电池的使用量以降低发电成本。

在具体应用中,采用直接平板式还是采用间接聚光式,需要考虑场所气象条件和经济性。在美国,其水平面上的日照中,直射光占据比例大,较多采用间接聚光式或平板型跟踪式的 PV 发电系统。在日本,散射光占据比例大,跟踪方式受益甚微,多采用平板固定式采光方式。中国纬度跨度较大,直射与散射光的比例因地而异,较难确定采用哪种采光方式为宜。若考虑到聚光式或跟踪方式成本投入会增加、系统可靠性降低、运行维护要求稍高等诸因素,一般认为采用固定式采光。在许多情况下采用方阵倾角可调(一年调一次或二次)式采光方式效果会较好。

2. 按发电容量分类

发电容量是按照 PV 发电系统中电池方阵总功率来划分。

小型发电系统:电池方阵总功率在 5 kWp 以下,主要用作独立电源、BIPV、庭院等。它们是分散的发电方式,利用现有的建筑物或空地,发电场所离负载近,输电电压一般低于 220 V。

大型发电系统:电池方阵总功率达 100 kWp 以上,主要用于工厂、村庄和群体居住地等。它们是以集中的发电方式供电的,规模大成本低,容易维修、系统可靠性高,并且还可与公共电网并网。

中型发电系统:电池方阵总功率在 5 kWp～100 kWp 之间,主要用于学校、医

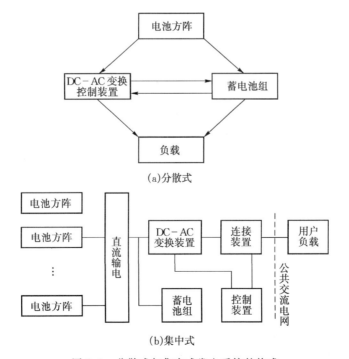

图 8.1　分散式与集中式发电系统的构成

院等。

中国绝大部分 PV 发电系统以分散的小规模方式为主。

3. 按安装形式分类

PV 发电系统按安装形式分类,可分为分散式与集中式,各自构成与特点如图 8.1 和表 8.1 所示。

表 8.1　安装形式比较

安装形式	容量	优点	缺点
分散方式	小规模发电	不需要直流输电线,土地的利用效率较高	需较多 DC/AC 变换器和/或控制器
集中方式	中规模发电 大规模发电	成本较低、容易维护、系统可靠性高	土地利用率低、需较长输电线、效率较低

4. 按应用状况分类

PV 发电系统按应用状况分类,如图 8.2 所示。

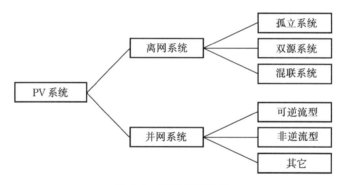

图 8.2　应用状况分类

8.2　系统基本构成

PV 发电系统已经广泛应用到了许多领域,根据使用要求不同,系统构成不同。作为一个 PV 发系统,一些元部件是必不可少的,正是这些元部件构成了系统的基本成分。离网系统构成主要有 PV 方阵、储能装置、调控装置和负载,如图8.3所示。并网系统稍有差异,一般不用蓄能装置,对于与公共电网并网的 PV 发电系统可以不配贮能装置但需增加连接保护装置。

PV 方阵　它是由若干太阳电池组件根据电性要求按照串联、并联方式组合

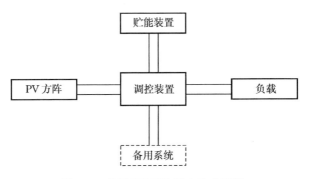

图 8.3　离网 PV 系统基本构成框图

构成的,它还包括了支架接线盒等。对于千瓦级以上的 PV 系统,PV 方阵一般要分为几个子方阵。PV 方阵功能是把捕获的太阳辐射能直接转换成直流电能以输出。目前光-电转换效率小于 20%,还是相当低。由于总是存在匹配损失,故要比电池组件的效率低。PV 方阵规模愈大匹配损失也愈大。非晶硅 PV 方阵效率一般不超过 6%,寿命达 10 年;多晶硅 PV 方阵在 15% 以下,寿命达 20 年以上;单晶硅 PV 方阵效率在 16% 以下,寿命 20~30 年。PV 方阵投资费用相当高,一般情况下,可占系统总成本的 40% 以上。

贮能装置　离网型 PV 系统大部分使用铅酸蓄电池或硅胶蓄电池作为贮能部件,有些场合采用镉镍蓄电池。贮能装置通常由若干块蓄电池组构成。但在 PV 供水系统中,贮能装置多采用贮水罐。贮能装置作用是把太阳日照富余时发出的剩余电能贮存起来,以备无日照或日照不足时供给负载使用。它的另一作用是使 PV 系统的输出特性与负载特性曲线吻合,即电力需求的变动特性。例如:家庭用电,高峰用电时间是从傍晚到夜间;工业用电,高峰时间则是从早晨至傍晚。另外,使电力部门为难的是夏季制冷用电又以三伏天的 12 时至 15 时为高峰。这些电力需求与 PV 发电系统的输出特性几乎不一致。只有空调用电需要高峰与日照强弱相近。在这种情况下,如果不采用适当的贮能调节装置,PV 发电系统难以充分发挥其效能。作为弥补这种电力需求特性与 PV 发电系统输出特性之间不一致,采用蓄电池组、扬水发电,或未来的制氢等方式作为调节装置。表 8.2 例举蓄电池用于 PV 发电系统时应满足的要求。

调控装置　在不同 PV 发电系统中的调节与控制装置亦各不相同。较简单的装置功能有:防止反冲或隔离、防过冲、防过放、稳压等,稍复杂的功能还有自动监测、控制、转换、电压调节和频率调节等。在交流负载中蓄电池组与负载之间须配备逆变器。逆变器是把 PV 方阵或蓄电池组供给的直流电逆变成 220 V 或 380 V 交流电以供给负载的。用于这种目的的逆变器一般应满足:电压精度 ±2% 以内,

频率精度±1%以内,波形畸变率<3%~5%,效率>80%,噪声<60 dB,寿命 10
以上。

表 8.2　太阳能发电系统对蓄电池性能的要求

特性		用途	
		分散型	集中型
PV 发电 系统	容量(kWh)	5~30	100~6000
	输出(kW)	2~10	10~500
	电压(V)	17~300	300~1000
蓄 电 池	容量(AH)	20~180	500~20000
	循环形式	日循环	日循环
	寿命	500~5000 次	15~20 年
	保养	1~3 次/a	定期
	安全性	与家电相近	专业人员安装

负载　笼统地指用电器。由于 PV 发电成本较高,一般希望用电器的效率较
高或节能。为此研制出了许多产品如:太阳能直流灯、黑白直流电视机、直流彩电
和直流水泵等等。还有许多负载是用常规交流电的,对于这些常规负载,一般应选
用效率较高者。

连接装置　为把 PV 发电系统与连接到公共交流电网上,需要通过连接保护
装置把逆变器的输出端与公共交流电网并网,见图 8.4。

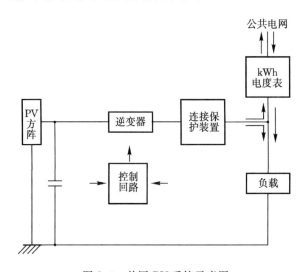

图 8.4　并网 PV 系统示意图

用于 PV 发电系统的连接保护装置应具备下列功能。

① 具备从系统逆变器输出的电力与公共电网输送电力的质量相匹配,频率、电压、相位等基本性质由逆变控制电路自动调整。另外,一定要去除逆变器输出中所含高次谐波成分。高次谐波滤波器对地并联连接,防止向公共电网注入高次谐波。如果高次谐波成分叠加在公共电网上,由于感应将影响通讯,产生杂音,或因使用这种电力,发生负载机器不能正常工作等问题。

② 保护装置　有两点含意:一是根据在公共电网上产生的电涌现象,要设置保护 PV 发电系统的装置,例如:用于雷产生的浪涌电流的保护或者因输电线的故障而产生的浪涌的保护。二是要具备公共电网与 PV 发电系统分离的装置,防止维护公共电网时发生危险。PV 发电系统反馈于输电线上不规律的电力,将给管理造成一定的困难。安装避雷针等对防雷是行之有效的方法。但是,作为一般保护装置,需要在与公共电网之间安装电流断路器、保护继电器或利用电网的电力操纵的开关(当电网断路,开关即断开)等。

③ 计量装置　计量 PV 发电系统输送给公共电网的电量、负载用电量、公共电网供电量。当 PV 发电系统的输出并入公共电网系统时,一般会享受政府补贴,有些国家为鼓励使用 PV 发电,对其发电给予相当高的补贴。而使用公共电网的电量仍按常规收费。这样就要计量装置是双向的或者采用两个计量装置。

8.3　PV 系统设计

PV 应用近年发展速度很快,PV 系统设计也随之发生了变化,一般分为应用系统设计和电站设计。PV 应用系统指具体实例,如 PV 通讯电源、PV 微波中继站、PV 泵水等。它们与电站的区别在于负载相对固定,用户提出确切的负载要求,设计人员据此进行设计。PV 电站指 PV 发电系统规模较大,针对某些场所建立的,如为一个乡镇、村落提供电力等。这些场所负载并不固定,可能还是不断变化的,但供电范围基本确定。PV 应用系统与 PV 电站目标对象存在差异,两者设计准则也不同。

8.3.1　应用系统设计

一般微型 PV 应用发电系统多为图 8.1(a)形式,它是最基本的形式。而图8.5所示系统是在此基础上增加了逆变、调节、控制和其他辅助设备。PV 应用发电系统按图 8.5 形式进行设计。

PV 方阵捕获的光能受太阳位置、辐射光谱、相对大气光学质量、安装场所地理位置、气候和气象、地形地物等的影响,其能量在一日、一月和一年内都有大的变

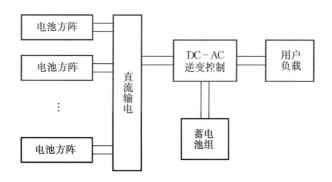

图 8.5　PV 应用发电系统框图

化。甚至每年的年总辐射量也有差别。

　　PV 方阵的光-电转换效率,受硅电池自身温度、辐照度、蓄电池电压浮动的影响,这三者在一日内也是变化的。

　　蓄电池组工作在浮充电状态,其电压随方阵发电量和负载用电量的变化而变化。蓄电池提供的能量还受环境温度影响。

　　逆变、控制装置是由电子线路组成,其效率比较固定。

　　负载用电情况,视用途而异,有些用电设备,如中继站、灯塔、障碍灯等有固定的耗电规律。有些设备如家电、水泵灌溉系统等用电量可能不断变化。

　　因此,PV 应用发电系统设计需要考虑的因素多而复杂,特点是:设计依据多为统计数据。统计数据的测量以及数据的选择是重要的。具体设计可按以下步骤进行。

1. 负载

　　首先明确发电系统要干什么? 必须了解系统负载的特性和规律。需要查明负载采用多高电压? 功耗大小? 在运行期间的变化规律,做出负载功耗变化趋势函数 $L(p,n)$ 或曲线。还要掌握负载性质,在运行期间的最大值、最小值、是否需要后备电源以及与公共电网并网与否?

2. 资源状况

　　掌握系统安装地点的纬度、经度、海拔高度、系统安装场所的气象气候数据(日照量、日照时间、气温、连阴雨天数等)。建立水平面上年太阳辐射量日变化关系和曲线——辐射函数 $Q_h(n)$。

3. 系统功率

　　(1) 太阳辐射量计算

每日 PV 方阵上可捕获的太阳入射能由第 3 章中式(3.17)可知：

$$H_{st}=H_b \frac{\cos(\varphi-s)\cdot\cos\delta\cdot\sin\omega_{st}+\dfrac{\pi}{180}\omega_{st}\cdot\sin(\varphi-s)\cdot\sin\delta}{\cos\varphi\cdot\cos\delta\cdot\sin\omega_s+\dfrac{\pi}{180}\omega_s\cdot\sin\varphi\cdot\sin\delta}+$$

$$(H-H_b)\frac{1+\cos s}{2}+H\left(\frac{1-\cos s}{2}\right)\rho$$

进一步可建立辐射量函数 $Q_s(s,n)$。

（2）系统容量确定

系统容量指的是系统峰值功率。它是指标准条件下，PV 方阵所能输出的最大功率。系统容量可用式(8.1)进行估算。

$$P_{pk}=\frac{L_m}{H_{sm}}\times\frac{1\ kW}{m^2}$$

式中，P_{pk} 为系统设计容量，kWp；L_m 为负载年平均每日所需电能，kWh/d；H_{sm} 为年均每日倾斜面单位面积上太阳辐射能，kWh/(m² d)。

PV 方阵工作温度对太阳电池组件输出电能有一定影响，可用下式表示。

$$P_0=P_{pk}[1+\alpha(t-25)] \tag{8.1}$$

式中，P_0 为实测输出功率，W；α 为太阳电池组件输出的温度系数（典型值 $-0.4\%℃$），1/℃；t 为太阳电池组件的工作温度，℃。

峰值功率 P_{pk}　一般指工作在 25℃时的值。然而，太阳电池组件的实际工作温度可能达 50℃，甚至 60℃以上。它意味在实际工况下，PV 方阵设计值应比理论值大 10%，即：

$$P_{pk25}=1.1\times\frac{L_m}{H_{sm}}\times\frac{1\ kW}{m^2}$$

如果 PV 方阵产生的电能是通过蓄电池向负载提供的，并且还需要逆变器把蓄电池的直流电能转换为交流电能，另外还有匹配损失等，则 PV 方阵的大小应按下式计算。

$$P_p=1.1\times\frac{L_m}{H_{sm}\cdot\eta_b\cdot\eta_{inv}\cdot\eta_{mat}\cdot\eta_{con}}\times\frac{1\ kW}{m^2} \tag{8.2}$$

式中，η_b 为蓄电池的充放电效率(80%)；η_{inv} 为逆变器的效率(85%～95%)；η_{mat} 为组件等的匹配效率(95%)；η_{con} 为控制器的效率(95%)。

（3）PV 方阵参数设计

由图 8.1(a)可知 PV 方阵、蓄电池组和电负载三者并联连接。蓄电池工作在浮充电状态。PV 方阵总工作电压应高于蓄电池组浮充电压。二者必须满足负载工作电压所需值。PV 方阵的工作电压与蓄电池组浮充电压之间的关系。如图

8.6(a)、(b)、(c)和(d)所示。

　　蓄电池组浮充电压用 V_f 表示。图 8.1(a)是系统方阵的输出电压未达到 V_f 值,因此不能获得充电电流。这时增加并联来提高电流是无用的。

　　图 8.6(b)显示增加串联组件的数目以获得充电电流。但串联数不足,充电电流随 V_f 变化而变化 ΔI,不能得到较稳定的充电电流。

　　如果再增加组件串联数将如图 8.6(c)所示,则充电电流与入射光辐照度成正比例关系。在浮动电压变化时,充电电流几乎保持不变。

　　若继续增加组件数,则如图 8.6(d)所示,除电流更略为稳定外,没有更多益处,因此经济性下降。

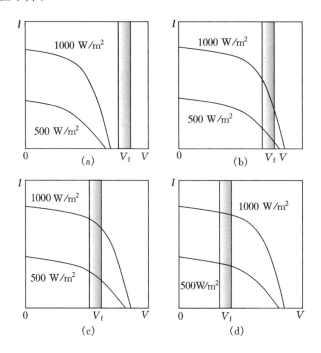

图 8.6　系统方阵工作电压与蓄电池浮充电压的关系

　　PV 方阵工作电压 V_{sys} 可用下式表示。

$$V_{sys} = V_f + V_1$$

式中,V_f 为蓄电池组的浮充电压,其数值与所选蓄电池类型有关。碱性镉镍蓄电池每个取 1.4 V,铁镍蓄电池取 1.5 V,低放电率铅酸蓄电池取 2.35 V,对采用硅胶铅酸蓄电压取 2.4～2.55 V。V_1 是电子线路损耗引起的电压降,如阻塞二极管、电缆、控制线路、接线柱等,凡是串入回路中的元器件都引起电压降。

　　• 太阳电池组件串联数 Ns 可用下式求出。

$$N_s = \frac{V_{sys}}{V_p - \Delta V_T}$$

式中,V_p 为太阳电池组件在标准条件下工作点的电压,其数值略微小于或等于最佳工作点的电压值;ΔV_T 为太阳电池组件工作温度不同于标准温度 ΔT 时,工作点电压的下降值。

ΔV_T 可由下式求得。

$$\Delta V_T = \alpha \Delta T N_s$$

式中,α 为单体太阳电池电压温度系数,其值为 $-(2.0 \sim 2.2)\ mV/℃$;ΔT 为太阳电池工作温度与标准温度差值。

· 太阳电池组件并联数可假定组件的额定电流为 I_P,设组件的并联数为 N_{sh} 可由下式得出。

$$N_{sh} = (P_{pk}/V_{sys})/I_P$$

· PV 方阵的组件总数由下式求出。

$$N = N_{sh} \times N_s$$

实际运行中的绝大部分 PV 发电系统的 PV 方阵都选用工业化批量生产的太阳电池组件,这些组件有一定的系列规格。把它们按一定要求进行排列组合构成方阵。那种为某一具体项目,从选制单体电池到设计封装组件,进而构成方阵的方式已属罕见,实不可取。由此可知,现在的 PV 方阵无论是从系统容量还是标称特性参数,其变化将是有级的,并不能任意连续变化。因此,在上面 N_{sh}、N_s 的计算中,可能出现小数位。对此处理可考虑这样的方法:对 N_s 一般采取把小数进为整数,而 N_{sh} 则要视情况而定,可进位、可舍去、还可采取换成不同 I_P 规格型号的太阳电池组件。

（4）蓄电池组容量确定

在离网型 PV 发电系统中,蓄电池的储能作用对保证连续供电是很重要的。PV 方阵的发电量在不同的月份一般存在较大的差异,在不能满足用电需要的月份,要靠蓄电池的电能给以补充;在超过用电需要的月份,又要靠蓄电池将多余的电能储存起来。所以方阵发电量不足和过剩值,是确定蓄电池容量的依据之一。

同样,连续无日照或只有很少的日照期间的负载用电也必须从蓄电池中取得。所以,这期间的耗电量也是确定蓄电池容量的主要因素之一。

蓄电池容量用 B_c 表示,可由下式计算。

$$B_c = (b_c + d_{ep} \cdot B_c + nL_{mb})d_t$$

或

$$B_c = \frac{(b_c + nL_{mb})d_t}{1 - d_{ep} \cdot d_t} \tag{8.3}$$

式中:B_c 为蓄电池的容量,Ah;b_c 为一年内方阵发电量低于负载耗电量的累积值,Ah;n 为所在场所最长的连续雨天或无日照天数;L_{mb} 为负载年平均每日所需电能,Ah/d;d_{ep} 为蓄电池组放电深度的剩余量,取值范围一般约为 10%～30%;铅酸硅胶蓄电池最低约 25%;d_t 为蓄电池的温度校正系数,1～1.1/℃。

8.3.2　系统优化

1. 实例

本节以一个实际的例子展开,进行设计并提出优化判定式。

(1) 负载

DC 电视机 1 台,功耗在 9～15 W 之间,取 12 W;录音机 1 台,约 5 W;HD 节能灯 6 盏,5 W/盏;其他负载约 5 W。所有负载均需供电电压 DC12 V,无需配逆变器。PV 系统构造为独立电源供电形式,无需后备电源。额定负载:12＋5＋6×5＋5＝52(W)。负载年变化为:冬季、春季稍高;夏季、秋季略低;在春节和夏收期间出现两次低谷(取极小值)。负载年功耗变化趋势函数 $L(p,n)$ 如图 8.7 所示。它是采集月耗额连成折线拟合成三次 B 样条曲线的,与实际情况能较好的吻合。

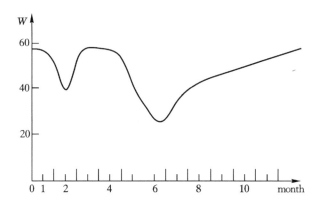

图 8.7　负载年功耗变化趋势

(2) 资源状况

地点:陕西省榆林地区神木县某乡。地理位置,经度:108°E;纬度:39°N;海拔高度:1200 m;年平均气温约 8.5℃,最高 38.9℃,最低 −28.1℃。最长连阴雨天数约 10 天(考虑 3 天)。日照辐射资源状况如表 8.3 所示。表 8.3 所列数据均采用十年实测数据的简单算术平均值;其中直射量和辐射总量是指安装场所的地球地表面在水平面上所捕获的太阳辐射量,其单位:10 kcal/m² · mon。

表 8.3　辐射量实测值

项/时	1 月	2 月	3 月	4 月	5 月	6 月
时数/月	225	216	250	244	290	300
日照率%	74	71	68	62	66	68
直射量	5080	5588	6794	7209	9167	10042
辐射总量	7454	8665	11823	13329	15822	15979
7 月	8 月	9 月	10 月	11 月	12 月	全年
289	275	228	232	217	220	2986
65	66	61	67	72	75	68
9221	8696	7424	6931	4980	4517	85649
14918	13501	11280	9868	7273	6544	136457

（3）系统功率

① 辐射量计算

由式(3.17)：

$$H_{st} = H_b \frac{\cos(\varphi - s) \cdot \cos\delta \cdot \sin\omega_{st} + \frac{\pi}{180}\omega_{st} \cdot \sin(\varphi - s) \cdot \sin\delta}{\cos\varphi \cdot \cos\delta \cdot \sin\omega_s + \frac{\pi}{180}\omega_s \cdot \sin\varphi \cdot \sin\delta}$$

$$+ (H - H_b)\frac{1 + \cos s}{2} + H\left(\frac{1 - \cos s}{2}\right)\rho$$

式中：$\varphi = 39, \rho = 0.2$（一般均可取该值）

倾斜面分别取几个典型值：$s = 30°, 39°, 45°, 51°$

月均值分别取几个插值，如上、中、下旬的中值（5 日、15 日和 25 日的 δ 及 ω_s、ω_{st}）。计算几个典型倾斜面上接受的太阳辐射总量结果由表 8.4 所示，单位：$W \cdot h/(m^2 \cdot d)$（月均）。

$$H_{sm0} = 4.345 \text{ kW} \cdot h/m^2 \cdot d \qquad H_{sm30} = 5.035 \text{ kW} \cdot h/m^2 \cdot d$$

$$H_{sm39} = 5.076 \text{ kW} \cdot h/m^2 \cdot d \qquad H_{sm45} = 5.033 \text{ kW} \cdot h/m^2 \cdot d$$

$$H_{sm51} = 4.972 \text{ kW} \cdot h/m^2 \cdot d$$

② 系统容量确定

PV 方阵容量由式(8.2)计算为 60 Wp；根据负载电压等要求，工作电压标称值 17.3 V，初选用 2 块 30 Wp 的太阳电池组件并联连接。方阵倾角按（经验）地理纬度选取 39°。

蓄电池容量由式(8.3)计算而选用标称容量为 90 Ah 的 12 V 铅酸少维护硅

胶型蓄电池。

表 8.4　典型斜面辐射总量

斜面/时	1 月	2 月	3 月	4 月	5 月	6 月
水平面	2795	3597	4433	5164	5932	6190
30°斜面	4667	5058	5228	5146	5635	5643
39°斜面	5036	5291	5269	5174	5360	5296
45°斜面	5225	5393	5240	4868	5129	5027
51°斜面	5364	5445	5176	4853	4871	4725

7 月	8 月	9 月	10 月	11 月	12 月	全年
5593	5062	4370	3700	2818	2454	4345
5186	5055	4938	5040	4510	4309	5035
4894	4870	4957	5235	4837	4698	5076
4759	4699	4955	5307	4997	4899	5033
5399	4543	4793	5331	5108	5051	4972

2. 优化

上述仅为一般性系统设计,若要进行优化处理其经济性可能会好些。下面进行优化设计。

首先,建立优化目标函数

$$P(s,P_{pk},B_c)=K_t \cdot Q_s(s,n) \cdot \eta(v,I,t)-L(p,n) \tag{8.4}$$

其次,调整变量(s,P_{pk},B_c)使得

$$P_e=\text{Optimum}\{P(s,P_{pk},B_c)\}$$

$P(s,P_{pk},B_c)$最佳的判定条件:

(1) 必要条件

① $\displaystyle\int_0^T P(s,P_{pk},B_c)\mathrm{d}n \geqslant 0$ (8.5)

② $\displaystyle\int_0^T B(v,I_t,n)\mathrm{d}I_t > 0$ (8.6)

③ $B(v,I_t,n) \not< d_{ep} \cdot B_o$ $(0,T)$ (8.7)

(2) 充分条件

① $\lambda_d < \lambda_c$ 当 $B(v,I_t,n) \geqslant B_o,n \leqslant T$ (8.8)

② $\displaystyle\sum_{\Delta n}[P(s,P_{pk},B_c)-\sigma \cdot L(p,n)] \leqslant 0$ (8.9)

③ $\int_0^T P(s, P_{pk}, B_c) dn \leqslant \Omega_p$ （8.10）

$\int_0^T B(v, I_t, n) d(I_t) \leqslant B_{ahc}$ （8.11）

（3）不平衡条件

$\Gamma \Big|_{(B(v, I_t, n) = d_{ep} \cdot B_o)} = \varepsilon \cdot T$ （8.12）

式(8.4)～(8.12)中: K_t 为综合损失系数; $\eta(v, I, t)$ 为转换效率因子; 综合考虑辐射能转换为有用的电能、存储为化学能并进而再转化成可供使用的电能; T 为系统的一个循环周期, 在此为一年; $B(v, I_t, n)$ 为蓄电池组的日期状态函数; I_t 为安时变量; B_o 为蓄电池组标称容量的安时数; λ_d 为蓄电池组过充时的连续天数; λ_c 为过充时间的限定值; σ 为负载增量系数; Ω_p, B_{ahc} 为设定值, 取决于经济性和可靠性(一个循环周期内, 能量和能量储存盈余的限止); ε 为不平衡系数, 取值范围[0, 0.01]。

在上述的判定条件中, 必要条件①是要求系统在一个循环周期(此为一年)中, 能量的输入与输出之差的总和应为正。就是输入总和大于输出总和, 这是显然的。同理, 必要条件②是对蓄电池组电流输入输出安时数的差值应为净增。而必要条件③是指蓄电池组一经启用后, 在运行的任意时刻其所剩余的容量不得低于极限值; 因为超过这个极限, 蓄电池就可能损坏或者储能能力下降, 不能正常发挥作用。显而易见, 这些性能要求对保障整个发电系统的正常运行都是必不可少的。

充分条件①表示, 系统运行的某段时间的能量盈余不可过度; 当蓄电池已不能再储存当日的能量净增值时(处于充满状态), 就要限制能量的再过剩。类似地, 充分条件②指在系统运行的任一时间段内, 所可捕获利用的辐射能量超出所能消耗的能量的数量应有一个限制。充分条件③对系统在一个循环周期中能量的总的净增加值, 设置了一个限定。一目了然, 充分条件的要求起到了物(能)尽其用, 不可浪费的作用。它对提高整个发电系统的经济性提供了数量上的支持与保证。

不平衡条件的提出与建立, 大大地提高了系统的经济性。传统概念要求系统在运行期内能始终保持正常工作; 然而由于经济性在设计中的分量现在变得较重了。因此, 除了对特别重要场合的一级负载外(此时不平衡条件式中 $\varepsilon = 0$), 对一般工业或民用的二、三级负载, 在一个运行周期内, 短时间内停止正常运行若能以较大的经济利益补偿则是可以采纳的, 实践证明也是可行的。不平衡条件式正是基于这一点提出与建立的。

最后取整(或归化)。

如前所述, 现在的系统部件大多都已批量化规模生产。无论从经济上、性能上还是质量上, 上面优化设计的结果都应按现有的规格品种, 做些适当的微调以得到可行的系统参数。

对本节实例按上述条件进行优化,得出参数为:

$$P(s, P_{pk}, B_c) = (51, 43, (12, 75))$$

即,系统方阵倾角51°,单晶硅太阳电池组件额定容量43 Wp,铅酸硅胶蓄电池标称值 12 V、75 Ah。

本文实例所述系统于 1994 年 4 月中旬进行实地安装,随即投入使用,运行情况一直良好。

3. 分析与讨论

一个系统,谋求的是整体功能效果与经济性的最佳。作为太阳能光伏动力发电系统,首先要考虑的是动力与负载这两部分协调适度的匹配。本节所述步骤与判定条件主要是以动态观点来考虑和处理问题的。它可由函数 $Q_p(s, n)$、$L(p, n)$ 和式(8.4)~式(8.12)的引入与建立而得到体现与反映。上节的系统设计作为初步设计与计算。而当负载在其运行期内为一恒定负载时,且斜面上入射的辐射能变化幅度也不大,则进行优化可能是画蛇添足吧。简而言之,必要条件对系统设置了下限限制,以保证其正常可靠地运行。充分条件,它要求的是最佳系统应极大限度的充分利用获取的能量,尽可能小的做无用功。这样,系统的经济性将具有较高的数值。不平衡条件概念的引入是重视系统的实用价值。它是近年来太阳能光伏发电系统应用实践的经验结晶。它对进一步提高系统的经济性有一定的积极作用。

从上述实例中可发现:

(1) 负载特性是一条出现二次波谷的非均衡曲线。由于 PV 发电系统迅速在农牧供水、学校和住宅等方面得到推广应用,其负载多为非均衡的。因此有必要考虑负载的不均衡性。

(2) 从表 8.4 中可知,捕获最大能量倾角是 39°倾斜面为 5076 W·h/(m² · d)(年均)。而本实例取值是 51°倾角为 4972 W·h/(m² · d)(年均);比前者减少 2%。两者的均差变化如图 8.8 所示,两曲线变化趋势虽相似,但均差变化幅度相差较大;后者通过储能设备协调能较好的与负载曲线适度匹配。

(3) 本实例的不平衡系数 $\varepsilon = 0.006$,在极端情况下一年可能出现最大连续 2 天不能正常供电。

(4) 与不进行优化处理相比,系统标称容量配制减少约 27%、储能设备的容量减少约 17%;由于设备费用占系统成本造价约 70%,因此它对降低太阳能光伏发电动力的系统总成本,提高经济性具有一定的意义。

应当指出本节选取的是一特殊的小型 PV 发电系统实例,它有两层含义:其一是其特殊性,该例负载变化较大,对于负载变化不是太大的系统,效果将受到影响。其二是容量小,虽然本例降低成本百分比可观,但由于系统容量较小,使其降低的

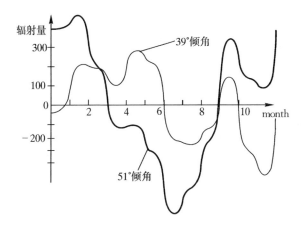

图 8.8　两斜面均差变化对比曲线

绝对值并不很大。但是,对于中型、大型的 PV 发电系统会充分显示出其效果。

4. 结论

综上所述可得出如下结论:

(1) 本节所述方法适合于非均衡负载系统;其效果随变化幅度和容量大小而增减。

(2) 必要条件式对系统配备设置了下限限制,保证了系统的可靠性;充分条件则对系统配备设置了上限限制,保证了系统高效的运行。

(3) 不平衡条件式可提高二级以下负载系统的经济性。

8.3.3　PV 电站设计

PV 电站设计分离网型和并网型。由于离网型 PV 电站需要配置蓄电池组,而并网型 PV 电站则可省略蓄电池组,两者在设计上存在一定差异。

1. 离网型 PV 电站

离网型 PV 电站设计大体可分以下步骤。

(1) 电力需求量

电力需求量一般应根据电站所在地的当前电力基本需求、未来一定时期内发展规划、PV 电站建设投资额度、经济发展状况等因素确定。

(2) 辐射资源

获取 PV 电站建设地太阳辐射资源按年的日分布数据或规律和相关地理气象资料。计算在电站安装场所太阳电池方阵的最佳倾角、方阵单位面积上的年太阳辐照总量和日平均辐照量。

（3）PV 电站容量与参数

① PV 电站容量　它是指在标准工况下，PV 电站的最大输出功率。它要根据电力需求量和辐射数据考虑 PV 方阵匹配损失、控制逆变效率、蓄电池组充放电效率、线路损失和环境等因素，设计计算 PV 电站的额定功率或容量。一般要取整数，如：$n \times 10$ kWp，$n \times 10^2$ kWp，n MWp。

② 输出电压　PV 电站输出电压主要考虑输电半径和电站容量进行选择。PV 电站输出电压一般对于较小容量者采用～220 V，对于中型或大型电站可采用～380 V 或更高电压。电压愈高输送电损失愈小。但一般用电负荷多采用～220 V，所以要考虑变压因素。

③ 蓄电池组

容量　一般应按日耗不超过额定容量 30% 浅放电和保障连阴雨供电天数设定，大多以后者为准。

电压　蓄电池组的输出电压要与 PV 方阵最佳工作电压相匹配；蓄电池组的输出电压比 PV 方阵的最佳工作电压低一定数值，使得 PV 方阵运行在最大输出电能状态下。

④ PV 方阵电压

PV 方阵提供的是直流电能，其输出电压亦为直流。电压值的选择主要考虑电站容量或功率。因为组成方阵的单元是选用工业规模化生产的组件，它们有一定标称数值。对于小型电站可选用 4 块 PV 组件（36 片装）为 1 组进行串联连接。对于中型、大型电站可选用 8 块、16 块甚或更多块 PV 组件。若选 72 片装组件则可减半。

（4）输送

PV 电站发出的电力要输送到用户。一般要使输送半径小些为宜，减少线路损耗。因此，一般可采用多路送电。

2. 并网型 PV 电站设计

（1）PV 电站容量

目前并网型 PV 电站的投资与建设受国家政策法规影响较大。PV 电站容量一般可根据建设规模的规模效益和投资回报情况综合考虑确定，并受投资额度等一系列非技术因素影响较大。常可选择 1 MWp、2 MWp、5 MWp、10 MWp、$n \times$ 10 MWp 等规模。

（2）PV 方阵设计

并网型 PV 电站，一般只要求 PV 方阵年发电量最大。对于固定倾角的 PV 方阵根据 PV 电站建设地太阳辐射资源按年的日分布数据或规律和相关地理气象求出其最佳倾角值。

(3) 并网逆变器

一般均选配良好的、定型的、批量化生产的并网逆变器。

除此而外,并网 PV 电站还应配置控制器、最大功率跟踪器、继电保护、监控等一系列装置。安装规程参阅《并网型太阳能光伏发电系统》。

8.4　系统方阵及其安装与维护

太阳电池方阵常称作系统方阵。如前所述系统方阵是将太阳辐射能直接转换成直流电能的,可以认为它是整个系统的动力源。也就是整个系统运行的第一步,它的状态合适与否对后续工作至关重要。一般来说要求它应有足够的输出电压和输出能量。

近年来使用的太阳电池系统方阵一般已不再直接由单体太阳电池拼合而成;而是由用这些单体电池经串、并联、封装等构成的太阳电池组件作为最小单元,将这些组件按一定方式连接构成方阵阵列。对稍大些的方阵还可将其分为几个子方阵。

系统方阵容量的确定在有关章节中作论述,在此仅介绍系统方阵的跟踪(它不同于最大功率点的跟踪)。在系统方阵容量一定的情况下,人们希望通过调节系统方阵使其能较多的捕获太阳辐射能以产生较大的输出。这种调节常常称之为跟踪。所谓跟踪就是系统方阵的方位角和倾斜角可调节。跟踪的方法很多,依系统方阵的要求和装置环境的不同而不同。如人工手动跟踪,机械跟踪,自动跟踪(光差传感,电子控制)等。这些跟踪又分单轴跟踪(只有东→西方向或南→北方向)与双轴跟踪(东→西,南→北两个方向)。自动跟踪的原理图如图 8.9 所示。

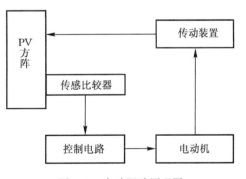

图 8.9　自动跟踪原理图

与跟踪形式相对应的是固定形式的系统方阵,即把系统方阵上的太阳电池组件固定在一年内的最合适的方位角和倾斜角的位置上。介于两者之间的是一种称之为半固定式或称为倾角可调式系统方阵的安装形式。它是根据需要一年可调整几次系统方阵的倾斜角。

为降低太阳电池发电的价格,另一有效途径是考虑使太阳电池在高密度的太阳光下工作,以提高系统方阵的输出功率。为此就要采用聚光装置。采用什么方式的聚光器构成发电系统最经济,最终应从综合分析的基础上做出判断和决定。一般说,辐照度越强,电池有效利用率越高。但电池内部串联电阻的影响变大,为降低串联电阻,势必使电池价格提高,电池的发热量变大等产生一系列新的问题。所以,用聚光装置发电的价格,起初会随着聚光比的增加,价格降低,在某个聚光比的条件下,价格达到最低;但辐照度再提高,随辐照度的增加,价格反而变高。

　　在考虑某地的太阳光发电是采用平板型的,还是采用聚光型的,是采用固定式的,还是采用跟踪式的,必须考虑安装地点的气象条件和使用太阳电池的成本,以及哪一种的效率更高和更经济。在美国,聚光型和平板型的跟踪方式都在进一步开发,在日本是以平板型固定式为主。其原因是,在美国水平面上的日照中,直射光占据的比例大,跟踪方式可以增加每年的发电量。而在日本散射光的比例大,跟踪方式的优点并不明显。况且聚光型的成本较高,使系统可靠性降低,还必须经常保养。我国幅员辽阔,经纬跨度大,气象条件、气候类型差别各异,采取何种形式的系统方阵,要视具体情况而定。如果条件许可,可考虑采用可调式平板型安装形式的太阳电池系统方阵,其成本增加甚微,操作简易,可按耗能高峰期设置,效果较满意。

　　关于太阳电池系统方阵的安装、使用、维护和保养,应考虑下列几点:

　　① 太阳电池系统方阵应安装在周围没有高大建筑物、树木、电杆等遮挡太阳光的处所,以便最充分地接收太阳的光能。我国地处北半球,方阵的采光面应面向南放置。

　　② 建议随季节的变化调整方阵与地面的夹角,以便方阵更充分地接收太阳光,减少光能的损耗。

　　③ 太阳电池方阵在安装和使用中,都要轻拿轻放,严禁碰撞、敲击,以免损坏封装玻璃,影响性能,缩短寿命。

　　④ 遇有大风、暴雨、冰雹、大雪、地震等情况,应采取措施,对太阳电池方阵加以防护,以免遭受损坏。

　　⑤ 应保持太阳电池方阵采光面的清洁,如积有灰尘,应先用清水冲洗,然后再用干净的纱布将水迹轻轻擦干,切勿用硬物或腐蚀性溶剂冲洗、擦拭。

　　⑥ 太阳电池方阵的输出引线带有电源"＋"、"－"极性的标志,使用时应加注意,切勿接反。

　　⑦ 太阳电池方阵与蓄电池匹配使用时,方阵应串联阻塞二极管,然后再与蓄电池组并联连接。

　　⑧ 与太阳电池方阵匹配使用的蓄电池,应严格按照蓄电池的使用维护方法使用。

　　⑨ 带有向日跟踪装置的太阳电池方阵,应经常检查维护跟踪装置,以保证其

工作正常。

⑩ 太阳电池方阵的光电参数,在使用中应不定期的按照有关方法进行检测,如发现存在问题,应及时加以解决,以确保方阵不间断地正常供电。

8.5　系统经济分析

1. 动态经济评价

以通用的经济评价方法来计算年投资成本或单位产值成本,采用这种方法进行计算,所取得的数字具有局限性,因为不包括生态学与社会经济学的影响,也不含国家各经济目标的影响。

动态经济评价方法是对某工程起始之后的补充投资以及不同时期的收入与支出都作考虑。如果某项工程(系统)启动(安装)以后还要追加投资的话,就意味着系统成本的初期投资要打折扣;对所研究的系统来说,初投资的成本数额较大,以后需要更换蓄电池等,补充投资随时都是需要的。

假定市场利率为 P,通货膨胀为 a,可算出实际利率 i,而由 i 则可推算出物价上涨因素。折算的系数是:

$$q = \frac{a}{e} \tag{8.13}$$

式中,$q = 1 + \frac{i}{100}$; $a = 1 + \frac{P}{100}$; $e = 1 + \frac{a}{100}$。

2. 年投资成本

在本分析中不包含收入项,重点放在年投资成本方面(A_k),其计算公式如下:

$$A_k = \sum_{t=1}^{T} \left[(K_0 \cdot q^{-t}) \mathrm{RF}(i,t) \right] + (1-L)\mathrm{RF}(i,t) + \mathrm{Li} \tag{8.14}$$

式中:A_k 为年投资成本;T 为使用寿命;$\sum$ 为总和;$t=1$ 为项目启动后的时间或每年;K_0 为运行成本;q^{-t} 为折算系数 $(1+i/100)-t$;i 为利率;t 为支付时间;RF 为校正系数,$\mathrm{RF}(i,t) = q\dfrac{t \cdot (q-1)}{q^t - 1}$;1 为投资成本;$L$ 为使用期未的结束发电量。

8.6　系统部件

如前所述,光伏发电系统有着其自身的特点。在系统构成中,无论是对联网的大系统还是独立使用的中、小系统,有一些部件属专为其设计制做的。这些专用部件由于其使用的特殊性,五花八门种类繁多,目前尚未制订标准要求。下面仅对家用太阳能光伏电源系统中一些常见的部件作一简单介绍。

1. 控制器

控制器的作用主要是:对蓄电池的充电和放电实施控制,以防止蓄电池过充电或过放电而影响寿命与系统正常工作。一般还应有防止反充电和过电流保护等功能。

图 8.10 是较早使用的一种全自动控制器的线路图。该控制器除有防反冲和运行状态显示功能外,它还具有欠压或过放电时自动断开负载电路只能进行充电且再充电到一定程度后自动接通负载电路的功能。该控制器 1988 年至 1989 年曾在陕西宜川等地实用。

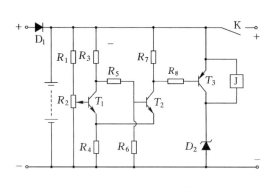

图 8.10　控制器电路

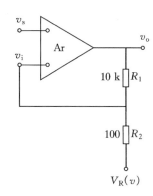

图 8.11　施密特触发器电路

显然,当蓄电池到一定电压值时要自动切断负载而再充电到另一电压值时自动恢复供电功能;这两个电压值必须是不能相同的,否则无法工作。唯此,就形成一个电压差;而利用施密特触发电路实现这一目的,可谓是恰到好处。图 8.11 是典型的施密特触发器电路。对此电路作一分析:

设　　　　　$V_o^+ = -V_o^- = 5$ V;当输入电压 $v_s < v_1$ 时,

$$v_o = V_o^+ = +5 \text{ V},$$

根据叠加原理,可以由图 8.11 求得同相端电压 V_1 为

$$v_1 = V_1 = \frac{R_1 V_R}{R_1 + R_2} + \frac{R_2 V_o^+}{R_1 + R_2} \tag{8.15}$$

现在假设 v_s 从零逐渐增大一直到 $v_s = V_1$ 以前,v_o 始终保持 $V_o^+ = 5$ V,而 v_1 值不变,只有到 v_s 略大于 V_1 时,才迫使 v_o 从 $V_o^+ = 5$ V 翻转到 $V_o^- = -5$ V。只要 $v_s > V_1$,v_o 将一直保持 -5 V。其传输特性如图 8.12(a)所示。

当 $v_s > V_1$ 时,由于 v_o 翻转到 $V_o^- = -5$ V,运放同相端电位将变成

$$v_1 = V_1' = \frac{R_1 V_R}{R_1 + R_2} + \frac{R_2 V_o^-}{R_1 + R_2} \tag{8.16}$$

现在如果减小 v_s 一直到 $v_s = V_1'$ 以前，v_o 将始终保持 $V_o^- = -5\,V$，只有当 v_s 略小于 V_1' 时，V_o 才由 $-5\,V$ 跳变到 $+5\,V$。其传输特性如图 8.12(b) 所示。

把图 8.12(a) 和 (b) 的传输特性合在一起，就构成了如图 8.12(c) 所示的合成传输特性。根据图 8.11 所示参数及 $V_o = \pm5\,V$ 可求出

$$V_1 = 1.04\,V$$
$$V_1' = 0.94\,V$$

可见 $V_1 > V_1'$，V_1 称为上限触发电平，V_1' 称为下限触发电平。它们之间的差值 V_H 可由式(8.15)及式(8.16)求得(注意 $V_o^+ = -V_o^-$)

$$V_H = V_1 - V_1' = \frac{2R_2 V_o^+}{R_1 + R_2} = 0.1\,V$$

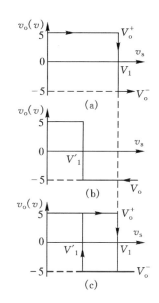

图 8.12　施密特触发器的传输特性

V_H 称为施密特触发器的回差电压，光伏家用自动控制器正是要利用它的这一重要特点。

从光伏家用自动控制器的电路图 8.10 可知，它正是利用"回差"这一特性工作的。

这种控制器很简单，其优点上面已叙述。但它同时存在着一个缺点，就是执行动作机构继电器 J 容易产生振荡，以造成负载电路不停的通断交替。造成的原因大致有二：

① 蓄电池内阻形成的其电动势与端电压的差；

② 电子元件的温差所引起的"零点漂移"。

另一方面，因为该控制器是自动的(无手动功能)，一但出现振荡等故障，使用者便束手无策。这种控制器似乎并不十分适合于光伏家用系统。实践证明情况确实如此。

图 8.13 是近年使用的一种控制器的线路图。它采用工作电压显示、工作状态指示和异常警告而用手动控制开关以断开或接通负载。

近年光伏发电系统的应用发展迅速，尤其是小系统在我国推广相当快。对于设计小系统的控制器一般应考虑的因素有：防止反向充电、额定电压、额定电流、最高电压与最大电流、过充过放点的设定、电压电流的显示与指示、保护的方式、可靠性与稳定性及其寿命等。控制器的成本也是要考虑的重要问题之一。

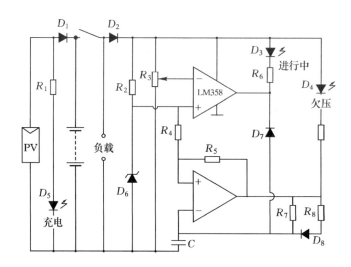

图 8.13　手动控制器电路图

2. 逆变器

太阳电池方阵所发出的电都是直流电,而大多数用电负载均需交流电能,为解决这一矛盾,直流/交流(DC/AC)逆变器应运而生。逆变器的基本功能是将来自蓄电池的直流电转换成交流电以便向交流负载提供电能。由于负载性质不同,逆变器的种类也较多。有:工频、中频、高频、方波或正弦波等逆变器之分。图 8.14是西安交通大学研制的 300 W 工频方波逆变器的原理图。

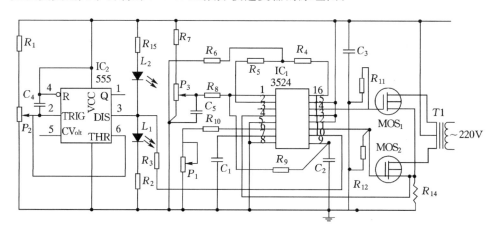

图 8.14　逆变器原理图

近几年,家用太阳能发电系统应用推广很快,有关部门对于家用太阳能发电系

统配套的逆变器进行了规范工作,提出了一些要求。在家用系统中,直流/交流逆变器必须具有以下的基本特性:

① 高效率。

② 能够承受由于用电器或感性负载在启动时的过流和高压的影响。

③ 当蓄电池输入的直流电压范围变化很大时保持稳定的交流电压输出。

④ 具有欠压保护、过流保护、短路保护、防极性反接保护。

⑤ 低噪声。

直流/交流逆变器的一般技术指标:

① 在蓄电池稳定运行时,要求逆变器的输出电压偏差不能超过额定交流 220 V 的 ±5%。

② 在输入电压变化时(额定输入电压的 85%~125%),其输出电压偏差不应超过额定值的 ±10%。

③ 逆变器的额定输出频率为工频 50 Hz,并要求在正常工作条件下其偏差不超过 5%。

④ 正弦波逆变器最大输出电压的波形失真度不应超过 ±5%。

⑤ 逆变器效率:当负荷为 10%,效率≥75%;当负荷满载时,效率≥85%。

⑥ 逆变器的过载能力:要求过载能力为 125%,并能维持 1 min。

逆变器应有如下保护功能:

① 欠电压保护:当输入蓄电池电压过低时(12 V 系统:10.5~11 V),逆变器应能保护性自动关机,以保护蓄电池。

② 过电流保护:当工作电流超过额定电流的 50% 时,逆变器应能自动保护。

③ 输出短路保护:逆变器应能在输出短路时自动保护。

④ 极性接反保护:输入直流极性接反时应能自动保护。

⑤ 逆变器的起动特性:要求在额定满负载下应能可靠地起动,并且起动平稳,起动电流小,运行稳定可靠(可增加软起动功能)。

⑥ 逆变器对噪声的要求:要求逆变器在正常工作时,其噪声不超过 65 dB。

⑦ 逆变器的可维护性:逆变器应维护简便,可维护性强。应有必要的备件,或易于买到;元器件的更换性能好;在设备的工艺结构上,应充分考虑元器件易于拆装,更换方便。

3. 照明灯

在家用太阳能发电系统中,照明灯大多采用直流灯具。所谓直流灯是指其电源为直流电源。事实上,所有这些灯具虽然接受的是直流电,而灯具自身带有 DC/AC 电路进行变换再利用。目前使用较多的灯具是直管荧光灯和双管高效节能灯,图 8.15 和图 8.16 是它们的一种电路原理图。

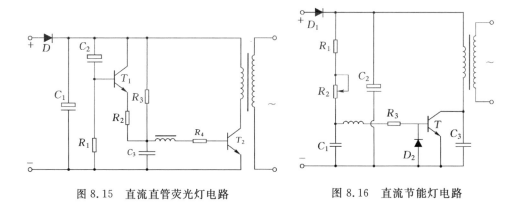

图 8.15　直流直管荧光灯电路　　　　　图 8.16　直流节能灯电路

在直流灯具中,无论是直管荧光灯还是其他形状的高效节能灯,实际应用存在比较突出的问题是灯管寿命短(容易发黑)。产生的原因可能是逆变过程中高频尖脉冲所致。

4. 标识灯

在公路交通、航运、航空等方面,为了给汽车、轮船或飞机警示信号,常常要用标识灯。在许多场所,太阳能标识灯具有较大的优越性。在无人值守场合,如,偏远少人地区、水道中的暗礁、高的建筑物等,太阳能标识灯均可便宜地实现长期全自动地工作。图 8.17 是这种灯的自动控制电路图。

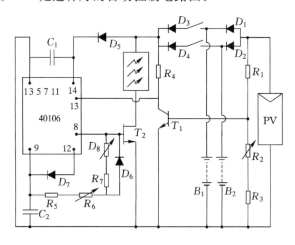

图 8.17　全自动标识灯电路图

还有一些太阳能光伏系统的专用部件,在此不一一例举。

思 考 题

1. PV 方阵采光有哪些种类?

2. PV 发电系统主要由哪些基本部件构成?

3. PV 系统设计主要有哪些步骤?

4. 系统优化的基本思路是什么?

第 9 章　光-热原理

本章主要讲述热辐射基础、传热原理、热能储存三个部分,它是太阳能光-热转换利用的基础。[46]~[50]

9.1　热辐射基础

9.1.1　电磁波与热辐射光谱

原子内部的电子受热或振动产生交替变化的电场和磁场,发出电磁波向空间传播,称之辐射。辐射是一种以光速在空间传播的电磁波能。物体向外发射辐射能是其固有特性。物体会因各种原因发射辐射能,由于自身温度或热运动原因激发产生的电磁波传播称为热辐射。热辐射主要是指在电磁波光谱中,波长 λ 从大约 $0.2\ \mu m\sim100\ \mu m$ 之间的辐射。对于地面上太阳能的利用而言,热辐射是主要成分。当物质的原子、分子或电子处于激发态时,它要自发地回到较低的能态,就以电磁辐射形式发射能量。由于这种发射是由原子和分子中的电子的转动和振动状态的改变引起的,因而发射的辐射一般分布在整个波长范围内。电磁辐射光谱分成若干波段,这些波段以及它们近似的上下限波长如图 9.1 所示。必须指出,不同名称的波段的范围及产生辐射的机理不是严格地确定的。除了波长不同之处外,这些辐射之间并没有根本的差别。它们均以光速 c 传播,其频率为 ν,并且:

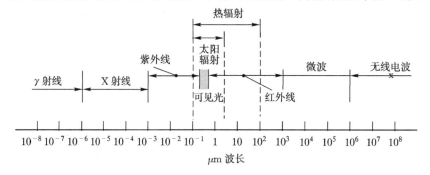

图 9.1　电磁辐射光谱

$$c = \frac{c_0}{n} = \lambda \nu$$

式中，c_0 为真空中的光速；n 为折射率。

太阳辐射能量的绝大部分的波长在 $0.15\sim4\ \mu m$ 范围（从紫外线到近红外线，其中包括可见光范围）。人眼最敏感的波长大约为 $0.5\ \mu m$（接近黄色光谱），太阳虽炽热，看起来却呈黄色。太阳能热利用的本质在于将太阳辐射能转化为热能，因而对辐射的研究显得特别重要。

单色辐射是指在波长 λ 到 $\lambda + d\lambda$ 极窄的波长范围内的辐射，相应的物理量用下标 λ 注明。而积分辐射是指从 $\lambda = 0$ 到 $\lambda = \infty$ 整个波长范围内的总辐射。

9.1.2　辐射量与单位

1. 辐射能与辐射流

辐射能 E 是辐射在数量上的度量，单位与其他形式能量的单位相同。在实用单位制中，辐射能的单位用焦耳(J)或千焦(kJ)（光伏利用多选用千瓦时 kWh）。当物体吸收辐射能并转换为其他形式能量时，如转换为分子热运动的能量，则辐射能也常用热量的单位来度量。

当建立各辐射量之间关系时，比辐射能更方便的是辐射流，即在单位时间内所传递的能量。因此传递辐射能的功率称为辐射流。按此定义，如在时间 dt 内，发射到空间辐射能为 dE，则辐射流 F 为

$$F = \frac{dE}{dt}$$

其单位为瓦(W)或千瓦(kW)。

为定性和定量了解辐射流，必须知道：辐射流随时间分布；辐射流在辐射空间内分布，即随方向的变化以及辐射流按光谱的分布。但是，对于辐射流随时间分布，因常可忽略辐射的量子不连续性，从而认为辐射传播是连续的。因此，实际上只需要研究辐射流的空间分布与光谱分布。

2. 辐射力和辐射密度

辐射流在所论方向的空间密度称为辐射力 I。设在所论方向 θ 的微元立体角 $d\omega$ 内的辐射流为 dF_θ，则在 θ 方向的辐射力为

$$I_\theta = \frac{dF_\theta}{d\omega}$$

因此，对于任何辐射体，辐射力的值不仅应指明数量，而且还应指明方向，其单位为：W/立体弧度。

为估计辐射沿表面的均匀性，引入辐射密度的概念，它是辐射流在辐射体表面

上的密度。按此定义,辐射密度 R 为辐射流 $\mathrm{d}F$ 与辐射体微元面积 $\mathrm{d}S$ 之比:

$$R = \frac{\mathrm{d}F}{\mathrm{d}S} \qquad (9.1)$$

其单位为 $\mathrm{W/m^2}$。

3. 辐射亮度

辐射密度未涉及辐射方向,因此它只能表示均匀辐射的特性。对于非均匀辐射体,引入辐射亮度的概念。

辐射体表面在垂直于所论辐射方向的平面上,单位投影面积的辐射力值称为辐射体表面的辐射亮度。按此义,在 θ 方向的辐射亮度 B_θ 可表示为

$$B_\theta = \frac{\mathrm{d}I_\theta}{\mathrm{d}S\cos\theta}$$

或 $\qquad B_\theta = \frac{\mathrm{d}^2 F_\theta}{\mathrm{d}S\cos\theta\mathrm{d}\omega} \qquad (9.2)$

其单位为 $\mathrm{W/m^2}$·立体弧度。

由亮度定义可知,对于一个辐射体表面来说,不仅不同的元面可以有不同的亮度;就是同一元面,在不同方向其亮度也可能不同。

如果辐射表面的亮度在所有方向都相同,即 B_θ 为常数,则这种表面称为理想的漫射表面,也称为兰贝特(lambertonian)式表面。太阳和用镁条或镁粉熏成的 MgO 涂层,都接近于理想的漫射表面。

对于理想的漫射表面,式(9.2)沿辐射表面的半球空间进行积分,并利用式(9.1),可求得 R 和 B 的关系如下:

$$R = \pi B$$

因此,对于均匀辐射体或漫射表面,用辐射密度或亮度都能很好估计辐射沿表面的分布特性。但对于非均匀辐射体或非漫射表面,就只能用辐射亮度来估计辐射沿表面和在空间的分布特性。

4. 受照密度

投射辐射流沿受照表面的辐射密度,称为受照密度(或照度)。按此定义,照度 Φ 为投射辐射流 $\mathrm{d}F$ 与受照面 $\mathrm{d}S_0$ 之比:

$$\Phi = \frac{\mathrm{d}F}{\mathrm{d}S_0} \qquad (9.3)$$

比较式(9.1)与式(9.3)可知,受照密度 Φ 与辐射密度 R 有类似的关系,其不同仅在于:辐射密度是沿辐射体表面 S 的辐射密度;而受照密度是投射在受照表面 S_0 上的辐射流密度。显然,两者的单位是相同的。

5. 辐射的光谱性质

任何辐射体发射的辐射流都具有光谱性质,为进一步研究辐射的光谱分布,我们引入辐射流、辐射密度、辐射力和辐射亮度诸量的光谱(或单色)强度的概念。

辐射流的光谱强度定义为在波长 λ 到 $\lambda+\mathrm{d}\lambda$ 的极小波长范围内所发射的辐射流,数学表示式为

$$\varphi(\lambda) = \frac{\mathrm{d}F_\lambda}{\mathrm{d}\lambda}$$

类似地,辐射密度的光谱强度、辐射力和辐射亮度的光谱强度分别为

$$r(\lambda) = \frac{\mathrm{d}R}{\mathrm{d}\lambda}$$

$$i(\lambda) = \frac{\mathrm{d}I}{\mathrm{d}\lambda}$$

$$b(\lambda) = \frac{\mathrm{d}B}{\mathrm{d}\lambda}$$

显然,$\varphi(\lambda)$、$r(\lambda)$、$i(\lambda)$ 和 $b(\lambda)$ 都是波长 λ 的函数。于是,辐射流 F、辐射密度 R、辐射力 I 和辐射亮度 B 可分别对波长 λ 积分求得:

$$F = \int_0^\infty \varphi(\lambda)\,\mathrm{d}\lambda$$

$$R = \int_0^\infty r(\lambda)\,\mathrm{d}\lambda$$

$$I = \int_0^\infty I(\lambda)\,\mathrm{d}\lambda$$

$$B = \int_0^\infty b(\lambda)\,\mathrm{d}\lambda$$

6. 辐射的吸收、反射和透射

所有物体与投射来的辐射能不断地互相交换着能量。根据能量守恒定律,投射在任何物体表面上的辐射流 F,一部分 F_ρ 被表面反射,另一部分 F_a 被物体吸收,而剩下的部分 F_τ 将透过物体,即

$$F = F_\rho + F_a + F_\tau$$

这三部分辐射流分别与投射在物体上的总辐射流 F 之比相应称为反射率、吸收率和透射率。它们的表示式为:

$$\rho = F_\rho/F$$
$$\alpha = F_a/F$$
$$\tau = F_\tau/F \tag{9.4}$$

显然

$$\rho + \alpha + \tau = 1 \tag{9.5}$$

对于不透明体，$\tau=0$；式(9.4)可简化为

$$\rho+\alpha=1 \tag{9.6}$$

如果考虑投射辐射的光谱组成，则相应的光谱（或单色）项 ρ_λ、α_λ 和 τ_λ 分别为

$$\rho_\lambda=(F_\rho)_\lambda/F_\lambda$$

$$\alpha_\lambda=(F_a)_\lambda/F_\lambda$$

$$\tau_\lambda=(F_\tau)_\lambda/F_\lambda$$

式中，F_λ 为投射在物体上的单色辐射流；$(F_\rho)_\lambda$、$(F_a)_\lambda$ 和 $(F_\tau)_\lambda$ 为分别被物体反射、吸收和透射的单色辐射流，类似于式(9.5)和(9.6)，有

$$\rho_\lambda+\alpha_\lambda+\tau_\lambda=1 \tag{9.5}$$

和对于不透明体；

$$\rho_\lambda+\alpha_\lambda=1 \tag{9.6}$$

9.1.3　黑体与黑体辐射定律

1. 黑体

如果一物体对投射辐射，无论其波长是多长，无论其入射方向如何，均全部吸收或不反射、不透射，则称该物体为黑体。黑体是辐射的完全吸收体，它是一个理想的概念，因为所有实际的物质均反射和透过某些辐射。

虽然在自然界并不存在真正的黑体，但某些材料接近于黑体。例如，一层厚的碳黑能吸收所投射热辐射的 99%，正是由于它没有反射辐射，因此称之为黑体。人的眼睛能看到黑体，因为它呈黑色。然而人的眼睛不是一种鉴别材料吸收辐射能力的良好指示器，因为人眼只对热辐射波长范围中的一小部分是敏感的。白漆对可见光是良好的反射体，但对红外辐射则是良好的吸收体。黑体也是一热辐射完全发射体。实际上，黑体也可定义为能发射最大可能的辐射的物体。这可以用一个简单设想的实验来说明：若一个物体是辐射的完全发射体，则它必定也是辐射的完全吸收体。假设将一块很小的黑体和一块很小的实际物体置于一个很大的抽真空的包壳内，包壳是黑体材料做成的。倘若包壳与外界是隔热的，那末黑体、实际物体和包壳总会在某一时间达到同一个平衡温度。按定义，此刻黑体必定吸收所有的投射在它上面的辐射，同时，为了保持温度不变，它也必须发射相同数量的能量。在包壳内的实际物体吸收的投射辐射必定比黑体的要少，它所发射的能量也比黑体的少。这说明一个黑体既能最大限度地发射辐射又能最大限度地吸收辐射。

黑体辐射主要有兰贝特定律、普朗克分布定律、维恩位移、斯蒂芬-玻耳兹曼定律等。

2. 兰贝特定律

兰贝特定律是描述黑体发射辐射流在空间分布的规律。因此,该定律对于计算物体表面之间辐射换热和热辐射性质测量是重要的。

兰贝特定律表面在各个方向的亮度 B_θ 为常数,亦即一个辐射表面的亮度与观察角无关如图 9.2 所示。因为可见面积随观察角 θ 的余弦变化,所以其辐射流 F_θ 应为法向辐射流 F_n 的 $\cos\theta$ 倍,即

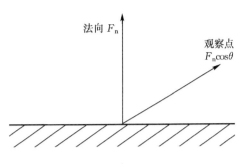

图 9.2　辐射表面亮度与观察角关系

$$F_\theta = F_n \cos\theta \tag{9.7}$$

此式就是兰贝特定律或兰贝特余弦定律。

由式(9.7),总的半球向发射的辐射流为法向的 π 倍。

一般地讲,对于一个表面的辐射模型,兰贝特定律是十分近似的。如果一个表面严格遵循兰贝特定律,则相对于此表面任何一个角度上所测得的辐射流,都可用来计算其总的球向辐射流。

3. 普朗克分布定律

普朗克根据电磁波的量子理论,揭示了真空中黑体在半球方向光谱辐射密度与波长及温度的关系。数学表示式为:

$$r_b(\lambda T) \equiv (r_{b,\lambda})_T$$
$$= C_1 \lambda^{-5} (e^{\frac{C_2}{\lambda T}} - 1)^{-1} \tag{9.8}$$

式中,$r_b(\lambda T)$ 为在 λT 下,黑体在半球方向发射的光谱辐射密度,单位:$W/m^2 \cdot \mu m$;C_1 为常数,3.7413×10^8 $W \cdot \mu m^4/m^2$;C_2 为常数,1.4388×10^4 $\mu m \cdot K$。

根据式(9.8)对于黑体在几种温度下 $r_{b,\lambda}$ 随 λ 的变化关系如图 9.3 所示。

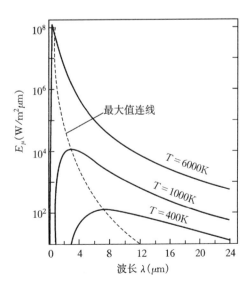

图 9.3　黑体的 $r_{b,\lambda}$ 随 λ 和 T 的变化关系

图 9.3 表明,黑体辐射能力的波谱是连续,对任一波长来说,温度愈高,单色辐射能力愈强,同时单色辐射能力的峰值移向短波区域。曲线还表明,只有当黑体绝对温度大于 800 K 时,其辐射能中才明显地具有被人眼所见的可见光射线。随着温度升向,可见光线增加。当温度约为 6000 K 时,$r_{b,\lambda}$ 的峰值才位于可见光范围。根据计算,太阳所发射的辐射能中,47% 左右在可见光范围内。

4. 维恩位移定律

黑体发射的最大光谱辐射密度所对应的波长,常常是所需要考虑的问题之一。对式(9.8)求极值(将普朗克分布对波长微分,并令其等于零),可导出能量分布的最大值所对应的波长,此即维恩位移定律:

$$\lambda_{\max} T = 2897.8 \ \mu\mathrm{m} \cdot \mathrm{K} \tag{9.9}$$

此式表明:最大光谱辐射密度下的波长,随温度的升高,向较短的波长方向移动。利用式(9.9)可方便地求得给定温度下相应最大辐射强度的波长。

5. 斯蒂芬-玻耳兹曼定律

普朗克定律给出了黑体辐射的光谱分布,而在工程计算中更感兴趣的是在整个波长范围内的辐射密度,其数学表达式可以根据普朗克定律,式(9.8)积分导出。

如令 $x = C_2/(\lambda T)$,则式(9.8)可改写为:

$$r_b(\lambda T) = \frac{C_1 T^5}{C_2^5} \frac{x^5}{\mathrm{e}^x - 1} \tag{9.10}$$

使式(9.10)在波长从 0 到 ∞ 范围内积分,即可得到黑体辐射密度 R_b 的表达式

$$R_b = \int_0^\infty r_b(\lambda T) \mathrm{d}\lambda = \frac{C_1 T^4}{C_2^4} \int_0^\infty \frac{x^3}{\mathrm{e}^x - 1} \mathrm{d}x \tag{9.11}$$

式中 $(\mathrm{e}^x - 1)^{-1}$ 可分解为级数:

$$(\mathrm{e}^x - 1)^{-1} = \mathrm{e}^{-x} + \mathrm{e}^{-2x} + \mathrm{e}^{-3x} + \cdots + \mathrm{e}^{-nx}$$

这样

$$\int_0^\infty \frac{x^3}{\mathrm{e}^x - 1} \mathrm{d}x = \int_0^\infty \mathrm{e}^{-x} x^3 \mathrm{d}x + \int_0^\infty \mathrm{e}^{-2x} x^3 \mathrm{d}x + \cdots \approx \frac{\pi^4}{15}$$

故

$$R_b = \sigma T^4 \tag{9.12}$$

式中,$\sigma = \dfrac{\pi^4}{15} \dfrac{C_1}{C_2^4} = 5.669 \times 10^{-8} \ \mathrm{W/m^2 \cdot K^4}$

式(9.12)就是著名的斯蒂芬-玻耳兹曼定律。该式表明:黑体的辐射能力与其绝对温度的四次方成正比,σ 为黑体的辐射常数。只要温度超过绝对零度,黑体就有辐射的能力,而且当温度不同时,辐射能力会有明显的差别。

6. 普朗克函数表的应用

在实际应用中,有时需要知道在某段光谱范围内的辐射密度。对于黑体在 0 到 λ 波长范围内发射的辐射密度,可用式(9.8)在 0 到 λ 波长区内积分得到,即

$$R_{b,0-\lambda} = \int_0^\lambda r_b \, d\lambda = C_1 \int_0^\lambda \lambda^{-5} (e^{\frac{C_2}{\lambda T}} - 1)^{-1} \, d\lambda \tag{9.13}$$

或用式(9.11)在 0 到 λ 波长区内积分

$$R_{b,0-\lambda} = \frac{C_1 T^4}{C_2^4} \int_{C_2/(\lambda T)}^\infty \frac{\left(\frac{C_2}{\lambda T}\right)^3}{e^{C_2/(\lambda T)} - 1} \, d\left(\frac{C_2}{\lambda T}\right) \tag{9.13}'$$

注意,当 $\lambda = 0$ 时,积分限 $C_2/(\lambda T)$ 等于 ∞。

使式(9.13)'除以式(9.12)得到

$$\frac{R_{b,0-\lambda}}{R_{b,0-\infty}} = f = \frac{15}{\pi^4} \int_{C_2/(\lambda T)}^\infty \frac{\left(\frac{C_2}{\lambda T}\right)^3}{e^{C_2/(\lambda T)} - 1} \, d\left(\frac{C_2}{\lambda T}\right) \tag{9.14}$$

故 $\qquad R_{b,0-\lambda} = f R_{b,0-\infty} = f \sigma T^4 \tag{9.15}$

上式表示黑体在温度 T 下,在半球方向和在 0 到 λ 的波长区域内所发射的辐射密度。

根据式(9.14),对一系列 λT 值,相应计算得到的 f 值,便可得到普朗克函数表。利用该表和式(9.15)就可方便地求得 $R_{b,0-\lambda}$。

黑体在温度 T 下、在 λ_a 到 λ_b 波长区内、在半球方向发射的辐射密度为

$$R_{b,0-\lambda} = C_1 \int_{\lambda_a}^{\lambda_b} \lambda^{-5} (e^{C_2/(\lambda T)} - 1)^{-1} \, d\lambda$$

$$= (f_a - f_b) \sigma T^4$$

例 利用普朗克函数表求太阳辐射(认为是 6000 K 的黑体辐射)中紫外($0 \sim 0.38 \ \mu m$)、可见($0.38 \sim 0.78 \ \mu m$)和红外($0.78 \sim \infty \ \mu m$)三部分辐射密度所占的百分数。

对于 $\lambda = 0.38 \ \mu m$, $\lambda T = 0.38 \times 6000 = 2280 \ \mu mK$,
由表(插值)查得 $f = 0.11613$;

对于 $\lambda = 0.78 \ \mu m$, $\lambda T = 0.78 \times 6000 = 4680 \ \mu mK$,
由表(插值)查得 $f = 0.59078$;

对于 $\lambda = \infty$, $\lambda T = \infty \times 6000 = \infty$,
由表查得 $f = 1$。

因此,在太阳辐射中,紫外、可见和红外区中的辐射密度所占总辐射密度的百分比分别为:

紫外 7%

可见 47.3%

红外 45.7%

9.1.4 发射率与太阳吸收率

1. 发射率

对于非黑体,上述所提到的一些概念和定律是不能直接使用的。当引入发射率的概念后,就可很方便地解决非黑体的热辐射计算。

如非黑体表面所发射的辐射密度为

$$R(T) = \varepsilon \sigma T^4 = \varepsilon R_b(T) \tag{9.16}$$

则

$$\varepsilon = \frac{R(T)}{R_b(T)} = f(T) \tag{9.16'}$$

显然,发射率 ε 为非黑体表面发射的辐射密度与同温度下黑体表面发射的辐射密度之比。因为非黑体发射的辐射密度总比黑体发射的小,故 ε 恒小于 1。这里的辐射密度是指在半球方向发射的总的辐射密度,因此式(9.16)′中的发射率 ε 称为半球向发射率。

同样可定义单色发射率 ε_λ,它是非黑体表面发射的光谱辐射密度与同温度和同波长下黑体表面发射的光谱辐射密度之比,即

$$\varepsilon_\lambda = \frac{r(\lambda, T)}{r_b(\lambda, T)} \tag{9.17}$$

同理,ε_λ 也应小于 1,也是对半球向发射的辐射而言。

ε 与 ε_λ 之间的关系可根据它们的定义来关联,即利用式(9.16)′和式(9.17)有

$$\varepsilon_\lambda = \frac{\int_0^\infty \varepsilon_\lambda r_b(\lambda, T)\,d\lambda}{\int_0^\infty r_b(\lambda, T)\,d\lambda} \tag{9.18}$$

如果物体表面的 ε_λ 随波长变化已知,可按式(9.18)求得给定温度下的 ε_λ。

在涉及所论方向非黑体辐射时,引入定向发射率 ε_θ,它是非黑体表面在所论方向的辐射亮度 B_θ 与黑体表面的辐射亮度 B_b 之比,即

$$\varepsilon_\theta = B_\theta / B_b$$

显然,ε_θ 是一角度函数。当物体表面的辐射遵守兰贝特余弦定律,即是理想漫射表面时,则 B_θ 与方向无关,相应 ε_θ 也与方向无关,并等于半球向发射率 ε。实际上,所有材料表面的 ε_θ 都与方向有关。

2. 太阳吸收率

前文已述,单色吸收率 α_λ 是物体表面的物性,总吸收率 α 与辐射源的光谱分布有关。

在太阳能利用中,采光表面对太阳辐射的吸收率是很重要的性能。如太阳辐射密度的光谱强度分布已知,则总太阳吸收率 α_S 可按单色吸收率 α_λ 求得

$$\theta_S = \frac{\int_0^\infty \alpha_\lambda S_\lambda \, d\lambda}{\int_0^\infty S_\lambda \, d\lambda} \tag{9.19}$$

式中,S_λ 为太阳的光谱辐射密度。

对于不透明体,则 ρ_S 或 ρ_λ 可利用式(9.6)和式(9.6)$'$求得 α_S 或 α_λ。已知 α_λ 后,可按式(9.19)求得 α_S。

应当指出,α_S 或 α_λ 还与投射辐射的方向有关。因此应指明是定向照射还是半球向照射。

3. 基尔霍夫定律

1860 年基尔霍夫根据热力学第二定律导出关于物体表面吸收率与发射率之间的关系,称为基尔霍夫定律。该定律叙述为:对于给定的温度和波长,所有表面的发射率与吸收率之比是相同的,且与黑体的相同。这意味着,在一个封闭的等温系统中,没有净传热;同时也意味着,具有低吸收率的表面必定也具有低的发射率和高的反射率(在等温系统中)。为满足这种条件,可用下式表示:

$$\alpha_{\lambda,T} = \varepsilon_{\lambda,T} = 1 - \rho_{\lambda,T} \tag{9.20}$$

必须指出,$\alpha_{\lambda,T}$ 不是物体特性。既然这个等式是在热平衡条件下推导出来的,那么若投射辐射来自一个温度不同的热源,该式不成立。这种差别对于太阳集热器的性能是十分重要的。

为充分说明式(9.20)的意义,可用限制条件加以说明,即:

$$\alpha_{\lambda_1,T_1} \neq \varepsilon_{\lambda_2,T_1} \quad (\lambda_1 \neq \lambda_2)$$

例如,白漆对太阳辐射的吸收率为 0.2(在 $0.3 \sim 2.5 \ \mu m$),而本身的发射率(在室温下)却为 0.9。

另一个限制条件是:

$$\alpha_{\lambda_1,T_1} \neq \alpha_{\lambda_1,T_2} \quad (T_1 \neq T_2)$$

许多材料在给定波长下的吸收率,随温度的变化颇为缓慢,但对于一个相当大的温度范围,温度的影响可能是可观的。而当发生热力学变化时,就更为重要。例如,在超导状态下,金属可以是一个完全反射体,但在 1000 K 时其吸收率可为0.4。表 9.1 给出了一些材料的辐射性质。

表 9.1 辐射性质

材料		发射率/温度 K			吸收率[#]
纯铝	H[*]	0.102/573	0.130/773	0.113/873	0.09～0.10
阳极氧化铝	H	0.842/296	0.720/484	0.669/574	0.12～0.16
有 SiO 涂层的铝	H	0.336/263	0.384/293	0.378/324	0.11
碳黑—丙烯酸粘合剂	H	0.830/278			0.94
铬	N	0.290/722	0.355/905	0.435/1072	0.415
抛光铜	H	0.041/338	0.036/463	0.039/803	0.35
金	H	0.025/275	0.040/468	0.048/668	0.20～0.23
铁	H	0.071/199	0.110/468	0.175/668	0.44
灯黑—环氧树脂粘合剂	N	0.89/298			0.96
氧化镁	H	0.73/380	0.68/491	0.53/755	0.14
镍	H	0.10/310	0.10/468	0.12/668	0.36～0.43
涂料：					
parsons 黑漆	H	0.981/240	0.981/462		0.98
丙烯酸白漆	H	0.90/298			0.26
白(ZnO)漆	H	0.929/295	0.926/478	0.889/646	0.12～0.18

[*] H 是总的半球发射率；N 是总的法向发射率；[#] 是法向太阳吸收率。

9.2 传热原理

太阳辐射能的热利用就是要将辐射的光能转换为热能，并将热能传递给流体（或固体、气体）。众所周知，当温度不同的物体相互接触时，热能从温度高的物体流向温度低的物体或从物体的高温部分流向低温部分，这种热移动称之为热转移或传热。由物理学知道，热量传递有三种方式，即导热、对流、及热辐射。下面给出几个在传热部分常遇到的单位换算：

$1 \text{ kcal} = 4.1868 \times 10^3 \text{ J}$

$1 \text{ kcal/(m} \cdot \text{h} \cdot ℃) = 1.163 \text{ W/(m} \cdot ℃)$

$1 \text{ kcal} = 427 \text{ kgf} \cdot \text{m}$

$1 \text{ N} = (1/9.81)\text{kgf} = 0.102 \text{ kgf}$

$1 \text{ J} = 1 \text{ N} \cdot \text{m} = (1/9.81 \times 427)\text{kcal} = 0.239 \text{ cal}$

$1 \text{ W} = 1 \text{ J/s} = 0.860 \text{ kcal/h}$

　　传热学是一专门的学科,涉及面广而深,本节只简单介绍一些与太阳能热利用系统有关的概念,并把热利用系统的设计、分析可能遇到的传热问题归纳在一起,以便查阅参考。

9.2.1　导热

　　热量从温度较高的物体传到与之接触的温度较低的物体,或者从一物体中温度较高的部分传递到温度较低的部分称之导热。单纯导热过程是由于物体内部分子、原子和电子等微观粒子的运动,将能量从高温区域传到低温区域,而组成物体的物质并不发生宏观的位移。导热在气体,液体和固体中均可进行。

　　在热量传递过程中常用到热流或热流密度这两个概念。这里,热流是单位时间通过某一给定面积的热量,常用 Q 表示。热流密度是单位时间通过单位面积的热量,用 q 表示。

　　导热基本定律是由法国数学物理学家傅里叶于 1922 年提出的,傅里叶在实验基础上,对均匀的各向同性物体中发生的稳态导热现象作了科学的总结,称之为傅里叶热传导定律(Fourier's heat conduction law)。它指出单位面积上传热量大小与传热方向的温度梯度成正比,如一次元,只有 x 方向传导热能,则

$$\frac{Q}{A} \propto \frac{\mathrm{d}T}{\mathrm{d}x}$$

　　傅里叶定律是描述物体中的导热规律的。在物体中进行纯导热时,单位时间内所传导的热量是与温度梯度 $\frac{\partial T}{\partial n}$ 和垂直于热流方向的截面积 A 成正比,而热流方向则与温度梯度相反。傅里叶定律的数学表达式为

$$Q_{\mathrm{n}} = -kA \frac{\partial T}{\partial n} \quad (\mathrm{W})$$

傅里叶定律按流密形式可写成

$$q_{\mathrm{n}} = \frac{Q_{\mathrm{n}}}{A} = -k \frac{\partial T}{\partial n} \quad (\mathrm{W/m^2})$$

　　k 是比例常数,称为导热系数。表 9.2 给出了一些材料的导热系数。由上式可见,热传导率与热传导系数 k 及温度梯度 $\partial T/\partial n$ 成正比;因此,要求热导大,必须寻求 k 值大者;如想绝热,则要求 k 值小者;此外,若在相同温差、相同材料下要求绝热,则材质厚度要较大。如同样材料(k 同值),同厚度,则两边温差大时其传热亦大。

表 9.2　一些材料的导热系数　　　单位:W/(m² · ℃)

材料名称	温度/℃	k	材料名称	温度/℃	k
空气	0	0.02	干土	20	0.14
水	20	0.58	湿土	20	0.66
冰	0	2.25	干沙	20	0.33
木材	20	0.12~0.17	湿沙	20	1.13
干锯木屑	20	0.07	小石	20	0.37
石棉板	30	0.12	花岗岩		2.2
石炭	20	0.19	沥青	20	0.70
煤	20	0.12~0.23	玻璃	20	0.74
硅藻土 0.5g/cm³	0	0.09	橡皮(橡胶)	0	0.16
焦炭粉	100	0.19	赛璐珞	30	0.21
炼铁矿渣 2~3mm	20	0.13	有机玻璃	20	0.20~0.22
厚纸板	30	0.07	泡沫塑料	20	0.03~0.05
软木板	30	0.04	矿渣棉	20	0.05~0.06
绝热砖	100	0.14	铸铁	20	62.80
建筑用砖	20	0.23~0.29	钢	20	45.35
混凝土	20	0.81~1.4	铝	0	203.52
水泥	30	0.30	铜	0	383.79

对于与等温面不相垂直方向上的导热量,由于它们与法向成一角度(假设为 β 角),因 $\Delta n = \Delta s \cos\beta$,于是

$$q_s = -k \frac{\partial T}{\partial s} = -k \frac{\partial T}{\partial n}\cos\beta = q_n \cos\beta$$

q_s 只是 q_n 在 s 方向的分量。

式中,Q_n 为表示单位时间内的法向导热量(W);q_n 为等温面法向的热流密度 (W/m²);q_s 为等温面任意方向的热流密度(W/m²);k 为导热系数(W/m²℃); $\partial T/\partial n$ 为等温面法向的温度梯度(℃/m)。

式中负号表示热量传递方向与温度梯度的方向相反。

导热系数 k 是反映材料导热性能的物性参数,它是材料固有的属性。它主要与材料的种类和温度有关。一些常见的导热系数由表 9.2 列出。不同材料的导热系数是不相同的,相互间差别可达几千倍。一般可言,各种材料的导热系数按大小排列次序:固体导热系数最大,液体其次,气体最小。固体材料中,金属导热系数大

于非金属导热系数。金属材料中,纯金属大于合金材料。注意,这只是一个大致的排列。据目前资料,导热系数最大的天然材料还是非金属固体金刚石,其值达 2300 W/(m²℃),约是紫铜的 6 倍。同一材料,导热系数主要受温度影响。对于气体,在高压或接近临界状态时,导热系数还同压力有关。

1. 通过平壁的稳态导热

（1）单层平壁的导热公式

设一单层平壁,其厚度 δ 远小于表面尺寸（长度、宽度为厚度的 8~10 倍以上）,平壁两侧面温度分别为 T_1 和 T_2,且不随时间变化,如图 9.4 所示。单位时间内从表面 1 传导到表面 2 的热量可按下式计算：

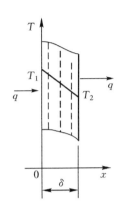

图 9.4　单层平壁导热

$$Q = \frac{T_1 - T_2}{\delta/(kA)} \quad (\text{W})$$

式中,$\delta/(kA)$ 为平壁两等温表面间的导热热阻（℃/W）。

热流密度

$$q = \frac{T_1 - T_2}{\delta/k} \quad (\text{W/m}^2)$$

可用电学中的网络法表示导热规律,即温差相当于电位差,热阻相当于电阻,热流相当于电流,如图 9.5 所示。

$$R_k = \delta/(kA)$$

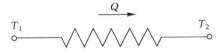

图 9.5　通过单层平壁导热的网络图

（2）多层平壁的导热公式

图 9.6 表示由不同材料组成的三层平壁,各层厚度分别为 δ_1、δ_2、δ_3,各层的导热系数分别为 k_1、k_2、k_3,假定各层间无空隙,从而保证相邻壁的接触面上的温度相等。各面上的温度分别为 T_1、T_2、T_3、T_4。在稳态情况下,通过各层的热流量相等。

$$Q = \frac{T_1 - T_2}{\delta_1/(k_1 A)} = \frac{T_2 - T_3}{\delta_2/(k_2 A)} = \frac{T_3 - T_4}{\delta_3/(k_3 A)}$$

根据比例关系,可得如下式子

$$Q = \frac{T_1 - T_4}{\delta_1/(k_1 A) + \delta_2/(k_2 A) + \delta_3/(k_3 A)} = \frac{T_1 - T_4}{\sum\limits_{i=1}^{3}\left(\delta_i/(k_i A)\right)} = \frac{\Delta T}{\sum R_k}$$

$$(9.21)$$

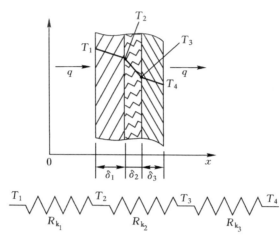

图 9.6　多层平壁的导热

式中　$\sum R_k = \sum\limits_{i=1}^{3}\left(\delta_i/(k_i A)\right)$ 为总导热热阻。

　　式(9.21)还可写为热流密度形式

$$q = \frac{Q}{A} = \frac{T_1 - T_4}{\sum\limits_{i=1}^{3}\left(\delta_i/k_i\right)}$$

式中　δ/k 称为比热阻；$\sum\limits_{i=1}^{3}\left(\delta_i/k_i\right)$ 称为导热的总比热阻。

2. 通过圆筒壁的导热

（1）单层圆筒壁的导热

　　设长度为 L 的圆筒壁中有热流体流过，圆筒壁内、外壁的半径分别为 r_1 及 r_2，温度分别为 T_1 和 T_2（设 $T_1 > T_2$）并保持不变，参阅图 9.7。已知圆筒壁的导热系数 k 为常数，求内壁面向外壁面传导的热流。

　　设圆筒壁沿轴向的温度均匀一致，温度仅沿半

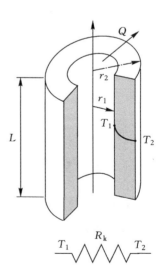

图 9.7　圆筒壁的稳态导热

径方向发生变化。因此,该圆筒壁的温度场为一元稳定的温度场,在同一半径的圆柱面上温度相等,其热流量

$$Q = \frac{T_1 - T_2}{\dfrac{1}{2\pi kL} \ln \dfrac{r_2}{r_1}}$$

圆筒壁的导热热阻

$$R_\lambda = \frac{1}{2\pi kL} \ln \frac{r_2}{r_1}$$

通过圆筒壁的热流,有时用单位管长的热流 q_1 来表示,即

$$q_1 = \frac{Q}{L} = \frac{2\pi k}{\ln \dfrac{r_2}{r_1}} (T_1 - T_2)$$

(2) 多层圆筒壁的导热

实际工程中,为减少管子的散热损失,往往在管外包一绝热层,如果管内燃气,则内表面还可能有一层积炭。这样,在热量传递过程中,就要经过三层导热系数不同的圆筒壁面。

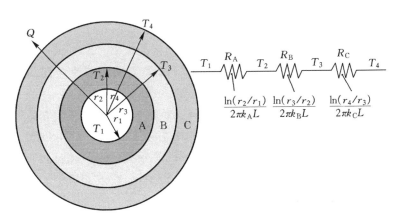

图 9.8 多层圆筒壁的导热

三层圆筒壁的导热问题表示在图 9.8 上,其半径分别为 r_1、r_2、r_3 和 r_4,导热系数分别为 k_1、k_2、k_3,内表面温度为 T_1,外表面温度为 T_4,并假定各层是紧密接触的,忽略接触热阻的影响,则接触面具有相同的温度,这种通过三层传递的导热流路相当于三个电阻串联在一起的电路,因此根据热电比拟可把热流表示为

$$Q = \frac{T_1 - T_4}{\sum\limits_{i=1}^{3} \left(\dfrac{1}{2\pi k_i L} \ln \dfrac{r_{i+1}}{r_i} \right)}$$

单位管长的热流为

$$q = \frac{Q}{L} = \frac{T_1 - T_4}{\displaystyle\sum_{i=1}^{3}\left(\frac{1}{2\pi k_i}\ln\frac{r_{i+1}}{r_i}\right)}$$

9.2.2　热对流

　　热传导是分子能量的交换,难以直接观察;热传物体本身不动。但是,热对流则以流体流动做能量交换传送,可用流体计量仪器测量。人们把流体各部分之间发生相对位移引起的热量传递过程称为对流。事实上,对流必然包含由微观运动引起的热传导等,只是以对流作用为主。它发生在流体与固体表面间或流体与流体间;高温物体将热传到接触到的流体分子,引起流体温度上升,然后流体分子把热能以流体流动传给接触到的流体或固体表面上。流体的运动可以由流体内各部分的温度不同而形成的密度差所引起,称为自然对流;也可由水泵、风机等外力推动而引起,称为强迫对流。

　　流体与固体壁面之间的换热过程,称为对流换热。其特点是:在贴近壁面的流体薄层中依靠导热作用传递热量;在流体薄层外主要依靠流体的对流作用传递热量。对流换热的基本规律可用牛顿冷却公式表示

$$q = h\Delta T$$

式中,q 为通过固体壁面的热流密度(W/m²);ΔT 为壁面与流体间的温差(℃);h 为对流换热系数,简称换热系数(W/m²℃)。

　　在对流传热中,最重要的是求出对流换热系数 h。而换热系数 h 与导热系数 k 不同,它不是物性参数。欲求 h 必须知道流体在接触面上热边界层的温度分布,因而它与流体种类、接触面几何形式(管内、管外、平板、曲面等)、表面状态(等温、或等加热,冷却,或非对称加热,表面粗糙度等)、流速(层流或紊流等)及流动的方式(自然或强制等)等诸多因素有关。

　　如果面积为 A 的壁面与流体间的温差 ΔT 为常数,流体对壁面的换热系数 h 也为常数,则通过该壁面单位时间内的对流换热量 Q 可按下式计算:

$$Q = hA\Delta T \quad (\text{W})$$

或写成

$$Q = \frac{\Delta T}{R_h}$$

式中,R_h 为对流换热的热阻,$R_h = 1/(hA)$ (℃/W)。

　　解决对流换热问题的关键是确定换热系数 h,而 h 值的求解,因条件不同而异,通常用因次分析与实验相结合的方法求出,或用边界层方程求解等,但有二个

主要结论：

①　自然对流：$Nu = f(Ra, Pr)$ 或用 $Nu = f(Gr, Pr)$ 的函数形式表示；

②　强迫对流：$Nu = f(Re, Pr)$ 函数形式表示。

其中：

Nu(Nusselt no.) $= hx/k$ 或 hd/k 意为热传导热阻/热对流热阻，称努谢尔特数；

$$Ra = \frac{g\beta'\Delta T L^3}{\nu a}, \text{瑞利数;}$$

Re(Reynolds no.) $= \dfrac{\rho u x}{\mu}$ 或 $\dfrac{4 r_h G}{\mu}$：流体惯性力/流体粘滞阻力，雷诺数；

Pr(Prandtl no.) $= \dfrac{\nu}{\alpha} = \dfrac{\mu c_p}{k}$：流体动量扩散系数/热扩散系数，普朗特数；

Gr(Grashof no.) $= \dfrac{g\beta'\Delta T \rho^2 x^3}{\mu^2}$：流体浮力/流体粘滞阻力，葛拉晓夫数。

式中，L 为板间距离，(m)；g 为重力常数，(m/s²)；β' 为体积膨胀系数（理想气体是 $\dfrac{1}{T}$）(1/℃)；ΔT 为两板间的温度差，(℃)；ν 为运动粘度，(m²/s)；α 为热扩散系数，(m²/s)；ρ 为流体密度，(kg/m³)；μ 为动力粘度，(kg/ms)；C_p 为比热容，(kJ/(kg℃))；r_h 为水力半径，(m)。

通常情况下的各种计算公式，可从一般传热学书中查阅。

平行平板间的对流换热及强迫对流换热参阅其他资料。

9.2.3　传热系数

在本章的上述部分，我们已经讲述了传热的三种方式：辐射、传导和对流。事实上，热传递问题往往是两种以上方式共同发生的，很少单纯只有一种；例如在太阳能集热器中，太阳辐射经玻璃透射到吸收面，它将辐射能转化成热能，吸收后经材料把热传导到内壁，然后以对流方式传给作用流体，而集热器与外界气流以对流及辐射的方式散热，成为一项热损失。

假设一平板暴露在热气流 A 及冷气流 B 中，在此只考虑对流与传导，而不计平板两面与气流的辐射。在稳定状态下，可作传热分析：

①　从热流体到壁面高温侧的热量传递为

$$Q = h_1 A(T_A - T_1) \tag{a}$$

②　从壁面高温侧到壁面低温侧的热量传递为

$$Q = \frac{kA}{\delta}(T_1 - T_2) \tag{b}$$

③ 从壁面低温侧到冷流体的热量传递为

$$Q = h_2 A(T_2 - T_B) \tag{c}$$

由于是稳态过程,通过串联着的每个环节的热流量 Q 应当相同。把(a)、(b)、(c)三式改写为

$$T_A - T_1 = \frac{Q}{h_1 A} \tag{d}$$

$$T_1 - T_2 = \frac{Q}{kA/\delta} \tag{e}$$

$$T_2 - T_B = \frac{Q}{h_2 A} \tag{f}$$

将以上三式(d)、(e)、(f)相加,以整理可得

$$Q = \frac{A(T_A - T_B)}{\frac{1}{h_1} + \frac{\delta}{k} + \frac{1}{h_2}} \quad (W)$$

也可写成 $Q = UA(T_A - T_B) = UA\Delta T$ （W）

式中

$$U = \frac{1}{\frac{1}{h_1} + \frac{\delta}{k} + \frac{1}{h_2}} \quad (W/(m^2 ℃)) \tag{9.22}$$

U 称为总传热系数,如果包括辐射转换在内,U 值内应包含有 h_r 项。

9.3　热能的储存

虽然太阳提供了丰富、清洁及安全的能量给人类及自然界,但太阳能是一种随时间、季节而间歇变化的能源,这种间歇性会造成供与需难以同步的时差矛盾。为此要设法把阳光充足时的太阳能储存起来,以供无阳光时或阳光不充足时使用。

太阳能储存方式有多种,可以以热能、化学能、电能、动能以及位能等形式储存。方式的选择对整个太阳能系统的性能和成本都会带来不同的影响,在具体应用中须加以权衡考虑。本节仅介绍显热、相变和化学储热三种类型。

无论采用哪种方式储存热,皆须考虑以下几点:

① 单位体积或单位重量的储热容量;

② 工作温度范围,即热量加进系统和热量从系统取出的温度;

③ 热量加进或取出的方法和与此相关的温差;

④ 热量加进或取出的动力要求;

⑤ 储热器的容积、结构和内部温度的分布情况;

⑥ 减少储热系统热损失和系统成本费用的方法。

在太阳能供热系统中,集热器的有效收益随平均板温的增加而减少,集热器平均温度与所供热量的温度之间存在着如下关系:

$$T_{集热器} - T_{提供} = \Delta T_{从集热器输送到储热器} + \Delta T_{进储热器} + \Delta T_{储热器热损失} + \Delta T_{出储热器}$$

$$+ \Delta T_{从储热器输送到使用} + \Delta T_{进入使用} \tag{9.23}$$

上式右边代表系统中的各项损失(即温降)。整个系统的设计目标,特别是储热设计,应使这些温降减到最小程度或消除这些温降。

1. 显热储存

物质因温度变化而吸收或放出的热能称显热。利用显热储能是最简单、最经济的方法,也是目前最常用的方法。显热储存是选用热容量大的储热介质来进行的,可选用的合适介质有液体(水)和固体(岩石)两种。

当物体温度由 T_1 升到 T_2 时,吸收的热量为

$$Q = \int_{T_2}^{T_1} c_p m dT \tag{9.24}$$

式中,c_p 为物体的定压比热;m 为物体的质量。

c_p 为温度的弱函数,故在不大的温度范围可视为常数,因此式(9.24)可写为

$$Q = c_p m (T_1 - T_2) = c_p m \Delta T$$

由此可见,如欲获得较大的储热量,应使储热介质的质量、比热和温差尽可能的大。温差受到集热器性能的限制;加大质量会导致成本增加;比热是物质的物理性质,一定物质的比热是一定的,在选择储热介质时应考虑选用比热大的材料。

在选择储热介质时,还要考虑密度、粘度、毒性、腐蚀性、稳定性及成本。密度大则储存容积小,设备紧凑,使成本降低。常常把比热和密度的乘积(即容积比热)作为评定储热介质性能的重要参数。粘度大的液体输送耗费能量,需要的管径也大,因而增大了运行费用和设备投资。

水作为储热介质,性能很好。因为水可作集热器中的吸热流体,也可作负荷的传热介质,并且水的比热容比许多物质大,本身又是液态,向集热器及储存装置输送时消耗的能量少,所以水是一种很好的储热介质。它的储存温度,上限受水的沸点限制,下限由负荷需要决定。

除此外,水还有以下优点:传热及流动性能好,粘性、热传导性、密度及热膨胀系数等很适合于自然循环及强迫循环的要求;汽化温度较高,适合平板集热器的温度范围;无毒;成本很低,容易得到。

水作为储热介质的一个主要缺点是结冰时体积膨胀,容易破坏管路或结构。

虽然如此,水仍是既方便又便宜的良好储热介质。储水容器要求外表面热传导、对流及辐射的热损失小,一定体积下要求容器的表面积最小,因而,往往做成球形和正圆柱形。

热水在储存系统的储热量为

$$Q_s = (mc_p)_s (T_1 - T_2)$$

式中，Q_s 为一次循环作用下，温度范围为 T_1 及 T_2 之间的总热容量；m 为总水量。

对于充分混合的储水容器，能量平衡方程为

$$Q_u = L + (mc_p)_s \frac{dT_s}{dt} + (UA)_s (T_s - T_a)$$

式中，Q_u 为由集热器到储水箱的热能；L 为储存系统供给负荷的能量；$(mc_p)_s \dfrac{dT_s}{dt}$ 为储存系统本身的热容量变化率；$(UA)_s (T_s - T_a)$ 为储存系统的热损失；下标 s 表示储存系统。

集热器运行条件一定时，假设热水储存器容量小，则储存水温增高，储存系统的热损失大，此时，储存的热水只能供短期使用。反之，储存量大，储存水温较低，则储存热水可供较长时间应用，但成本较高。为此，需适当规定单位集热面积的热水储存量（kg/m^2）。式(9.24)中的 Q 可用集热器的水流量及其出口水温表示，

$$Q_u = (\dot{m}c_p)_c (T_{f,o} - T_s)$$

可将水箱温度 T_s 看作进入集热器的流体温度 $T_{f,i}$。

式中，$(\dot{m}c_p)_c$ 为集热器中的水流量与水比热容积的乘积；$T_{f,1}$ 为集热器的出口水温。

2. 相变储热

具有同一成分，同一聚集状态并以界面互相分开的各个均匀组成部分叫做相。例如水和冰的混合物中，水是一相，其成分，聚集状态均相同，并和别的相有明显的界面分开；冰也是一相，因为冰的成分聚集状态均相同，并和其他相有明显的分界面。即使一种物质，处于固体状态，也可以出现两种固相。例如锡的两种固相分别叫白锡和灰锡。我们知道，物质有气、液、固三相，物质由一相变成另一相时要吸收或放出一定的热量，称为相变潜热。如水变成蒸汽有汽化潜热，冰融化时需要融化热。例如 1 kg 冰在 0℃时融化成 1 kg 的水，需要融化热量 334 kJ(80 kcal)，它是冰提高 1℃所需热量(2.2 kJ)的 152 倍；是水提高 1℃所需热量(4.19 kJ)的 80 倍。由此可见，潜热值与不发生相变的热容量相比要大得多。

利用相变时潜热大的特点，可以设计出温度范围变化小，热容量高，设备体积和重量较小的相变储热系统。

关于利用潜热蓄热体，一般需注意以下问题：

① 放热时易于出现过冷却现象；

② 特别是结晶时传热速度很小；

③ 盐与水容易分离，得不到理论的潜热量；

④ 容器必须完全密闭,造价将很高;

⑤ 因分离、蒸发或化学变化等原因,熔化、冷凝的循环次数并不是无限的。

将相变材料由 T_1 加热到 T_2,中间经过相变温度 T^*（即熔点）。材料储存的总热量是三部分之和,即低温相固体由 T_1 到 T^* 的显热变化,T^* 时的潜热以及高温相溶液由 T^* 到 T_2 的显热。

$$Q_u = m\left[(T^* - T_1)c_s + \lambda + (T_2 - T^*)c_l\right]$$

式中,m 为材料质量;c_s 为固体热容量;c_l 为液体热容量;λ 为相变潜热。

例如相变材料 $Na_2SO_4 \cdot 10H_2O$ 的 $c_s = 1950 \ J/(kg℃)$,$c_l = 3350 \ J/(kg℃)$,$\lambda = 2.43 \times 10^5 \ J/(kg℃)$,$T^* = 32℃$。若质量为 1 kg 的 $Na_2SO_4 \cdot 10H_2O$,由 25℃ 加热到 50℃,其储存的热量为

$$(32 - 25)1950 + 243 \times 10^5 + (50 - 32)3350 = 3.1695 \times 10^5 = 0.317 \ MJ$$

$Na_2SO_4 \cdot 10H_2O$ 的相变反应式为

$$Na_2SO_4 \cdot 10H_2O + 能量 \Longleftrightarrow Na_2SO_4 + 10H_2O$$

加热时按从左到右的反应完成储热过程。从系统取出热量时,则按从右到左的方向进行反应。

包括上述在内的许多相变材料在重复循环时性能变差,热容量减小。原因在于它们是非共熔点的盐类。当加热到熔点以上,它分离成液、固两相。由于盐的密度高于溶液,要产生相分离现象,帮限制着储热过程朝深度发展。采用薄壁容器,用凝胶或其他溶剂以及机械搅拌等方法都可避免其相分离。……

3. 化学储热

无论是显热蓄热,还是相变（潜热）蓄热,都要求绝热保温,但要做到完全绝热相当困难,况且绝热性能随时间下降,蓄存的热量就会逐渐散失。如欲长时间蓄热就更不容易,如果蓄热温度要求较高,则困难更大。为此可考虑利用化学反应的方法来蓄热。

有许多物质在进行化学反应过程中需要吸收大量的热量;而当进行该反应的逆反应时,则将放出相应的热量。这种热量称为化学反应热。作为蓄热的化学反应,一般可表示为如下形式:

$$A + 热 \Longleftrightarrow C + D$$

或　　　　　$$A + B + 热 \Longleftrightarrow C + D$$

当物质 A 或 AB 在某一温度下吸热以后,反应自左向右方向进行,生成 C 和 D,这是蓄热过程;待需要热能时,使 C 和 D 逆向进行反应——自右向左进行反应,此时放热,并还原成 A 或 A 和 B。

反应生成物的贮存可分为两种情况。如逆反应须有触媒,否则该逆反应就不

能进行,对此种情况,反应生成物 C 和 D 就可在常温下混合储存;如逆反应无需触媒就能进行,对此则 C 和 D 必须分开储存,但在储存期间不需要绝热。显然,化学反应蓄热时间长、短可按需要加以确定。

由于有许多化学反应,其反应生成物两者或其中之一是气体,这样就可用管道把生成的气体输送到需要热能的地方,然后在那里进行逆反应重新获取热能。因此,化学反应蓄热也成为一种热输送的手段。

化学反应蓄热密度大,尽管各个反应伴随的能量变化有所不同,但大体上在 1000 kJ/kg 的水平上,这要比显热、潜热蓄热密度大得多。

(1) 蓄热用的化学反应条件的选择

作为蓄热用的化学反应可根据下列条件选择:

① 吸热反应在比热源温度低的情况下进行;

② 放热反应在比所需要温度高的情况下进行;

③ 反应热大;

④ 反应生成物体积小;

⑤ 反应是完全可逆的且没有副反应;

⑥ 反应速度快;

⑦ 如果逆反应无需触媒,反应生成物必须容易分离并可稳定贮存;

⑧ 成本低;

⑨ 反应物和生成物无毒性、无腐蚀性、无可燃性等。

显然,要选择满足上述全部条件的化学反应相当困难。但在这些条件中,可逆性和反应速度,尤其是可逆性是关键的,因为可逆性好的化学反应非常少。

目前,化学反应蓄热离实用还有一段距离,但也提出了一些蓄热反应的方案,并正在积极地实验研究中。

(2) 热分解反应

如果吸热分解反应生成物是不同的两相且容易分离,这种反应可作为蓄热反应。因为生成物的分离如同显热、潜热蓄热中的绝热作用。在这类反应中有金属氢化物的热分解反应。它是用储存氢的方法转用于蓄存热量。用这种方法,热量的储存时间可达一个季度以上。

许多金属在适当的压力下与氢气发生反应生成金属氢化物,其反应式如下:

$$Mhn(固) + 热 \Longleftrightarrow M(固) + \frac{n}{2}H_2(气)$$

M 为金属,MH 为金属氢化物,除碱金属之外,其余金属的氢化物在通常实验条件下为粉末状固体。

金属氢化物的热分解反应用来作为蓄热反应,其可逆性比其他用于蓄热的固-

气反应好。可适用的金属氢化物颇多,例如日本横滨大学试验用于融化道路积雪的反应:

$$2FeTiH + 热 \Longleftrightarrow 2FeTi + H_2$$

该反应大约在 40℃ 的热水加热下,氢化钛铁分解,并放出平衡压力约为 3 个大气压的氢气。加热温度越高,放出氢气的压力越高,而用太阳能平板集热器是很容易得到 60～80℃ 热水的。因此,FeTiH 可在这样的温度下吸收太阳的热量,分解得到 7～8 个大气压的氢气。这是一种蓄太阳能较适宜的方法。当用 5 个大气压的高压氢气充填钛化铁时,就能放出温度为 40℃ 的热量,钛化铁的分解热为 180 kJ/kg。

利用金属氧化物的热分解蓄热,生成的氧可另派用处是这类反应的优点,而逆反应所需的氧则可由大气提供。

如　　　　$$4KO_2 + 热 \Longleftrightarrow 2K_2O + 3O_2$$

该反应的温度范围为 300～800℃,分解热为 2.1 MJ/kg。

$$2PbO_2 + 热 \Longleftrightarrow 2PbO + O_2$$

温度范围为 300～350℃,分解热为 0.26 MJ/kg。

还有一些固体的热分解反应,反应比较单纯,生成的气体易于分离,这些反应有:

$$Mg(OH)_2(固) + 热 \Longleftrightarrow MgO(固) + H_2O(液)$$

温度范围为 375℃ 左右。

$$Ca(OH)_2(固) + 热 \Longleftrightarrow CaO(固) + H_2O(液)$$

温度范围为 550℃ 左右。

它们的特点是氧化物可在室温下保存,也不需要绝热,只要加水就可取出储存的能量;它们的分解热大约 1.3 MJ/kg。

还有:　　$$MgCO_3(固) + 热 \Longleftrightarrow MgO(固) + CO_2(气)$$

$$CaCO_3(固) + 热 \Longleftrightarrow CaO(固) + CO_2(气)$$

硫酸氢铵(NH_4HSO_4)的热分解反应用于太阳能的化学储存,具有十分优良的特性:焓变、熵变和储能密度很大;三种分解产物全能在室温和适当的压力下液化储存,根据需要,反应产物可以随时发生逆反应,放出高温为 450℃ 左右的热能;没有其他副反应,可使循环过程长期下去;NH_4HSO_4 价格低廉,供应充分,熔点较低(144℃),在管内能用泵输送,因此,这是一个很有吸引力的反应系统,其反应式如下:

$$NH_4HSO_4 + Na_2SO_4 \xrightarrow{300～500℃} Na_2S_2O_7 + H_2O\uparrow + NH_3\uparrow (第一阶段)$$

$$Na_2S_2O_7 \xrightarrow{600～900℃} Na_2SO_4 + SO_3\uparrow (第二阶段)$$

要使 NH_4HSO_4 的热分解反应实际应用于太阳能的储存,还有大量的工作要做,目前国内外还正处于研究阶段。

（3）催化反应

这类吸热反应的生成物所获得的热量,只有在催化剂的作用下通过逆反应才能重新释放出来。生成物在低温下是稳定的,且可传送到很远的距离。

催化反应中已经研究得较多的是:

$$CH_4(气)+H_2O(气)+热 \rightleftharpoons CO(气)+3H_2(气)$$

这是一种气体反应。从右向左的放热反应是在 $350\sim700℃$ 下进行的。在室温下,每克分子的天然气可蓄存 $208.5\ kJ$ 的热量。这个反应不仅被用来蓄热,更重要的是用来输送热能。因为吸热反应的生成物可在常温下用管道或其他办法输送到需要热能的地方,在那里进行放热反应,获取热量。而放热反应的生成物又通过管道等方法送回热源。这样反应物质不断循环,构成闭合系统,因此被称为"化学热管"。"化学热管"的特性对于储存和输送太阳能尤为适宜。

被用作"化学热管"的反应还有:

$$SO_3(气) \rightleftharpoons SO_2(气)+\frac{1}{2}O_2(气)$$

这样的高温气相反应。该反应在 $900℃$ 以上是吸热反应,在 $500℃$ 是放热反应。反应生成物 SO_2 在 $-10℃$ 是液体,因此它可液化蓄存,氧气也可加压蓄存。

思 考 题

1. 电磁辐射分为哪几个波段?
2. 基尔霍夫定律的适用条件是什么?
3. 传热系数式(9.22)都包括了哪些因素? 忽略了哪些?
4. 储热方式主要有哪几种? 有何特点?

第10章 光-热技术与应用

本章主要讲述板式、管式、聚光式太阳集热器,介绍太阳能光-热转换的一些应用事例。[51]~[55]

10.1 平板集热器

太阳集热器是把太阳辐射能转换为热能设备的基本部件。平板集热器是一种板式非聚光集热器。它吸收太阳辐射的面积与采集太阳辐射的面积相同,适合于太阳热水、采暖和制冷等低温方面的应用。

平板集热器的基本形式和实例如图10.1所示,基本组成部分有:①"黑色"太阳吸热体,借以把所吸收的能量转给热媒;②透明盖板,它位于吸收表面的上方,能透过太阳辐射,减少吸热面对大气的对流和辐射损失;③保温材料(保温层)与壳体,对吸热面及盖板起支承固定作用并减少背部和侧面的传导热损失。

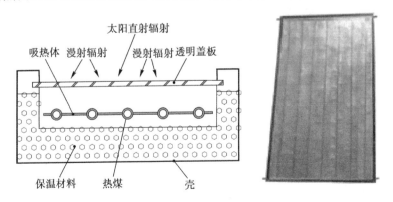

图10.1 平板集热器构成和实例

平板集热器特点:能同时吸收太阳辐射中的直射辐射和漫射辐射、不需要跟踪太阳、维护较少、制作简单、成本低。

　　平板集热器实际是一个热交换器,可用能量平衡方程描述其性能;该方程表示入射的太阳能分配为有用的能量收益和各种损失。其形式如下:

$$HRA\tau\alpha = Q_U + Q_L + \frac{dE}{dt} \tag{10.1}$$

式中,H 为投射在单位水平面上的太阳总辐射;R 为将水平面上的太阳辐射转换到集热器平面上的因子;A 为集热器的受光面积;$\tau\alpha$ 为盖板对于太阳辐射透射率与吸收率的乘积;Q_U 为热媒吸收的有用能;Q_L 为能量损失;$\frac{dE}{dt}$ 为贮能率。

　　集热效率是衡量集热器性能的重要参数,它定义为任一段时间内的有用收益与该段时间内投射的太阳能之比。

$$\eta = \frac{\int_t^{t+\Delta t} \frac{Q_U}{A} d\tau}{\int_t^{t+\Delta t} HR d\tau} \tag{10.2}$$

　　在标准试验中取 $\Delta t = 15 \sim 20$ min。

　　应指出:太阳能系统的设计是为了得到最小的能量成本。所以,如果成本能够较大幅度的降低,则设计一种效率略低、技术上可行的集热器,在效率·成本比值观点上也是有利的。

　　平板集热器的分级和按热媒通过方式分类如表 10.1 和表 10.2 所示。

表 10.1　平板集热器的集热温度分级和用途

区分	集热温度范围	用途实例	集热器构造
低温	$T_a + (10 \sim 20)$℃	用于预热给水,热泵热源加热池子(农业用)	无玻璃或单层玻璃太阳池等
中温	$T_a + (20 \sim 40)$℃	用于供暖、供热水、工艺过程	单层玻璃(黑色选择膜) 双层玻璃(黑色涂料)
中高温	$T_a + (40 \sim 70)$℃	用于吸收式制冷机、供冷暖	单层玻璃(选择膜) 单层玻璃(蜂窝状) 双层玻璃(选择膜)
高温	$T_a + (70 \sim 120)$℃	用于朗肯循环机 用于双效吸收式制冷机	真空(选择膜)

T_a 为室外气温。

表 10.2　按热媒通过方式分类

方式	用途	备注
1. 自然循环(热虹吸)	自然循环式供热水装置	应尽可能减小水阻力
2. 贮热水式(圆筒式)	汲置式太阳能热水器	日落后温度下降快
3. 串通式	快速供热水装置	也有下降式,温升快,热损失少
4. 蒸发式(蒸汽锅炉型)	用于蒸汽机、蒸汽加热	包括热管
5. 强制循环式	用于间接加热、供热水、供冷暖	也有下降式,最大众化类型

10.2　管式集热器

管式集热器分全玻璃真空管太阳集热器和热管(二次换热)太阳集热器等。如图 10.2 所示。

图 10.2　全玻璃真空管和热管太阳集热器

全玻璃真空管太阳集热器的发明已有上百年的历史,只是近十几年才得到迅速推广、普及并达到了工业化程度。它与平板集热器的最大区别在于其集热元件是玻璃真空管。全玻璃真空太阳集热管构造如图 10.3 所示,它像一个拉长的暖水瓶胆,由两根同心圆玻璃管组成,内、外圆间抽成真空,太阳选择性吸收表面(涂层、膜系)沉积在内管的外表面构成吸热体,将太阳光能转换为热能,加热内玻璃管内的传热流体。全玻璃真空集热管采用单端开口设计,通过一端内、外管环形熔封起来,其内管另一端是密闭半球形圆头,带有吸气剂的弹簧卡子,将吸热体玻璃管圆头支承在罩玻璃管的排气内端部。当吸热体吸收太阳辐射而温度升高时,吸热体玻璃管圆头形成热膨胀的自由端,缓冲了工作时引起真空集热管开口端部的热应力。

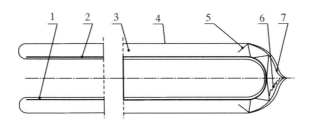

1—内玻璃管;2—选择性吸收涂层;3—真空夹层;
4—罩玻璃管;5—支承件;6—吸气剂;7—吸气膜
图 10.3　全玻璃真空集热管构造

真空管太阳集热器的热损低,一般低于 1 W/(m/℃),通常采用太阳选择性吸收表面的平板式太阳集热器的热损系数约 4～5 W/(m/℃)。这样,真空管集热器可以在寒冷季节、寒冷地带或太阳辐照度不强的地区使用,可以运行在中、高温度。在寒冷地带能四季提供生活用热水,还可以烧开水,高温消毒,工业用热,除湿、干燥、空调、制冷、暖房种植,养殖与海水淡化等方面。

全玻璃真空太阳集热管是真空太阳集热器的核心集热元件,其圆管形的吸热体,当集热管南北向放置时,一天内太阳方位角改变时,拦截太阳辐照面积不变,即吸热体的不同投影方向面积是一定的。对于平板太阳集热器,只有正午,投影面积才是其真实尺寸面积,因此全玻璃真空管集热器具有良好的全日集热效率。用全玻璃真空太阳集热管组成全玻璃真空管太阳集热器时,从集热器集热性能考虑没有必要一根根全玻璃真空太阳集热管密排,密排时增加集热管,而相邻集热管的遮挡不能提高集热性能,还增加热损失。为充分发挥吸热体的圆管形状。在图 10.4 中,除了全玻璃真空太阳集热管相隔一定间距外,其背后有一反射器,反射器可以是具有高漫反射率平板,如白漆或铝板如图 10.4(a),也可以是高镜反射率的折面如图 10.4(b)或镜反射复合抛物面柱面聚光器如图 10.4(c)。

从循环集热管内的传热流体传热考虑,若能制成两头直通的全玻璃真空太阳集热管是乎更合理。问题在于吸热体内管空晒时温度可高达 250℃,而罩玻璃管温度近于环境温度,这样大的温差,对于一米多长的集热管,内管比外管多伸长约 1 mm,引起玻璃的热应力对于高强度硼硅玻璃已达到危险程度的应力,即玻璃端部破裂。如果采用约为硼硅玻璃热膨胀系数三倍的纳钙玻璃,则罩玻璃管与内玻

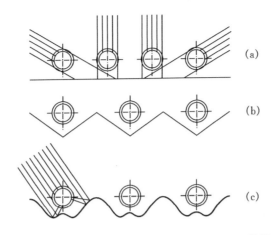

图 10.4 全玻璃真空太阳集热管与不同类型反射器

璃管伸长差约 3 mm,在达到空晒温度前玻璃已经破裂。目前,工业生产均采用硼硅玻璃 3.3 材料来制造全玻璃真空太阳集热管,以及只有一端开口的全玻璃真空太阳集热管产品。

内玻璃管和罩玻璃管外径大时,全玻璃真空太阳集热管的有效采光面积大,但是对于水在玻璃管中的联集管的集热器,水的热容量过大。真空管太阳集热器在工作时,启动慢;在夜间,集热管对天空辐射热量,使集热管内储存的热能大量损失。当内玻璃管和罩玻璃管外径偏小时,则有效采光面积过小。经实验与实践表明,内玻璃管取 $\phi 37$ mm、罩玻璃管取 $\phi 47$ mm 或者内玻璃管取 $\phi 47$ mm、罩玻璃管取 $\phi 58$ mm 较合理,其经济性与光–热性能效果良好。

全玻璃真空太阳集热管的长度在开发与生产初期为 1.2 m,稍后拉长到 1.5 m,现多为 1.8 m。从生产上看,适当增加全玻璃真空太阳集热管长度,可以提高生产效率,以及提高集热管的光–热性能。全玻璃真空集热管的内、罩玻璃管内真空夹层距离,从物理上考虑,只要内、罩玻璃管不接触,有 0.2 mm 即可。中国生产的硼硅玻璃管弯曲度允许不大于 0.3%("国际标准 ISO 4803:1987 实验室玻璃制品——硼硅玻璃管"弯曲度不大于 0.5%),即 1.2 m 长全玻璃真空太阳集热器的中心轴线的偏差可达 3.6 mm,对于 1.5 m 长全玻璃真空太阳集热管的中心轴线偏差可达 4.5 mm,虽然我国的硼硅玻璃 3.3 的弯曲度比国际标准要求还高,当装配不当时,也会出现吸热体外表面与罩玻璃管内表面局部相接触,导致集热管集热性能变差。此外,考虑组装成的全玻璃管的联集管的太阳集热器的型式,对于东—西向水平放置的具有水在玻璃管封闭圆头的端部流体会出现热传导区,增加集热管长度不能提高其集热性能。结合中国硼硅玻璃 3.3 的生产与国际上的有关标准,全玻璃真空太阳集热管产品长度采用 1.5 m 与 1.8 m 是合理的。

图 10.5 示出了全玻璃真空太阳集热管生产工艺流程。实际生产中需对原材料进行检测,确认其满足生产的要求;中间环节的检验,成品的在线检测,以及对真空集管全面性能的抽测等,即严格实行生产中的质量控制与管理制度。

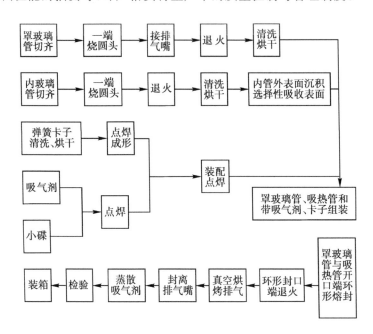

图 10.5　全玻璃真空太阳集热管制造工艺流程

热管太阳集热管如图 10.6 所示。

10.3　聚光集热器

10.3.1　聚光集热器的分类与特点

一般而言,平板式太阳集热器提供的温度是较低的,很难超过 100℃。这就限制了它的使用范围。为了拓展太阳能利用范围,需要提高热能的品位,以满足较高温度的需要。

热能的利用效率与温度高低有关,随着温度的升高,其利用效率亦高。倘若将太阳能热能温度提高到 500℃ 以上,其可供工业热能消耗。但目前各种类型的(平板)太阳能集热器的特点是直接采集自然阳光,集热面积等于散热面积,理论上不

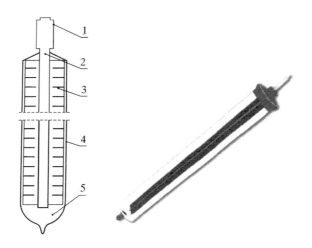

1—冷凝端；2—热管；3—吸热板；4—玻璃管；5—真空

图 10.6　热管式太阳集热管构成与实例

可能是一种较高温度的集热装置。由于其运行温度不高，其系统总效率较低。因此如欲提高温度就要使用聚光式集热器。聚光集热器有许多种类。其分类可按聚光方法和跟踪方式，具体如下：

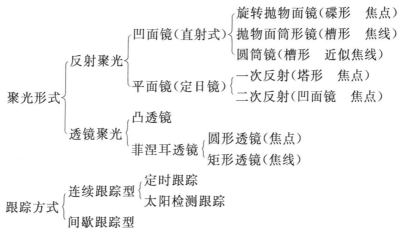

聚光式集热器具有如下特点：

① 可以将阳光聚集在比较小的吸热面上，散热损失小，吸热效率较高；

② 可以达到较高的温度；

③ 利用廉价的反射器代替较贵的吸收器，可以降低造价约 1/3；

④ 因吸热管细小，时间常数减小，响应速度快；

⑤ 利用率比较高。可常年利用，聚光式发电可连续使用；

⑥ 平板式集热器占地面积和设备体积庞大,而且冬季使用的防冻剂数量也多。聚光式用的防冻剂少。

从热力学观点分析,根据卡诺循环效率可得:

平板集热器

设工质出口温度 $T_o = 380$ K

入口温度 $T_i = 300$ K

最高效率 $\eta = 1 - \dfrac{T_i}{T_o} = 1 - \dfrac{300}{380} = 21\%$

聚光集热器

设工质出口温度 $T_o = 580$ K

入口温度 $T_i = 300$ K

最高效率 $\eta = 1 - \dfrac{300}{580} = 48\%$

因此从热效率角度分析,聚光式集热器约比平板式高一倍。

10.3.2 聚光比

1. 聚光比关系式

如图 10.7 所示,设光源(太阳)的假想面为 A_s,聚光器窗口为 A_a,接收器表面为 A_r。

根据三者之间的相互辐射关系,分别建立以下关系式。

太阳光源与窗口间:

$$A_s F_{s-a} = A_a F_{a-s} \qquad (a)$$

太阳光源与接收器间:

$$A_s J_{s-r} = A_r J_{r-s} \qquad (b)$$

式中 F_{s-a}、F_{a-s}、J_{s-r}、J_{r-s}——相应两物体间的角系数(形态系数),此处为吸收器对太阳的形状因子。

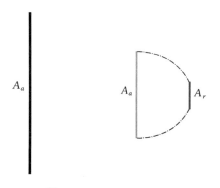

图 10.7 聚光率的关系

应该指出 J 的值包括直接交换、反射和折射的所有情况。

若 $\dfrac{(a)}{(b)}$ 得到

$$\frac{A_a}{A_r} = \frac{F_{s-a} J_{r-s}}{F_{a-s} J_{s-r}} \qquad (c)$$

对于理想的聚光器,进入光口 A_a 的全部光线都到达接收器上,故 $F_{s-a} = J_{s-r}$,

将此关系代入(c)式后得到：

$$\frac{A_\alpha}{A_r} = C = \frac{J_{r-s}}{F_{\alpha-s}}$$

因为　　$J_{r-s} \leqslant 1$

故　　$C \leqslant \dfrac{1}{F_{\alpha-s}}$

最大聚光比　$C_{max} = \dfrac{1}{F_{\alpha-s}}$

聚光比：把提高光能密度的比例称为聚光比，它是表示聚光系统性能的重要参数。聚光比可分为几何聚光比 C 和能量密度聚光比 C_E 两种。

几何聚光比 C，是指接收器的开口面积 A_α 与吸收器的表面积 A_r 的比值。

$$C = \frac{A_\alpha}{A_r}$$

能量密度聚光比 C_E，指吸收器表面积上的平均能量密度 I_r 和入射到集热器上的能量密度 I_i 的比值。

$$C_E = \frac{I_r}{I_i}$$

2. 二维空间聚光器

槽形聚光器光口与太阳在天空中的路程之间的角系数如图 10.8 所示，可以推导出如下结果：

$$dF_{d\alpha-ds} = (1/2)d(\sin\varphi)$$

式中　$d\alpha$、ds——分别表示两条非常长的带的微分宽度。

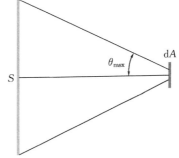

既然，光口 α 很窄，可用 α 来代替 $d\alpha$，故

$$F_{\alpha-s} = F_{d\alpha-s} = \int_{-\theta_{max}}^{+\theta_{max}} \frac{1}{2}d(\sin\varphi)$$

$$= \sin\theta_{max}$$

所以　　$C_{max} = \dfrac{1}{\sin\theta_{max}}$

图 10.8　二维聚光示意

式中，θ_{max} 为接收半角。

接收半角表示光线可被接收器接收的角度范围的一半，即光线可在 $2\theta_{max}$ 内被接收。在此角范围，光线穿过光孔可到达吸收器上。实际的采光角范围由太阳圆面张角到 180°，故对平板集热器可以由整个半球面上受光。

对于抛物线聚光器　　$\theta_{max} = \dfrac{1}{4}^\circ$

最大聚光率　　　$C_{\max,2D}=1/(\sin\frac{1}{4}^{\circ})=229$

3. 三维空间聚光器

研究图 10.9 所示情况,利用单位圆法来求角系数 F_{a-s}。从图中可得

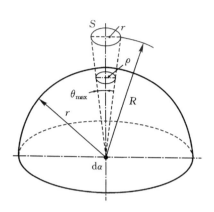

$$\sin\theta_{\max}=\frac{r}{R}$$

$$\because\quad \frac{\rho}{r}=\frac{1}{R}$$

$$\therefore\quad \rho=\frac{r}{R}=\sin\theta_{\max}$$

$$F_{a-s}=F_{da-s}=\frac{\pi\rho^2}{\pi(1)^2}=\rho^2=\sin^2\theta_{\max}$$

故最大聚光率:

$$C_{\max}=1/\sin^2\theta_{\max}$$

图 10.9　三维聚光示意图

当 $\theta_{\max}=\frac{1}{4}^{\circ}$ 时,

$$C_{\max}=\frac{1}{\left(\sin\frac{1}{4}^{\circ}\right)^2}=52525$$

综合上述两种情况,它们聚光率的极限数量级为:

$$C_{\max,2D}=1/(\sin\frac{1}{r}^{\circ})=0(200)$$

$$C_{\max,3D}=\frac{1}{\left(\sin\frac{1}{4}^{\circ}\right)^2}=0(50000)$$

实际聚光率,因为存在跟踪误差和反射或折射,表面不理想诸因素的影响,远达不到这个数量级水平。

4. 聚光器安装方位的影响

通过下述二例表明槽形聚光器由于安装方位不同会取得不同效果。

例 10.1　一槽形聚光器沿南北方向作固定安装,聚光器光口与太阳运行平面呈垂直。若此聚光器每天只少使用 8 h,求其接收半角和聚光率如图 10.10 所示。

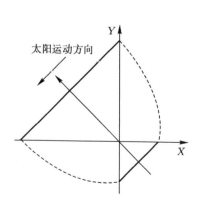

图 10.10　安装方位的影响

接收半角：

$$\theta_{\max}=\frac{1}{2}\frac{15°}{hour}8hours=60°$$

聚光率：

$$C_{\max}=\frac{1}{\sin\theta_{\max}}=\frac{1}{\sin60°}=1.15$$

例 10.2　重算上例，若此聚光器沿东西方向作固定安装，而倾角等于当地纬度，设当地纬度角为 40°N。

接收角受冬至－夏至侧面角变化的影响，其侧面角可按下式计算：

$$\tan\beta=\tan\alpha\sec\xi$$

式中，β 为侧面角；α 为太阳高角度；ξ 为表面法线与太阳光线方向在水平面的夹角。

因为所讨论面朝正南，故　$\xi=A_s$

太阳方位角　$A_s=r_s=\arcsin(\cos\delta\sin\omega/\cos\alpha)$

冬至时，赤纬角 $\delta=-23.45°$；如果聚光器每天工作 8 h，因为正午时角为 0，故午前 4 h 的时角 $\omega=15°\times4=60°$。此时太阳高度角：

$$\alpha=\arcsin(\sin\varphi\sin\delta+\cos\varphi\cos\delta\cos\omega)=5.49°$$

太阳方位角：

$$A_s=\arcsin(\cos(-23.45°)\sin60°/\cos5.49°)=52.9°$$

侧面角：$\tan\beta=\tan5.49°\sec52.9°$

$$\beta=9.05°$$

对于夏至情况：$\delta=+23.45°$，上午 4 h 的时角 $\omega=60°$

$$\alpha=\arcsin(\sin\varphi\sin\delta+\cos\varphi\cos\delta\cos\omega)=37.38°$$

太阳方位角 $\alpha=88.97°$ 不变

$$\tan\beta=\tan37.38°\sec88.97°$$

$$\beta=88.65°$$

太阳有效的投射角

$$\theta_{\max}=\frac{88.65°-9.05°}{2}=39.8°$$

在此情况下的聚光率

$$C_{\max}=\frac{1}{\sin\theta_{\max}}=\frac{1}{\sin39.8°}=1.56$$

从例 1 与例 2 计算结果不难看出：对于一个固定的槽形聚光器而言，沿东西向安装比沿南北向安装可得到更高的 C 值。

5. 散射辐射的接收

对于理想聚光器，光线射在窗口而在入射角为 $\theta_{\max}$ 之内的部分能够达到吸收器。而漫射部分同样也可以根据角系数的概念进行计算。对于两维聚光器漫射被吸收比例为：

$$F_{a-s} = \sin\theta_{\max} = \frac{1}{C}$$

验证：如果是平板集热器，接收角 $\theta_{\max} = 90°$，$\sin\theta_{\max} = 1$，所以平板集热器能够收集全部漫射辐射。

10.4　集热器材料

在平板集热器中，从传热角度考虑，设计时应要求底部散热较小，其散热约为上盖散热的 1/10。侧面绝热材料的厚度可考虑为 2.5 cm 或底面绝热材料厚度的 1/2。盖板可用玻璃。它的优点是透射率高，经久耐用。但是当受热升温时，玻璃存在应力问题，玻璃重量大，不易安装，碰撞易碎。工作液体（热媒）可选用水。为防冻，可以加入防冻剂，如乙二醇等。工作液体中防冻剂比率愈高，效果愈好。使用防冻剂同时可以获得降低冰点和升高沸点的双重收益。玻璃盖板的层数，Whillier 建议根据表 10.3 所示的不同情况选用。

表 10.3　集热器隔热层数量的选择

气候类型	安装实例	盖板层数
热带和亚热带沙漠	菲尼克斯 Phoenix［美］	1
热带（无树）平原或（亚）草原	迈阿密 Miami［美］	1
热带或亚热带无树大平原	Albuquerque	1 或 2
地中海或干燥夏季亚热带	Santa Barbara	1 或 2
潮湿亚热带	查尔斯顿 Charleston［美］	2
西海岸	西雅图 Seattle［美］	2
潮湿大陆，温暖夏季	奥马哈 Omaha［美］	2
潮湿大陆，冷爽夏季	波士顿 Boston［美］	2

10.4.1　玻璃

为了增加玻璃的透射率，需要降低玻璃中的含铁量。含铁量为 0.02% 的水白玻璃透射率高，透射波段宽。从玻璃破裂侧面用肉眼观察，含铁量越高的玻璃颜色越绿。

在玻璃表面涂复一层 SnO_2 或 In_2O_3 来提高玻璃在红外波段的反射率。因成本高而较少采用。

10.4.2　塑料

塑料是制造太阳集热器的一类重要材料。

优点：①强度/重量　比值高；②美观；③可制成透明或不透明；④易加工和大量生产；⑤材料富于弹性；⑥少维护；⑦有些塑料比玻璃的透过率还高；⑧耐侵蚀；⑨导热系数低。

缺点：①机械物性受温度负荷而变化；②有热软化点；③易磨损起毛；④受紫外线照射容易变质；⑤不耐火；⑥在长波段时透射率较玻璃高。

一些常用塑料的物理性能见表 10.4。

表 10.4　常用塑料物性表

种类	比重	$\tau_{阳光}$ /%	耐连续最高 温度/℃	膨胀系数 (10^{-5}/℃)
PMMA	1.17~1.20	89	60~95	5~9
PC	1.20	82~89	120	6.6
GRP		80~90	150~175	3.6~4.4
PVF(Tedler)	1.38~1.57	92~94*	108	4.8
FEP(Teflon)	2.12~2.17	97	205	8.3~11
PET(Mylar)	1.38~1.4	85	104	3
水白玻璃	2.46~2.49	85~91	205?	0.85

* Honeywell's 数据 τ_s 为 0.88。

塑料可用作：①盖子；②蜂巢；③集热器外壳；④反射镜；⑤反射镜的支承；⑥菲涅尔透镜；⑦构架；⑧保温层；⑨管路。

下面简单介绍几种塑料材料。

① PMMA(Polymethyl methecrylate、Acrylic、Plexigless)聚甲基丙烯酸甲酯。重量轻、不易破、易起毛、具有良好的耐候性。常作为外层盖板材料、菲涅尔透镜等。

② PC(Polycarbonate)聚碳酸酯。耐冲击力是玻璃的 30 倍；磨损后易起毛。用作平板集热器中蜂巢。

③ GRP(Glass-fiber reinforced plyester)玻璃纤维增强塑料。具有非常高的耐冲击力，耐候性好，红外波段比玻璃的透射率还低。常用作集热器蜂巢。

④ PVF(Tedler)(Polyvinyl fluoride)聚氟乙烯。在太阳光谱内透射率高；常

用作集热器的外层盖罩。但装配时尽量不要与铁架接触,不能用钉子固定,不能打孔以避免撕裂。装配时不可拉得太紧,因受热后,该材料会收缩。焊剂要洗干净,以免腐蚀。加热试验证明,PVF 在 300°F 时一年变脆,200°F 时二年变脆;适宜作为外层。在佛罗里达州曝晒 5 年后,透射率下降较少。

⑤ FEP(Teflon)(Fluorinated ethylene propylence)氟化乙烯丙烯。具有良好的透射率,且可耐较高温度,用作第二层,效果良好。

⑥ PET(Mylar)(Polyethlene terephthalate)聚酯薄膜。可作为反射材料底衬和蜂巢之用。

另外还可选用 PVC(Polyvinyl choride)聚氯乙烯。但 PVC 耐温性差不宜作管道。管道材料可选用 CPVC(Chorinated Polyvinyl choride)氯化聚氯乙烯材料。

10.4.3　减反射涂层

1. 减反射层理论基础

可由电磁学导出法向反射率 $\rho_{n,\lambda}$ 与绝缘材料折射率的关系。

$$\rho_{n,\lambda} = \left(\frac{n-1}{n+1}\right)^2$$

式中,n 为折射系数,并且 $n = n(\lambda)$,对于玻璃,$n_{glass} \approx 1.5$。

$$\therefore \quad \rho_{n,\lambda} = \left(\frac{0.5}{2.5}\right)^2 = 0.04$$

即单层玻璃一个表面反射率是 4%。

透射率　$\tau_{n,\lambda} = 1 - 0.04 = 0.96$

如果玻璃内层的损耗不计,一层玻璃的透射率为

$$\tau_{n,\lambda} = (0.96)^2 = 0.9216 \approx 0.92$$

2. 浸蚀法制备玻璃减反射涂层

将玻璃浸入 HF 中,制得粗糙的表面,有减反射作用。这种工艺方法称为浸蚀法(Etching)。

浸蚀法工艺要素:

① 浸蚀流体的腐蚀力(Potency)或强度;

② 浸蚀流体的温度;

③ 浸蚀流体的时间;

④ 预处理;

⑤ 玻璃种类。

浸蚀法溶液　　　HF　＋　Silica　→　Fluosilicic Acid

　　　　　　　　（氢氟酸）（玻璃）　　　（氟硅酸）

Heneywell Inc 研究了几千片试片,得到以下方法:

① 将 Silica-Saturated Acid(饱和硅酸)认为其腐蚀力为 0。

② 在 1L Silica-Saturated Acid 中加 1 mL 4%(按重量计)的硼酸则减低上述硅酸的腐蚀力 2 单位→Potency 由 0 变成−2(过饱和)。

③ 在上述 1L 硅酸内加入 1ml 的 3 克分子浓度的 KF(氟化钾)则提高上述硅酸的腐蚀力 2 单位→Potency 由 0 变成+2。

结论:

① 表层的反射率对溶液在一定范围(−18～−21)内变化较小,用较低腐蚀力的液体得到比较耐用的表面层。

② 在适当时间范围(24～34 min)内,把浸蚀时间作少许变动对反射率的影响较小。

③ 溶液温度高,则所需要的浸蚀时间较短(60℃/28 min、65℃/23.5 min、70℃/17 min)得到的表层反射率相近。但温度高时间短制备的表层使用寿命较短。

④ 预处理,在浸蚀前把玻璃泡入 HF 中,可以清除玻璃表面的风化层(Wheathered layer)。

⑤ 不同玻璃所需的浸蚀剂腐蚀力不同。

上述方法制得的表层对温度和湿度很高时性能不好。但经济上采用此法比较有利。如果增加热处理,在 100℃烘烤两天,耐力大有提高。Dr. Hsieh 在 1973 年研究时指出,此种表层不仅在法向入射时透射增加,而且在大入射角时透射率也增加。这就使该表层在倾斜使用的集热器表面上采用更具有实际意义。表 10.5 显示了不同入射角度的透射率(涂覆的表面和没有涂覆)的表面对比。

表 10.5　太阳集热器在不同入射角时单层涂覆和未涂覆的比较

入射斜角	0°	20°	40°	50°	60°	70°	80°
%T 涂覆	94.1	94.7	94.5	93.8	91.6	80.8	56.2
%T 未涂覆	88.8	89.4	90.3	88.6	85.4	73.6	46.8
Δ=%T 涂覆−%T 未涂覆	5.3	5.3	4.2	5.2	6.2	7.2	9.4

3. 双层减反射涂层

用双层涂层可使减反射的波段加宽,反射率也会降低,如图 10.11 所示。

若 n_1, n_2, n 分别表示第 1 层涂层、第 2 层涂层和玻璃的折射系数,满足以下公式,可以获得低的反射率涂层。

$$n_1^2 \cdot n = n_2^2$$

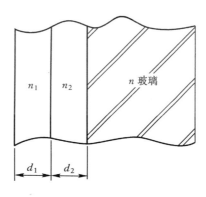

图 10.11　双层减反射涂层

$$n_1 d_1 = n_2 d_2 = \lambda/4$$

要求 n_1 达到很小值在玻璃处理中很难实现。

采用双层涂层的目的是把减反射波段加宽。把材料依次浸入两种不同强度的浸蚀剂,用不同时间,可以达到产生双重涂层的目的。但是影响涂层性能的因素很多。

4. 玻璃浸渍法(Dipping)的减反射涂层

在玻璃表面涂覆一层高分子涂层(Polymer layer)可以制得减反射表面。

浸渍法优点:

① τ 增加 4%;

② 表面耐用,耐湿力强;

③ 涂层可用机械化生产,操作比化学法方便。

5. PVF 减反射层

采用浸蚀方法,可以把 PVF 浸入 Acetophenone(甲基苯基甲酮)于 105℃,保持 5～10 min。然后用 Acetone(丙酮)冲洗,得到涂层在波长 0.35～0.75 μm 范围内,τ 提高 2～3%。

在 PVF 上涂覆的减反射涂层的折射率 n,必须要比 PVF 的 n 低。这种材料只有 FEP。采用热压法:把 PVF 薄膜与 FEP 薄膜压成一体,加工难度较大。采用粘结法:在 FEP 薄膜上涂一层胶水,粘贴在 PVF 薄膜上,制得减反射涂层。

10.4.4　选择性涂层

材料光学特性随波长的不同而发生变化的现象称为选择性。玻璃在太阳光短波部分透光性好,而在红外部分透光性差,这就是玻璃的透射率对波长的选择性。

选择性涂层主要针对透明材料和非透明材料。对于非透明材料的选择性表面又可分为三类。一类是黑体表面,对太阳辐射的吸收率和红外发射率相等,以涂黑漆的吸热板为代表;另一类是选择性吸热涂层,它希望对太阳能的吸收率尽可能的高而对红外则尽可能低的发射率;第三类是选择性放热涂层,它以低的吸收率和高的发射率为目标,如白漆表面。它们可按对太阳能的吸收率 α_s 与红外发射率 ε 的比值等于大于或小于 1 来区分,它们有各自的特点和用途。

普通平板集热器有一块集热板与一层玻璃盖板。由板向环境的辐射散热可用下式表示:

$$Q = \frac{A\sigma(T_{\text{plate}}^4 - T_{\text{glass}}^4)}{\dfrac{1}{\varepsilon_{\text{plate}}} + \dfrac{1}{\varepsilon_{\text{glass}}} - 1}$$

显然降低 $\varepsilon_{\text{plate}}$ 与 $\varepsilon_{\text{glass}}$ 可以减少平板向外的散热量。$\varepsilon_{\text{glass}}$ 在红外部分较大。要减少 $\varepsilon_{\text{glass}}$ 可以涂覆 SnO_2 或 In_2O_2,以提高红外反射率达到降低 $\varepsilon_{\text{glass}}$ 的目的;但这种方法成本较高。从经济角度考虑,宜采用减少平板红外发射率 $\varepsilon_{\text{plate}}$。因此,研究平板的涂层,对提高集热器性能非常重要。研究涂层的目标是使平板在太阳能量密度较大的光谱范围内($\lambda < 3\ \mu$),具有较高的吸收系数 α_s,而在红外部分 ε_i 具有较低的数值。

由电磁学中 Hagen-Ruben's 发射方程,金属的法向发射率 $\varepsilon_{n,\lambda}$ 为:

$$\varepsilon_{n,\lambda} = \frac{1}{\sqrt{\dfrac{0.003\lambda_o}{r_e}}}$$

式中,λ_o 为光在真空中的波长(μ);r_e 为金属电阻率($\Omega - Cm$)。

一些纯金属的电阻率与相应的发射率如表 10.6。

表 10.6　一些金属的发射率

纯金属	电阻率 22℃	ε(抛光样品)
Al	2.74	0.03～0.05
Cu	1.70	～0.02
Au	2.20	～0.02
Ag	1.61	～0.02

对于光亮的纯金属表面,具有天然的很低的 e 表面。在该表面上还需要再有一层涂层,使其在波长 $\lambda < 3\ \mu$ 具有较高的吸收系数,而在红外则吸收很小即近于透明,总的就形成了高的 α_s 和低的 ε_i 的选择性涂层。

选择性涂层的一些指标：

① 良好的光学性质　α_s 愈大愈好，ε_i 愈小愈好，目标 $\alpha_s = 0.95$，$\varepsilon_i = 0.05$；

② 耐热性好　化学成分稳定，不能在工作中发生氧化、还原或分解；

③ 受冷热（循环）冲击而性质不变，寿命大于 15 年；

④ 制造成本低　采用化学法或电化学法比较经济。

以色列采用镀锌铁皮板上电镀镍黑，澳大利亚采用铜作平板并用化学转换方法制成铜黑。

一些常用选择性涂层见表 10.7。

表 10.7　一些选择性涂层的性质

涂层	底材	α_s	ε_i	失效温度 °F	耐湿性 MIL－STD° 81OB	价格 $/ft² （参考价）
黑镍在镍上	钢	0.95	0.07	＞550	不定	0.30
黑铬在镍上	钢	0.95	0.09	＞800	很好	0.35～0.15
黑铬	铜	0.91	0.07	＞800	生锈	0.10
	钢	0.95	0.14	600	好，少微影响	0.10
	镀锌铁	0.95	0.16	＞800	金属层脱落	0.10
黑铜	铜	0.88	0.15	600	不好	0.10
氧化铁	钢	0.85	0.08	800	好，少微影响	0.05
氧化锰	铝	0.70	0.08		好，少微影响	0.10
氧化铁涂有机物	钢	0.90	0.16		好，少微影响	0.15
黑铬涂有机物	钢	0.94	0.20			0.15

光谱选择性涂层的制备工艺有多种：化学和电化学、真空沉积、涂料、化学蒸发沉积、高温喷涂以及熔烧等法。涂层制备工艺对涂层光学特性影响很大，利用不同工艺手段可以制成光性差别很大的涂层。表 10.8 示出各种制备方法与光谱选择性涂层的典型光性（热辐射特性）范围的关系，可以看出，制备涂层的方法很多，其光性范围也很广泛。

表 10.8　光谱选择性涂层工艺方法优缺点比较

工艺方法	优点	缺点
真空沉积法	1.可将各种材料蒸发或溅射成涂层； 2.可准确控制工艺参数与涂层厚度； 3.可制备高反率或高吸收—发射比涂层	1.无法沉积易分解物质； 2.无法制备大尺寸样品； 3.间歇操作； 4.成本高
化学转换与电化学沉积	1.材料选择范围宽,可对某些金属表面进行化学转换。能将各种金属电镀成涂层；对于铝等材料可进行阳极氧化处理； 2.可大面积进行沉积； 3.工艺简便,生产效率高,可实现连续化生产	1.无法涂布介电质材料； 2.仅能制备中等吸收—发射比涂层； 3.有时需用毒性大的药品
涂刷工艺	1.工艺简便,能大面积涂布,易推广； 2.涂层组份广泛变化大,材料选择大； 3.成本低廉	1.涂层的吸收—发射比不高； 2.与底材的结合性差
化学蒸发沉积	1.能沉积不规则表面； 2.生产效率高； 3.能制备高纯涂层	1.涂层不均匀； 2.高温会影响底材性质； 3.在金属卤化物蒸汽中沉积时,可能与底材反应
等离子喷涂	1.能涂布任何可熔,但不会分解的材料； 2.喷涂速度较快	1.涂层的吸收—发射比不高,均为漫反射表面； 2.底材需承受高温
熔烧	1.涂层组成可广泛变化； 2.涂层致密,与底材结合良好	1.涂层的吸收—发射比不高； 2.底材需承受较高的温度

10.5　太阳热水器设计与安装

太阳热水器设计方法分两种。

① 性能预测法。利用平均日射量、气象资料、设计收集器面积与结构形式、储水量,估计每日、每月的性能需要。

② 设计法。按用户负载要求,如供热水的量、水温等,根据已知平均日射量、气象条件及所需性能(进出水温及收集效率)与成本,计算热水器的结构形式与大小。

10.5.1　太阳热水工程采光面积确定

一般太阳热水工程为便于计算,工程的日产热水量与集热器面积的比值,通常取 100 kg/m² 为宜。国内许多地区使用期 8~10 个月,而有些地区则可全年使用,这与集热器结构形式和具体地区有关。在运行期内,集热器按 12 MJ/(m² · d)。计算近年对于太阳集热器不能满足用户要求的月份或时期,多采用燃气、电加热、热泵或燃油等形式进行互补,并联运行以保证全年全天候热水供应。

热水用量的标准可按"室内给水排水和热水供应设计规范"进行设计计算,如表 10.9 所示。用户和设计者可按此标准及实际需要,最后确定热水系统的采光面积。

表 10.9　室内给水排水和热水供应设计规范

名称	水温(℃)	每人每次用水量(kg)
浴室	40	35~40
理发室	45	8
营业餐厅	50	6

10.5.2　热水器安装要求

太阳热水器一般安装要求有下列事项。

① 集热器安装位置应不受任何建筑物或树木遮挡并考虑尽可能选择在避风处或采取防风措施。集热器和屋面结合要足够坚固,以承受大的风力。

② 集热器朝向北半球以正南为佳。安装倾角,若全年使用,其倾角可以取当地的纬度;冬季使用可考虑取当地纬度角加 10°。

③ 集热器前后排距离,对全年使用,可按集热器安装高度的 3 倍计量。若以夏季为主兼顾春秋使用,可按 0.85 倍集热器高度设计。

④ 无论是单片集热器或者是一组集热器,其上下循环管的连接,互成对角线位置。

⑤ 水箱和热水管路保温均采用常规做法,参考《给水排水标准图集》。

⑥ 在使用季节安装玻璃时,必须在系统运行状态下进行,安装前应清除灰尘。

⑦ 上下循环管道沿水流方向,应有不小于 3‰的向上坡度。

⑧ 所有集热器的最低处与支架,都要考虑泄水方便,不得有存水地方。

⑨ 溢流管安装在集热器热水管出口处,并严禁安装任何形式的阀门。

⑩ 系统安装后,通水调试,要求集热器、水箱、所有管路阀门无一渗漏。但禁

止直接用自来水压力试压。正常运转数日后,方可进行验收交付正式使用。

10.5.3　热水器工程安装造价预算

太阳能热水工程主要成本一般包括下列几部分。

① 集热器约占总造价的 50%;

② 储热水箱约占总造价的 10%;

③ 安装施工费约占总造价的 10%;

④ 支架、管道、保温、基础及表面处理约占总造价的 20%;

⑤ 控制系统、设计及管理费约占总造价的 10%。

10.6　光-热利用用途

太阳光-热利用除太阳热水器外,还有太阳能供暖、制冷、干燥、海水淡化和热力发电等用途。

10.6.1　太阳能供暖

供暖是太阳能热利用形式之一。太阳能供暖系统主要由集热器、储热器、配热系统、辅助加热装置等构成。按热媒种类划分,可分水加热系统及空气加热系统。按利用太阳能方式区分,可分为被动式、主动式及热泵式系统等。

图 10.12 是以水为集热介质的太阳能供暖系统。该系统以储热水箱与辅助加热装置作为供暖热源。该系统一方面可以对系统的太阳集热器—储热水箱部分进行独立控制即当有太阳照射时,开动水泵 1,使水在集热器与水箱之间循环,吸收太阳能提高水温。另一方面可以独立地控制系统的蓄热器—辅助能源—负荷部分。水泵 2 保证负荷部分供暖热水的循环;旁通管的作用是为了避免用辅助能量

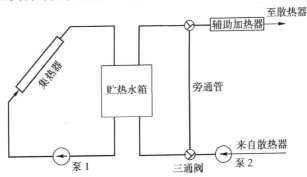

图 10.12　太阳能供暖系统

去加热储热水箱。

设计要求,在合理控制各阀门情况下,一般有三种工作状态:供暖热媒温度为40℃,回水温度为25℃时,收集温度超过40℃,辅助加热装置就停止工作;当收集温度介于25~40℃之间,循环仍然通过储热水箱,辅助加热只起补充作用,把水温提高到40℃;当收集温度降到25℃以下,系统中全部水量只通过旁通管进入辅助加热装置,供暖所需热量都由辅助加热装置提供,暂不利用太阳能。此外,还可以依靠热泵系统将较低的收集温度提高,进行供暖。

热水供暖优点:利用普通传热和储热介质(避免为向蓄热器传入热量和从中引出热量所需温降),蓄热器容积较小,较易适应对吸收式空调器提供能量,以及用于水泵的能量较小。

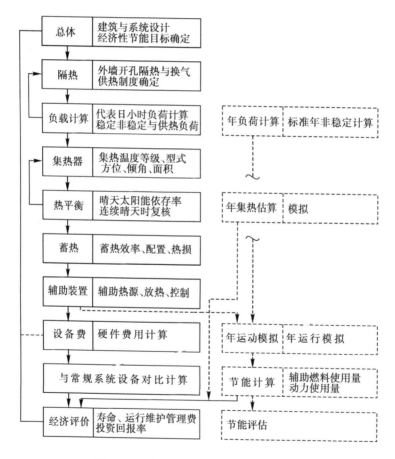

图 10.13　太阳能供暖系统设计步骤框图

建筑住宅供暖时间每年一般约需 4 个月,即使在供暖季节,对热量的需求量也是变化的。在供暖初期和末期,供暖系统提供热量往往相当富余,而在严冬期间,热能又不足,则需辅助系统补充。由此可知,太阳能供暖系统在一年中可能会有相当长的时间收集到的热量会有部分或全部剩余,如果可将这些剩余热量储存起来,以备后用,则可大大提高系统经济性。但是直至目前,还没找到一个切实可行方法。既然所产生的热能不能经济地加以长期储存,则可考虑用作其他用途。例如用于供热水等。

太阳能供暖系统尚未出台标准设计方法。多数情况是在常规系统上增添集热器等这样一些设备,并靠利用太阳能所节省的燃料费来回收这些设备投资。因此,需要估算年供暖、供热水负荷以及计算太阳能利用量。在此仅给出一概略的设计步骤,如图 10.13 所示,供参考。

太阳能供暖空气加热系统如图 10.14 所示。

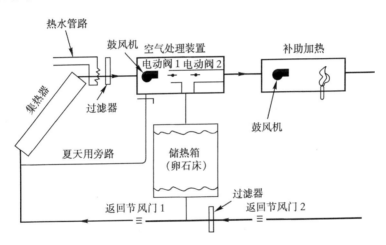

图 10.14　空气集热暖房系统

10.6.2　太阳能制冷

制冷是太阳能热利用另一形式。太阳能制冷是为数不多的几种能源供求之间配合密切的应用之一。当需要制冷时,往往也是太阳辐射很强时。它与供暖应用情况恰恰相反,供暖是越需要热能时,太阳辐射往往较弱。虽然如此,太阳能制冷实践比其采暖要少得多,主要原因是技术要求和成本高。太阳能制冷一般而言有两种不同的目的,一是为食物或药品保存提供冷冻;二是为舒适而进行空调。虽然两者工作过程基于相同原理。但对于前者,人们一般愿付出较大代价,而对后者,人们会较多关注经济性。

太阳能制冷系统可分三类:吸收式制冷、压缩式制冷和喷射式制冷。进一步分类,包括原动机、工质、制冷机、冷媒介质等,参阅表 10.10。

表 10.10　太阳能制冷类型

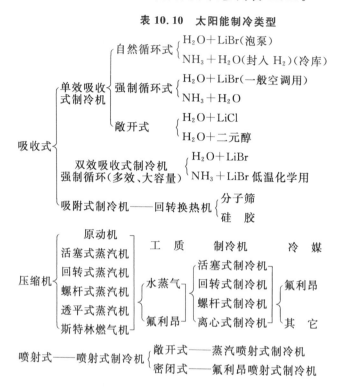

以下仅讲述吸收式制冷和喷射式制冷系统。

太阳能制冷的基本原理

1. 吸收式冷冻机特性与工作原理

如图 10.15 所示,吸收式冷冻机的基本原理是利用两种液体的浓度和温度差产生的饱和蒸汽压差所引起的蒸发和吸收作用。吸收器和蒸发器完全制成真空,前者装入 60%的溴化锂水溶液,后者装入纯水。打开连接吸收器和蒸发器的阀门,蒸发器的纯水很快蒸发,向着蒸气分压低的吸收器移动

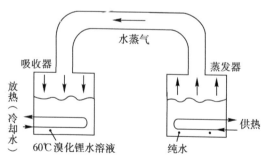

图 10.15　蒸发和吸收原理

并为吸收液吸收。在蒸发器中,由于蒸发吸收蒸发潜热,水温下降。在吸收器中,产生吸收热,溶液温度上升。蒸气压差逐渐减小,对于蒸发器来说,由外部供热,保持 6℃,吸收器由外部冷却,保持 42℃,那么,内部的水蒸气分压接近保持真空(7 mmHgabs),这样,蒸发、吸收作用继续下去,在蒸发器一边可得到冷水。但是,若把吸收液稀释,则冷却效果便可停止。因此,对于实际的吸收式冷冻机,由图 10.16所示,必须具有可以把稀释的溶液再浓缩的再生循环。在再生器中,通过外部加热,使溶液浓缩,使水蒸气分离,冷凝器中液化的水再送进蒸发器中。

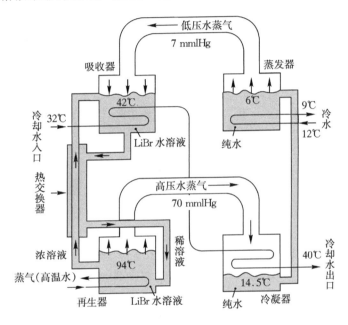

图 10.16 吸收式冷冻机运行流程

根据图 10.17 的温度-浓度-蒸气压线图,可以知道吸收式冷冻机的变化。图中,吸收液沿 A→B→C→D→E→F→A 循环进行。水蒸气在 B→C 过程中分离,在状态 H 成为冷凝水,在状态 G 蒸发,在 E→F 被吸收。

吸收过程:D→E→F

D→E 为吸收器中浓溶液的预冷过程,温度从 θ_d 变化到 θ_e,显热发生变化。E→F是吸收过程,浓度为 $\zeta_2=62\%$,温度为 θ_e 的溶液吸收了在蒸发器中产生的水蒸气,变成 $\zeta_1=58\%$,$\theta_f=37.8℃$ 的稀溶液。这时的水蒸气压是 $P_2=7$ mmHgabs(绝对压力),与 $\theta_g=6℃$ 的水的饱和水蒸压相等。蒸发器的水在 6℃ 蒸发。冷水温度只在热交换所要求的温度差变高,出口的温度达到 9℃。

加热再生过程:A→B→C

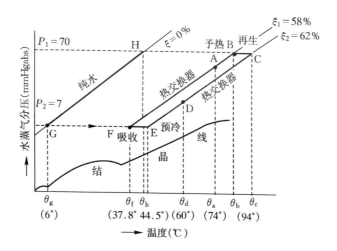

图 10.17 吸收式冷冻机的温度-浓度-蒸汽压线图

A→B 为再生器中溶液的预热过程,其显热发生变化。B→C 为水分蒸发,吸收液浓缩,"再生"过程。在这个过程中,浓度为 $\zeta_1 = 58\%$,温度 θ_b 的吸收液浓到 $\zeta_2 = 62\%$,$\theta_e = 94℃$。此时的水蒸气压 $P_1 = 7$ mmHgabs,等于 $\theta_h = 44.5℃$ 的水的饱和水蒸气压。

作为制冷剂的水在 B→C 间,仅蒸发 $\Delta\zeta = \zeta_2 - \zeta_1 = 4\%$,被冷却水冷却,在 H 点 ($\theta = 44.5℃$) 变为冷凝水,在 G 点再蒸发,在 E→F 被吸收。

在 ABCDEF 循环,EF 和 BC 的压力分由制冷剂的蒸发温度和冷凝温度决定。另外,θ_f、θ_c 分别由相当于冷却水温度和再生器加热温度的溶液浓度决定。

计算这种条件下的吸收式冷冻机的性能系数,需要知道各点的状态值。在实

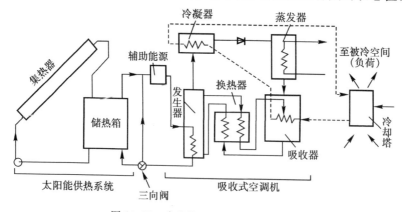

图 10.18 太阳能吸收式制冷原理图

际计算中,使用焓浓度线图,对于图 10.17 的条件,其性能系数为 0.7。

太阳能吸收式制冷原理图、直接式太阳能吸收式制冷机系统和间歇太阳能吸收式制冷机系统分别如图 10.18、图 10.19 和图 10.20 所示。

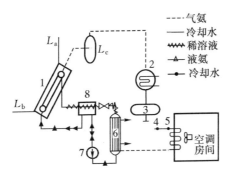

1—集热器,L_a,L_b 反射板,L_c 分离器;2—冷凝器;3—储液罐;
4—膨胀阀;5—蒸发器;6—吸收器;7—溶液泵;8—热交换器
图 10.19　直接式太阳能氨水吸收式制冷机系统图

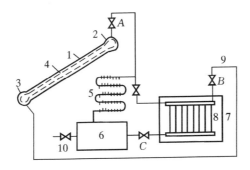

1—集热管;2—上联管;3—下联管;4—内套管;5—冷凝管;
6—储氨罐;7—冰箱;8—蒸发器;9—加氨管;10—充氨管
图 10.20　间歇式太阳能吸收式制冷机系统示意图

2. 喷射式太阳能冷冻机

喷射式冷冻机利用水蒸气喷射吸热的原理。太阳能收集器将工作流体直接或间接加热成高温高压蒸气后,导入喷射器的喷嘴,变成高速蒸气射流,而造成低压,此低压部分连接蒸发器,把蒸发器制冷剂蒸气引入,再经喷射器的混合管与原来工作流体混合,然后,在喷射器尾端的增压器中增压进入冷凝器,这时喷射器如压缩机一样,将制冷剂通到膨胀阀降压成液态,随后在蒸发器中蒸吸热,为喷射器吸入与工作流体混合;流出冷凝器的工作流体再经泵打入太阳能收集器或热交换器中开始新的循环,其系统如图 10.21 所示。

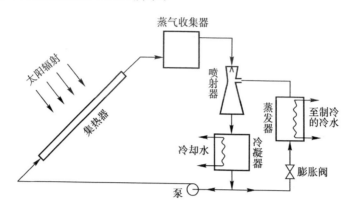

图 10.21　喷射式太阳能冷冻机系统

系统理论性能系数 COP(coefficient of performance)若不考虑泵所做的功,则与吸收式相同,即

$$\text{COP} = \frac{q_L}{q_G} = \frac{T_e(T_G - T_c)}{T_G(T_c - T_e)}$$

式中,T_c、T_e、T_G 分别为冷凝器、蒸发器、再生器的绝对温度。

当太阳能集热器提供流体温度较高时,可得到较大的性能系数。由于这种系统结构简单,维护费低,所以发展潜力很大。

10.6.3　太阳热力发电

热能品位或温度高低对热力发电装置的热—电转换效率影响很大。因此,在太阳热力发电装置中基本都采用聚焦型集热(器)阵列,把采集的太阳辐射转换成温度较高的热能。这种热能用来驱动热机以发电。

太阳热力发电系统如图 10.22 所示,它主要由集热阵列、热传输回路、蓄热与热交换装置、热机发电机组组成。这种系统工作过程:集热阵列在一定的集热温度下,以良好的效率对太阳辐射集热;热传输回路以良好的效率将集热阵列所收集的热能输送给蓄热与热交换装置;蓄热与热交换装置储存由热传输回路送进的热能,并在这里通过热交换提供给发电机组。热机发电机组是把热能转换为电能的装置。

太阳能热力发电系统主要构成如下。

热机　顾名思义就是利用热能而可产生机械能的装置,由热力学可知热机必须具备:

① 高温热源　使热能加入作用于流体中;

② 低温热接收器　接收作用流体的放热;

③ 工作介质　吸收高温热源的热,作功后排热到低温热接收器中;

④ 加热、放热及作功的方法。

具备这些条件后,依热力学第二定律可知,高温热源与低温热接收器间必须有温差,才可使系统做功,因热机决不可与单一热"源"作热交换而对外循环做功。而且,由热力学第二定律,在一定的低温热接受器温度下,可逆热机的热效率依高温热源的温度而定,温度越高,则热效率越高。可逆热机的理论最高热效率 η_t 为:

$$\eta_t = \frac{T_h - T_c}{T_h}$$

式中,T_h 为高温热源可达到的最高温度(K),对于太阳能热动力系统主要是太

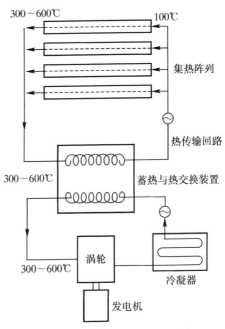

图 10.22　太阳能热力发电系统

阳能集热器中流体介质所能达到的温度;T_c 为低温热源的温度(K)。即热机机组冷凝器的温度;对气冷式冷凝器即为空气温度;水冷式则为冷却水的绝对温度。

集热系统　主要包括聚光装置、接收器和跟踪机构。聚光装置有各种形式,从镜大致可分为平面镜、单曲面镜、复曲面镜、透镜;从反射光面的几何形状可分碟式聚光、槽聚光和反射塔,如表 10.10 所示。

表 10.10　太阳能聚光装置

名称		聚光方式		聚光比 范围	跟踪方式			聚光形状		
		反射	透射		无	单轴	双轴	点	线	面
平面镜	侧面镜	○		5～3.0				○	○	○
	固定镜	○		20～30	○	○吸收体		○	○	○
	定日镜	○		100～1000			○			
单曲面镜	复合抛物面镜	○		3～10		○		○		
	槽形抛物面镜	○		100	○	○		○		
	线形菲涅尔	○		10～30		○		○		

续表 10.10

名称		聚光方式		聚光比 范围	跟踪方式			聚光形状		
		反射	透射		无	单轴	双轴	点	线	面
复曲面镜	抛物面	○		50～1000			○	○		
	半球	○		25～500			○	○		
	圆形菲涅尔	○		50～500			○	○		
透镜	线形菲涅尔		○	3～50	○	○		○	○	
	圆形菲涅尔		○	50～1000			○			

　　平面镜聚光方式中具有代表性的是由许多平面反射镜聚光来取得高温热能的塔式集热。大中型太阳能热电站多采用这种方式,其聚光比可达 100～1000。如图 10.23 所示。

图 10.23　塔式聚光装置

　　单曲面镜聚光方式中具有代表性的是槽形抛物面镜,一般焦线轴可呈南北或东西向布置,这种形式的聚光比为 10～30。如图 10.24 所示。

　　复曲面镜具有代表性的聚光方式是旋转抛物面反射镜,亦称碟式聚光。这种反射镜由于形成了焦点,聚光比可达 50～1000。如图 10.25 所示。

　　构成聚光装置反射面的主要材料是反射镜面,如:将铝、银蒸镀在玻璃上或蒸镀在聚四氟乙烯及聚脂树脂等膜片上。对于玻璃反射镜,蒸镀在镜面的正面,其反射率高,没有光透过玻璃的损失,但不易保护,寿命较短;镀在反面,尽管存在阳光透过玻璃引起一些损失,但镀层容易保护,使用寿命长,一般多采用。

　　吸收体是接收器主要构成部分,其形状有平面、线状、点状,也有空腔结构。低温、中温甚至高温吸收体表面往往采用选择性吸收面,如经过化学处理的金属表

图 10.24　槽式聚光阵列

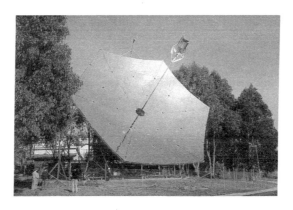

图 10.25　碟式聚光集热装置

面;由铝/铝/铝之类的多层薄膜构成的表面;用等离子体喷射法在金属基板喷镀特定材料后所构成的表面等。

　　热传输　对于分散型发电系统,通常要把许多单元的集热装置串联、并联组成集热器阵列。这样,加长了将各个集热装置收集起来的热能输送给蓄热系统所需要的输热管道,热损耗增加。对于集中型发电系统,虽然管道可以减短,但却需要将载热液体送到塔顶,因而需消耗动力。载热液体根据温度、液体特性来选择。目前大多选用水、有机液体等。偶而也有选用气体的。流经输热管道的载热流体如果是单相液体(即无相变的液体或者是气体),则每单位时间内输送的热量 Q 为:

$$Q = C_{\mathrm{p}} \rho u_{\mathrm{m}} \left(\frac{\pi D^2}{4} \right) \Delta T$$

式中，C_p 为载热液体的比热；ρ 为载热液体的密度；u_m 为载热液体的平均流速；D 为管道直径；ΔT 为温差。

管道内的压力降 ΔP 可表示为

$$\Delta P = \frac{L}{D} f \left(\frac{p u_m^2}{2} \right)$$

式中，L 为管道长度；f 为摩擦系数。

泵送功率 P 为

$$P = u_m \left(\frac{\pi D^2}{4} \right) \Delta P$$

功率 P 还可表示为

$$P = \frac{8}{\pi^2} \left(\frac{Q}{\Delta T C_p} \right)^3 \frac{fL}{\rho^2 D^5}$$

输热管道的热损耗为：

$$Q_{耗} = \Delta T \frac{2\pi k L}{\ln\left(\dfrac{R_o}{R_i} \right)}$$

式中，k 为绝热材料的导热系数；R_o 为绝热材料的外径；R_i 为绝热材料的内径。

为了减少管道系统热损失，一般有两种方法，一种是在输热管外面加绝热材料进行保温；另一种是采用热管输热。

热交换 太阳辐射的间歇性决定了需要设置蓄热装置，才能达到实用供电需要。蓄热在其他章节已作阐述，在此不再赘述。

热力机 应用于太阳能热发电系统的动力机有气轮机、燃气轮机（开式或闭式）、氟里昂气轮机、斯特林发动机、螺杆膨胀机等。这些发电系统可根据集热后经过蓄热、热交换系统供给汽轮机入口热能的温度等级以及热量等情况进行选择。对于大型太阳能热电站可选用气轮机；对于低温小功率发电系统可选用氟里昂气轮机、螺杆膨胀机和斯特林发动机。

氟里昂气轮机循环与汽轮机循环基本相同，其原理是：来自集热器装置或蓄热器、热交换器装置的热能引入氟里昂蒸发器中，氟里昂在蒸发器中蒸发，再进入气轮机中膨胀，做功，之后失去热量，压力降低排入冷凝器中冷却液化，再由泵将液化了的氟里昂打入蒸发器中，开始新的循环。氟里昂气轮机一般的热源温度在150℃左右，温度不能太高；温度太高会引起氟里昂工质的分解等。

螺杆膨胀机用于小型发电装置，它的特点是可以带液工作，效率可达 60% ～ 70%。

斯特林发动机也叫热气机，1816 年由苏格兰人罗伯特·斯特林首先发明而得名的。由于斯特林发动机能适应各种不同热源，无废气污染、效率高、振动小、噪音低、运转平稳、可靠性高、寿命长等优点,因而是一种颇有发展前景的热气机。斯特林发动机的主要部件有:加热器、回热器、冷却器、配气活塞、动力活塞和传动机构等,如图 10.26 所示。聚焦的太阳辐射,透过石英窗照射到头部加热器上作为加热源,由菱形传动机构输出功率。菱形传动机构装在机箱中,全部机件完全密封,其工作过程分以下四个步骤。

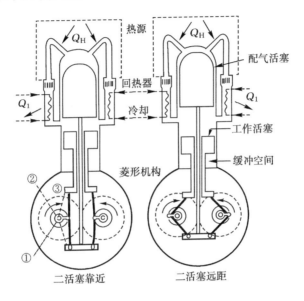

图 10.26 斯特林发动机结构示意图

① 等温压缩 开始工作时,动力活塞处于下死点,配气活塞处于上死点,压缩进行时,动力活塞从下死点往上死点运动,当运动到上死点后,压缩过程结束。工质在此过程中要释放出热量,在最低的循环温度下向外界释热,保持压缩过程中温度不变。

② 等容回热 配气活塞从上死点向下死点运动,而动力活塞保持在上死点不动。因此,循环系统总容积保持不变,工质流经回热器后,从回热器中吸收大量热量,工质也就达到了最高温度。

③ 等温膨胀 在这一过程中,配气活塞继续往下死点运动,而动力塞也开始从上死点向下死点运动,运动结束时,两个活塞均处于各自的下死点。

④ 等容放热 配气活塞从下死点返回上死点,动力活塞保持在下死点不动。因此容积不变,工质由热空间流回冷空间,在流经回热器时,将热量传给回热器,使工质温度降到最低温度。

这样,动力活塞不断地往复运动时,带动菱形机构也不断运动,从而通过曲柄输出功率。这种斯特林发动机白天可用太阳能,夜间利用其他热源。

思 考 题

1. 板式集热器、管式集热器各自的优缺点有哪些?
2. 试讲述三种聚光形式的特点?
3. 太阳能制冷都有哪些形式和特点?
4. 制约太阳能光-热发电性能主要因素是什么,如何解决?

附录 1

AM0 太阳辐射光谱 *

λ	E_λ	D_λ	λ	E_λ	D_λ	λ	E_λ	D_λ
0.18	1.25	0.0016	0.45	2006	12.47	1.00	748	69.49
0.20	10.7	0.0081	0.46	2066	16.65	1.2	485	78.40
0.22	57.5	0.05	0.47	2033	18.17	1.4	337	84.33
0.23	66.7	0.10	0.48	2074	19.68	1.6	245	88.61
0.24	63.0	0.14	0.49	1950	21.15	1.8	159	91.59
0.25	70.9	0.19	0.50	1942	22.60	2.0	103	93.49
0.26	130	0.27	0.51	1882	24.01	2.2	79	94.83
0.27	232	0.41	0.52	1833	25.38	2.4	62	95.86
0.28	222	0.56	0.53	1842	26.74	2.6	48	96.67
0.29	482	0.81	0.54	1783	28.08	2.8	39	97.31
0.30	514	1.21	0.55	1725	29.38	3.0	31	97.83
0.31	689	1.66	0.56	1695	30.65	3.2	22.6	98.22
0.32	830	2.22	0.57	1712	31.91	3.4	16.6	98.50
0.33	1059	2.93	0.58	1715	33.18	3.6	13.5	98.72
0.34	1074	3.72	0.59	1700	34.44	3.8	11.1	98.91
0.35	1093	4.52	0.60	1666	35.68	4.0	9.5	99.06
0.36	1068	5.32	0.62	1602	38.10	4.5	5.9	99.34
0.37	1181	6.15	0.64	1544	40.42	5.0	3.8	99.51
0.38	1120	7.00	0.66	1486	42.66	6.0	1.8	99.72
0.39	1098	7.82	0.68	1427	44.81	7.0	1.0	99.82
0.40	1429	8.73	0.70	1369	46.88	8.0	0.59	99.88
0.41	1751	9.92	0.72	1314	48.86	10.0	0.24	99.94
0.42	1747	11.22	0.75	1235	51.69	15.0	0.048	99.98
0.43	1639	12.47	0.80	1109	56.02	20.0	0.015	99.99
0.44	1810	13.73	0.90	891	63.37	50.0	0.00039	100.00

附录 2

气候常数

地名	气候*	植物生长*	日照率%		修正常数	
			范围	平均	a	B
阿尔布开克,新墨西哥州(美国)	BS～BW	F	68～85	78	41	37
亚特兰大,乔治亚州(美国)	Cf	M	45～71	59	38	26
兰山,马萨诸塞州(美国)	Df	D	42～60	52	22	50
布朗斯维尔,德克萨斯州(美国)	BS	GDsp	47～80	62	35	31
布宜諾斯艾利斯(阿根庭)	Cf	G	47～68	59	26	50
查尔斯顿,德克萨斯州(美国)	Cf	F	60～75	67	48	09
大连(中国)	DW	D	55～81	67	36	23
帕索,德克萨斯州(美国)	BW	Dsi	78～88	84	54	20
伊利,内达华州(美国)	BW	Bzi	61～89	77	54	18
汉堡(德国)	Cf	D	11～49	36	22	57
火奴鲁鲁,夏威夷(美国)	Af	G	57～77	65	14	73
麦迪逊,威斯康星州(美国)	Df	M	40～72	58	30	34
马兰热(安哥拉)	AW～BS	GD	41～84	58	34	34
迈阿密,佛罗里达州(美国)	AW	E～GD	56～71	65	42	22
尼斯(法国)	Cs	SE	49～76	61	17	63
波那(印度)	Am	S	25～49	37	30	51
斯坦利维尔(刚果)	Af	B	45～56	48	28	39
塔曼拉赛(阿尔及利亚)	BW	Dsp	76～88	83	30	43

注 * 以 Trewartha 的气候图(1954～1961)作为气候类型分类依据。

　　Af ——热带森林气候,常年有雾;全年下雨;

　　Am ——热带森林气候,季节雨;有短期的旱季,但其总降雨量仍属多雨的森林气候;

AW ——热带森林气候,冬季无雨;

BS ——草原或半干燥地带气候;

BW ——沙漠或干燥气候;

Cf ——温带森林气候,常有雾,整年有雨;

Cs ——温带森林气候,冬季无雨;

Df ——寒带有雪森林气候,常有雾,整年有雨;

DW ——寒带有雪森林气候,冬季无雨;

* 以 Kiichlcr 的植物生长地图作为植物生长类型分类的依据

B ——阔叶常绿林;

Bzi ——阔叶常绿,灌木类,最小高度 3 英尺,间距甚大,互相不换接;

D ——阔叶落叶树;

Dsi ——阔叶落叶,灌木类最小高度为 3 英尺,间距甚大,互要接换;

Dsp ——阔叶落叶,灌木类,最小高度为 3 英尺,单株或成簇生长;

F ——针状常绿树;

G ——草类或草木植物;

GD ——草类或草本植物学;阔叶落叶树;

GDsp ——草类或草本植物学;阔叶落叶树;灌木类,最小高度为 3 英尺,单株或成簇生长;

M ——混合型:阔叶落叶和针叶常青树;

S ——半落叶:阔叶常青和阔叶落叶树;

SE ——半落叶:阔叶常青和阔叶落叶;针叶常青树。

附录 3

主要符号表

A 面积

AM	大气相对光学质量	A_s	太阳方位角
C	蓄电池的容量	c	光速
E	辐照度,时差,电动势	e	辐射能
E_c	导带底	E_F	费密能级
E_g	禁带宽度	E_i	本征半导体的费密能级
E_{sc}	太阳常数	E_v	价带顶
F	法拉第常数		
H	日辐照量,辐照量,曝辐量	h	对流换热系数
H_o	大气层外的太阳辐射能		
I_m	最佳工作电流	I_{sc}	短路电流
J	电流密度	k	导热系数
m	大气相对光学质量	m^*	载流子的有效质量
m_e^*	电子的有效质量	n	天数,一年中的第几天
N_A	受主浓度	N_D	施主浓度
n_i	本征载流子浓度	P	大气压,大气透明度
P_0	标准大气压	P_m	最大输出功率
Q	辐射能,热流量	q	载流子电量,热流密度
s	平面倾斜角	T	绝对温度
t	时间	V_m	最佳工作电压
V_{oc}	开路电压		
α	太阳高度角,吸收率,电流温度系数		
β	电压温度系数	φ	地理纬度
γ	平面方位角	δ	赤纬
ε	发射率,电场强度	ε_0	自由空间介电常数

η	转换效率	θ_i	入射角
θ_z	天顶角	λ	波长
μ	迁移率	ρ	电阻率;反射率
σ	斯忒藩-玻耳兹曼常数	τ	透射率,载流子寿命
τ_n	电子的寿命	Φ	辐射通量
φ	电极电位	ω	时角

脚标

av	平均	b	直射
d	散射,全天	h	水平
i	入,入射	m	平均;最大
n	法向,正午	o	出,大气层外
r	反射	s	太阳　倾斜
t	总,全部	z	天顶

参考文献

1　陈学俊,袁旦庆.能源工程[M].西安:西安交通大学出版社,2002

2　陈听宽.新能源发电[M].北京:机械工业出版社,1989

3　方荣生,项立成.太阳能应用技术[M].北京:中国农业机械出版社,1985

4　王革华.能源与可持续发展[M].北京:化学工业出版社,2005

5　朱瑞兆.中国太阳能风能资源及其利用[M].北京:气象出版社,1988

6　李申生.太阳能物理学[M].北京:首都师范大学出版社,1996

7　黄文雄.太阳能之应用及理论[M].台北:协志工业丛书出版社,1978

8　喜文华.太阳能实用工程技术[M].兰州:兰州大学出版社,2001

9　赵争鸣.太阳能光伏发电及其应用[M].北京:科学出版社,2005

10　方振平.航空飞行器飞行动力学[M].北京:北京航空航天大学出版社,2005

11　李玉海,狄勉祖.太阳辐射浅说[M].北京:农业出版社,1978

12　G. W. Paltridge, C. M. R. Platt. 气象和气候学中的辐射过程[M].吕达仁,
译.北京:科学出版社,1981

13　罗思 G. D. 天文学手册[M].汤崇源,译.北京:科学出版社,1985

14　O. STUARTR WENHAM, MARTIN A. GREEN, MURIEL E. WATT,
RICHARD CORKISH. APPLIED PHOTOVOLTAICS[M]. Sydney. Cen-
tre for Photovoltaic Engineering,2006

15　施钰川,李新德.太阳能应用[M].西安:陕西科学技术出版社,2001

16　石广玉.大气辐射学[M].北京:科学出版社,2007

17　吴北婴.大气辐射传输实用算法[M].北京:气象出版社,1998

18　李甲科.大学物理[M].西安:西安交通大学出版社,2008

19　阎守胜.固体物理学[M].北京:北京大学出版社,2008

20　刘恩科.半导体物理学[M].北京:国防工业出版社,1994

21　曾谨言.量子力学教程[M].北京:科学出版社,2003

22　赵富鑫,魏彦章.太阳电池及其应用[M].北京:国防工业出版社,1985

23　[日]高桥清.太阳光发电[M].田小平,译.香港:新时代出版社,1987

24　杨德仁.太阳能电池材料[M].北京:化学工业出版社,2007

25　梁瑞林.半导体器件新工艺[M].北京:科学出版社,2008

26　张厥宗.硅单晶抛光片的加工技术[M].北京:化学工业出版社,2005

27 ［奥］马丁·格林.太阳电池工作原理、工艺和系统的应用［M］.李秀文,译.北京:电子工业出版社,1987

28 易新建.太阳电池原理与设计［M］.武汉:华中理工大学出版社,1989

29 安其霖,曹国琛.太阳电池原理与工艺［M］.上海:上海科学技术出版社,1984

30 ［日］桑野幸德.太阳电池及其应用［M］.钟伯强,马英仁,译.北京:科学出版社,1990

31 王炳忠.太阳辐射能的测量与标准［M］.北京:科学出版社,1988

32 薛君敖.光辐射测量原理和方法［M］.北京:计量出版社,1981

33 西安交通大学太阳电池研究室.全国阳光发电技术培训班讲义［G］.1991

34 张文保.化学电源导论［M］.上海:上海交通大学出版社,1992

35 徐国宪.新型化学电源［M］.北京:国防工业出版社,1984

36 袁宝善,蓄电池［M］.哈尔滨:黑龙江科学技术出版社,1981

37 施锡林.铅蓄电池［M］.北京:人民邮电出版社,1986

38 卢国琦.铅蓄电池的原理与制造［M］.北京:国防工业出版社,1988

39 伊晓波.铅酸蓄电池制造与过程控制［M］.北京:机械工业出版社,2004

40 徐曼珍.新型蓄电池原理与应用［M］.北京:人民邮电出版社,2005

41 沈辉,曾祖勤.太阳能光伏发电技术［M］.北京:化学工业出版社,2005

42 罗运俊,何梓年,王长贵.太阳能利用技术［M］.北京:化学工业出版社,2005

43 王长贵,崔容强,周筸.新能源发电技术［M］.北京:中国电力出版社,2003

44 王长贵,王斯成.太阳能光伏发电实用技术［M］.北京:化学工业出版社,2005

45 罗运俊,何梓年,王长贵.太阳能利用技术［M］.北京:化学工业出版社,2005

46 李岳林.工程热力学［M］.北京:人民交通出版社,1999

47 徐生荣.工程热力学［M］.南京:东南大学出版社,2004

48 翁中杰.传热学［M］.上海:上海交通大学出版社,1987

49 葛新石.太阳能利用中的光谱选择性涂层［M］.北京:科学出版社,1980

50 ［美］薛国忠.太阳能基本原理讲义［G］.天津大学能源研究室,1980

51 岑幻霞.太阳能热利用［M］.北京:清华大学出版社,1997

52 殷志强.全玻璃真空管太阳集热管［M］.北京:科学出版社,1998

53 张鹤飞.太阳能热利用原理与计算机模拟［M］.西安:西北工业大学出版社,1990

54 ［日］田中俊六.太阳能供冷与供暖［M］.林毅,译.北京:中国建筑工业出版社,1982

55 郭廷玮,刘鉴民.太阳能的利用［M］.北京:科学技术文献出版社,1987